DESCRIPTION

DES

ESPÈCES BOVINE, OVINE ET PORCINE

DE LA FRANCE

PAR

MM. LES INSPECTEURS GÉNÉRAUX DE L'AGRICULTURE

PUBLIÉE

PAR ORDRE DE S. EXC. LE MINISTRE DE L'AGRICULTURE

DU COMMERCE ET DES TRAVAUX PUBLICS

TOME I — ESPÈCE BOVINE

1re Livraison

RACE FLAMANDE PAR M. LEFOUR

PARIS

IMPRIMERIE IMPÉRIALE

M DCCC LVII

DESCRIPTION

ESPÈCES BOVINE, OVINE ET PORCINE

DE LA FRANCE

DESCRIPTION

DES

ESPÈCES BOVINE, OVINE ET PORCINE

DE LA FRANCE

PAR

MM. LES INSPECTEURS GÉNÉRAUX DE L'AGRICULTURE

PUBLIÉE

PAR ORDRE DE S. EXC. LE MINISTRE DE L'AGRICULTURE

DU COMMERCE ET DES TRAVAUX PUBLICS

TOME I — ESPÈCE BOVINE

PARIS

IMPRIMERIE IMPÉRIALE

M DCCC LVII

Paris, le 15 juin 1857.

Monsieur le Ministre,

Les principales variétés de nos espèces bovine, ovine et porcine, ne sont pas suffisamment connues, ni convenablement appréciées. Il existe parmi elles des types précieux, sous les divers rapports de la production animale. Cette vérité, déjà signalée, a été surtout mise en lumière par les concours; elle a suggéré à Votre Excellence la pensée de rappeler à l'agriculture du pays les ressources qu'elle possède, en faisant étudier avec soin, sur tous les points de l'Empire, ces variétés les plus remarquables.

Vous avez pensé, Monsieur le Ministre, que MM. les inspecteurs généraux de l'agriculture, appelés incessamment par leurs fonctions sur les différentes parties du territoire, et continuellement en rapport avec les éleveurs et les engraisseurs, par les grands concours qu'ils dirigent, étaient mieux placés que qui que ce fût pour recueillir, dans les diverses contrées où elles sont éparses, les nombreuses données agricoles, économiques et industrielles, dont se composent l'histoire et la statistique descriptive des bestiaux de notre agriculture.

J'ai l'honneur de présenter à Votre Excellence un premier fascicule de ce grand travail : c'est la *Description de la race bovine flamande*, par M. Lefour, inspecteur général, chargé depuis quelques années de la région du nord-est et de l'est.

L'auteur a donné à son travail des développements un peu plus étendus, sans doute, que n'en réclameront chacune des races qui viendront ensuite. Ces développements me paraissent justifiés par le rôle important que joue la race flamande dans la région du nord-est, région où se place Paris, le plus vaste centre de consommation. Des détails sur l'industrie laitière du rayon de Paris, sur la boucherie, sur l'engraissement donné par l'agriculture industrielle du Nord, des résumés statistiques sur les existences, sur les importations de la zone frontière, détails qui n'auront plus à se reproduire, avaient leur place dans ce premier travail. C'est en quelque sorte l'histoire de la région, au point de vue de l'espèce bovine, qui se trouve tracée; une carte de la région même, où sont indiquées les races et les sous-races, les centres d'élevage ou de stabulation, les principales sucreries et distilleries, etc., complètent ce travail.

Je désire qu'il remplisse les vues de Votre Excellence et obtienne votre approbation.

Veuillez agréer, Monsieur le Ministre, l'hommage de mon profond respect.

Le Directeur de l'agriculture,

Jⁿ. DE MONNY DE MORNAY.

ESPÈCE BOVINE.

RACE FLAMANDE,

PAR M. LEFOUR.

SOMMAIRE.

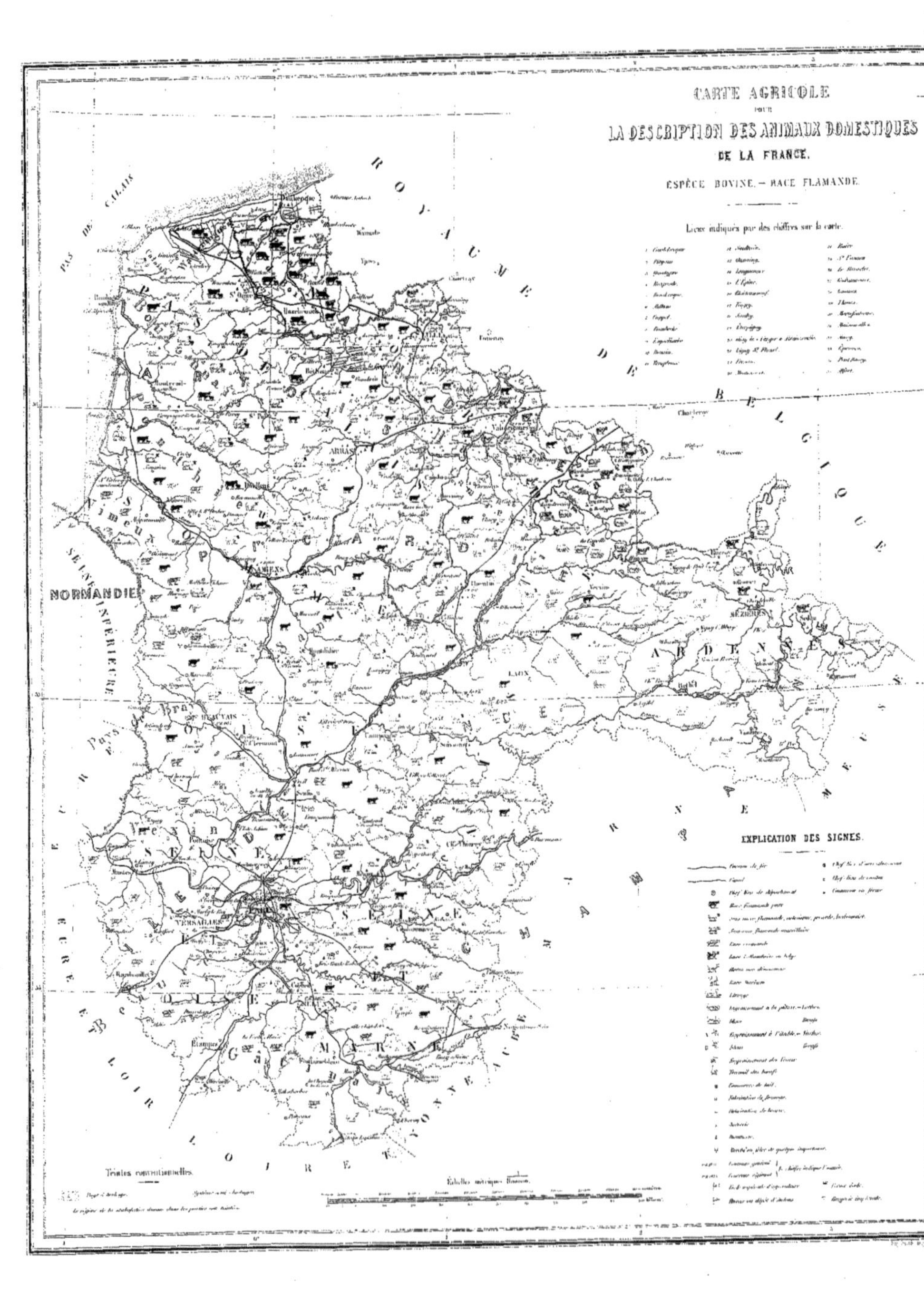

CARTE AGRICOLE
POUR
LA DESCRIPTION DES ANIMAUX DOMESTIQUES
DE LA FRANCE.
ESPÈCE BOVINE. — RACE FLAMANDE.
Lieux indiqués par des chiffres sur la carte.
EXPLICATION DES SIGNES.
NORMANDIE
ARRAS
AMIENS
VERSAILLES
BEAUVAIS
LAON
ARDENNES
MEUSE
MARNE
SEINE
LOIRE
PAS DE CALAIS
ROYAUME DE BELGIQUE
Signes conventionnels.
Échelles métriques Romain.

Concours régional de Valenciennes, 1855.

RACE FLAMANDE.

CHAPITRE Ier.

APERÇU DES RACES BOVINES DU NORD-EST DE LA FRANCE.

La race bovine flamande paraît avoir son centre d'origine dans le département du Nord, cependant elle se trouve répandue comme race dominante dans toute la région agricole du nord-est de la France, comprenant, d'après la circonscription actuelle des concours régionaux : les départements du Nord, du Pas-de-Calais, de la Somme, de l'Aisne, de l'Oise, de la Seine, de Seine-et-Oise et de Seine-et-Marne.

Pour ne rien laisser échapper de ce qui intéresse cette race, il est donc nécessaire de la suivre sur les divers points de la région et d'indiquer, au moins d'une manière sommaire, les relations qui la rattachent aux autres races vivant près d'elle. Toutefois, nous bornerons cette étude aux grandes masses, et nous réunirons tous les départements de la région en quatre groupes caractérisés par leur position topographique et le régime auquel l'espèce bovine y est soumise; les limites en sont indiquées sur la carte jointe à ce travail : le premier sera le *groupe flamand* proprement dit, qui se composera du Nord et d'une petite portion du Pas-de-Calais; le système herbager y est représenté par deux centres de pâtures, l'un dans le *pays flamand* proprement dit, l'autre dans l'arrondissement d'Avesnes; le deuxième groupe sera celui du *littoral* comprenant le Boulonnais, le Ponthieu, le Vimeux (Pas-de-Calais et Somme), zone à régime semi-herbager, qui aboutit dans l'Oise au *pays de Bray;* le troisième, sous le nom de *groupe artésien-picard*, réunira le reste de la Somme, l'Oise et l'Aisne, et l'arrondissement d'Arras; enfin, le quatrième sera celui du *rayon de Paris*, formé de Seine-et-Oise, de la Seine et de Seine-et-Marne. Dans ces deux derniers groupes, la stabulation est le régime à peu près exclusif de l'espèce bovine.

Les races bovines de la région que nous venons de circonscrire appartiennent à divers types plus ou moins mélangés entre eux, qui sont d'abord la *race flamande* et ses sous-races dominantes dans les deux premiers groupes; la race *ardennaise*, dont il existe quelques traces vers l'extrémité de l'arrondissement d'Avesnes; les *races hollandaises* et *hollando-belges*, très-répandues dans le groupe flamand, et représentées par quelques beaux types dans plusieurs étables de la Picardie et du rayon de Paris; la *race franco-belge* du Hainaut (arrondissement de Valenciennes), presque absorbée aujourd'hui dans les croisements hollandais ou belges. D'autres types encore s'y rencontrent disséminés; parmi les plus importants par le nombre, on doit citer : 1° la *race normande*, qui pénètre par la Seine-Inférieure et l'Oise jusque dans la Somme, et vient faire concurrence aux vaches flamandes dans Seine-et-Oise, la Seine, Seine-et-Marne et une partie de l'Aisne ; 2° la *race comtoise*, dont 4 à 5,000 bœufs sont importés chaque année, pour être engraissés dans les pâturages de l'arrondissement d'Avesnes; 3° quelques bœufs importés du Centre pour le travail des sucreries, une certaine quantité de vaches de Schwitz, pures ou croisées, dont Grignon conserve quelques beaux types, et de vaches bretonnes, objet de curiosité ou d'expérimentation; enfin, un petit nombre de bêtes anglaises, pures ou croisées, des races de *Durham* ou d'*Ayr*.

La race flamande est décrite avec détail dans le chapitre suivant; nous l'indiquons seulement ici.

La race ardennaise se mêle avec la sous-race *maroillaise,* dont on parlera plus loin, sur les confins des Ardennes et du Nord; on la trouve sur la limite bocagère de l'Ardenne belge et française, vers Rocroi, Couvin, etc.; mais elle n'a qu'une faible importance numérique, et tend à disparaître, en se fondant, d'un côté, dans les variétés pies ou grises de la Famen et du Condroz (Belgique); de l'autre, avec la sous-race maroillaise, et enfin, au sud, avec les bêtes de la Meuse.

Les races hollandaises, dont le sang est aujourd'hui mêlé, dans des proportions diverses, avec celui de toutes les anciennes races belges, tendent à se propager dans le nord de la France, soit pures, soit à l'état de croisement hollando-belge. Quoiqu'on puisse reconnaître dans la race hollandaise plusieurs variétés caractérisées par le plus ou moins grand développement de la taille, la couleur de la robe, etc., cependant l'ensemble indique un type essentiellement laitier, qu'on retrouve en remontant le littoral de la mer du Nord jusqu'au Holstein et au Schleswig [1].

Les variétés hollandaises, les plus fréquemment importées en France, sont celles du North-Hollande, occupant toute cette vaste étendue du littoral, depuis le Rhin jusqu'au détroit qui réunit le Zuyderzée à l'Océan, races à taille élevée, un peu grêles de membres, étroites de poitrine, généralement pies noires, à tête noire. On voit également des sujets complétement noirs ou blancs; et quelques-uns dont le corps noir, dans ses autres parties, est comme enveloppé, entre les épaules et les reins, d'un large manteau blanc. Les éleveurs du Welde-Laken et du Lakenfeld tiennent à reproduire cette particularité de robe dans la variété qu'ils élèvent. En se rapprochant de Rotterdam et d'Utrecht, vers les polders de Hoorn, Beemster, Purmerend, le coffre prend plus d'ampleur, la taille est moins élevée, les membres sont plus forts; c'est de là que sortent la plupart des bons types qui s'enlèvent, pour la France, aux foires de Gorskum, Purmerend, Hoorn, Beemster, du 15 octobre au 15 novembre. La variété hollandaise de la Zélande, plus rapprochée de la Belgique, pénètre également en France en traversant ce royaume; moins forte que la bête du North-Hollande, elle s'en rapproche par sa conformation gé-

---

[1] La vignette, à la fin de ce chapitre, représente deux vaches hollandaises.

nérale et sa robe noire et blanche, qui, plus fréquemment cependant, est pie rouge; la province de la Gueldre, dans sa variété bovine, ne diffère de la Zélande que par un degré moins avancé peut-être dans le perfectionnement des formes et par un mélange plus fréquent de la robe pie alezan à la robe pie noire ou grise.

La variété hollandaise de la Frise, par suite de son éloignement, est moins souvent importée en France; elle est plus près de terre, son coffre est plus arrondi; bonne laitière, elle réunit, en même temps, la plupart des caractères de la bête de boucherie; elle est pie noire comme la vache de la Hollande septentrionale, mais généralement elle a la tête et les extrémités blanches.

Les variétés belges ou hollando-belges, qui se trouvent en assez grand nombre dans le nord de la France, varient un peu suivant la frontière et les provinces belges qui la bordent; des riches moëres du Furnes-Ambacht nous importons des vaches de haute stature, étoffées, assez fortes de membres, dont les unes, rouge vif taché de blanc, rappellent un peu notre race flamande, tandis que les autres, noires ou pies, sont évidemment d'origine hollandaise. On trouve à peu près les mêmes variétés de robes, mais avec moins d'ampleur de formes, vers Dixmude et Ypres. En remontant vers Bruges et Gand apparaît la race alezane, plus chétive, de la Campine, dont les bouvillons, transportés dans des provinces plus riches, atteignent cependant la plus haute taille. En avançant vers Tournay, et dans les provinces du Brabant et de Liége, les bêtes à robes pie, tigrées ou grises, deviennent presque exclusives; dans le Hainaut, l'ancienne race du pays se croise avec le hollandais et produit des pelages plus variés, passant de l'alezan enfumé au noir et au gris. C'est des provinces de Liége et de Namur, du Luxembourg et du Hainaut, que nos sucreries du Nord tirent, à l'âge d'un à trois ans, ces grands bœufs, qui, sous l'influence du travail et d'un régime alimentaire très-riche, atteignent la taille de 1^m,70 à 1^m,80, et le poids de 900 à 1,000 kilogrammes. C'est de la partie du Luxembourg, connue sous le nom de la Famen et du Condroz, que les arrondissements de Mézières et de Sedan importent quelques vaches laitières et des bœufs destinés à l'engrais, parmi lesquels on remarque quelques bons types. La Belgique nous envoie encore accidentellement quelques sujets provenant des croisements durham, qui se sont faits, il y a quelques années, sur une assez large échelle.

Les importations en bêtes bovines de Belgique en France, pendant les années 1854, 1855 et 1856, sont résumées dans le tableau suivant :

BUREAUX DE DOUANE.	Bœufs.	Taureaux.	Bouvillons et taurillons.	Vaches.	Génisses.	Veaux.	TOTAUX.
1854.							
Frontière belge.........	2.790	675	869	23,024	1,206	14,008	42,572
1855.							
Dunkerque.............	79	29	58	1,970	236	403	2,775
Lille.................	514	536	239	15,535	348	8,982	26,154
Valenciennes...........	695	172	169	7,296	429	1,837	10,598
Charleville............	1,740	122	345	4,446	436	3,766	10,855
	2,028	859	811	29,248	1,449	14,988	50,382
1856.							
Dunkerque.............	92	42	26	1,337	293	339	2,129
Lille.................	427	453	338	13,795	243	8,869	24,125
Valenciennes...........	882	88	211	8,146	471	1,627	11,425
Charleville............	780	131	338	2,986	254	3,871	8,260
	2,181	714	813	26,264	1,261	14,706	45,939

L'importation des bestiaux, après avoir pris un grand développement, à la suite de la diminution des droits, s'est un peu ralentie en 1856, sous l'influence du nivellement de prix dans les deux pays; elle a porté principalement sur les vaches et génisses, dont une partie est destinée aux étables des laitiers, l'autre à la boucherie.

Des principales races répandues dans la région du Nord, et dont on vient de donner ici un rapide aperçu, les unes sont étrangères, et, à ce titre, leur histoire sort de notre cadre; les autres, originaires de diverses parties de la France où elles dominent, trouveront ailleurs leur description : reste la race flamande avec ses variétés, type précieux à certains égards. Nous allons essayer d'en faire la description en prenant successivement : 1° la race flamande pure; 2° les sous-races artésiennes,

boulonnaises et picardes; 3° la race maroillaise. Mais auparavant, afin de
donner une idée de l'importance numérique des races et sous-races flamandes, et des autres races indigènes ou importées qui se partagent avec
elle les huit départements de cette région, nous résumerons approximativement par département le chiffre des existences de chaque race dans
ses subdivisions d'âge et de sexe.

Les deux derniers dénombrements officiels de l'espèce bovine ont eu
lieu, l'un en 1840, l'autre en 1853; les résultats de celui-ci ne sont pas
encore publiés par suite du retard apporté dans la livraison de quelques
parties du travail. Cependant, grâce à l'obligeance du savant et zélé directeur du bureau de la statistique, M. le Goyt, nous avons pu réunir les
chiffres du dernier dénombrement de l'espèce bovine dans les huit départements habités par la race flamande. Au 1er janvier 1853, le nombre
total approximatif des taureaux, bœufs, vaches et élèves au-dessus d'un
an était, dans ces départements, de 981,179; en outre, il était né, en
1852, environ 471,196 veaux, dont 100,354 auraient été réservés pour
l'élève, 336,040 livrés à la boucherie et 42,000 seraient morts sans être uti-
lisés. On doit évidemment réunir au chiffre des existences les veaux d'élève
de 1 jour à 1 an; quant aux veaux de boucherie, ils ne peuvent figurer
tous ensemble dans le recensement; ils sont ordinairemer. livrés à la
consommation à l'âge de 15 jours à 3 mois; adoptons la moyenne d'un
mois, ce serait donc 1/12 qui devrait entrer dans le recensement, soit
$\frac{336,040}{12}$ ou 29,670; ces deux additions porteraient le chiffre total des existences de l'espèce bovine de la région à 1,010,849 têtes.

La statistique de 1840 accusait un chiffre total de 923,640; 1853
présenterait donc un excédant, sur 1840, de 82,209 têtes, 9 p. o/o
environ. Nous supposons ici que les deux dénombrements ont été faits sur
la même base. Il n'en a pas été malheureusement ainsi. Le recensement
de 1840 n'admet que quatre catégories : taureaux, bœufs, vaches et veaux,
sans préciser les conditions d'après lesquelles les animaux ont été distribués
dans chacune d'elles. Cependant un examen attentif des chiffres nous
amène à supposer que, sous le titre de veaux, on a réuni tous les élèves
de différents âges, et sans doute les veaux de boucherie existant au moment du recensement. En admettant cette probabilité, si nous rapprochons

les chiffres des deux statistiques, nous arrivons au résultat comparatif suivant pour les diverses catégories.

ANNÉES.	Taureaux.	Bœufs.	Vaches.	Veaux.	TOTAL.
1840....................	9,418	13,967	683,013	229,242	928,640
1853....................	10,042	15,067	702,735	283,005	1,010,849

TABLEAU DES EXISTENCES DE L'ESPÈCE BOVINE, AU 1ᵉʳ JANVIER 1853,

DANS LES HUIT DÉPARTEMENTS CI-APRÈS :

	DÉPARTEMENTS.	Taureaux.	Bœufs.	Vaches.	Élèves d'un an et au-dessus.	Veaux élèves de moins d'un an.	TOTAL.	Veaux livrés à la boucherie.	Veaux morts non utilisés.
Nord.	Avesnes.....	695	3,722	34,795	12,344	8,440	59,996	10,081	2,057
	Cambrai....	596	733	16,333	4,644	2,798	25,104	8,874	769
	Douai......	133	183	14,754	3,280	1,797	20,147	5,148	809
	Dunkerque..	253	911	18,452	8,938	5,866	34,420	7,893	1,182
	Hazebrouck..	125	100	22,826	8,167	5,267	36,485	6,771	894
	Lille.......	510	426	43,602	7,672	6,270	58,480	18,806	3,165
	Valenciennes.	296	1,646	17,021	4,668	3,000	26,631	6,580	544
	TOTAUX....	2,608	7,721	167,783	49,713	33,438	261,263	64,153	9,420
Pas-de-Calais.	Montreuil...	231	68	18,626	8,346	1,591	28,862	1,456	246
	Arras......	405	484	25.982	5,188	4,139	36,198	13,848	2,438
	Boulogne...	129	18	19,001	4,110	2,964	26,222	9,642	777
	Saint-Omer..	168	99	18,040	5,117	4,466	28,790	7,190	1,044
	Béthune....	172	130	25,536	7,217	5,580	38,463	11,405	1,142
	Saint-Pol...	270	116	19,210	7,350	5,210	32,156	6,924	1,326
	TOTAUX....	1,375	915	127,295	37,328	23,950	190,863	50,465	6,974
Somme.	Abbeville...	231	66	26,913	7,690	5,128	40,028	11,871	1,338
	Montdidier..	100	156	10,456	3,274	1,819	15,805	4,720	556
	Amiens....	170	19	25,033	5,854	3,903	34,979	12,175	1,366
	Doullens....	68	"	22,361	3,331	2,453	28,233	5,812	711
	Péronne....	197	179	15,556	5,187	3,602	24,721	6,615	2,392
	TOTAUX....	766	420	100,319	25,336	16,905	143,746	41,193	6,363
	Aisne.........	1,030	4,760	77,947	19,520	13,638	117,876	39,361	3,244
	Oise.........	1,312	954	75,375	11,312	7,793	94,763	40,221	3,301
	Seine-et-Marne...	1,208	188	70,280	7,220	3,435	82,331	44,117	1,600
	Seine-et-Oise....	800	109	72,420	2,500	1,150	76,979	53,810	3,200
	Seine.........	43	"	11,316	52	45	11,413	3,520	700
	TOTAL GÉNÉRAL..	10,042	15,067	702,735	152,981	100,354	981,179	336,040	34,802

Pour compléter ces détails statistiques, nous essayons de donner, dans le tableau suivant, une idée des proportions dans lesquelles la race flamande existe sur les divers points de la région qu'elle embrasse.

TABLEAU DE RÉPARTITION DE LA RACE FLAMANDE

DANS LA RÉGION DU NORD-EST.

DÉPARTEMENTS.	RACES ET SOUS-RACES FLAMANDES.				RACES HOLLANDAISES ET BELGES.				RACES DIVERSES.				OBSERVATIONS. — Races diverses.
	Taureaux.	Bœufs.	Vaches.	Veaux.	Taureaux.	Bœufs.	Vaches.	Veaux.	Taureaux.	Bœufs.	Vaches.	Veaux.	
Nord.........	1,900	1,200	130,000	60.000	706	3,500	37,000	10,500	50	3.500	800	200	Comtoises, ardennaises et lorraines.
Pas-de-Calais..	1,100	600	124,000	52,000	150	600	3,000	5,000	100	200	400	200	Croisées durham.
Somme.......	681	249	97,382	32,000	50	100	2,000	700	40	200	1,200	300	Normandes.
Aisne........	900	1,000	60,000	28,000	300	100	2,000	500	700	4,000	18,000	4,000	Comtoises, nivernaises, normandes et comtoises.
Oise........	1.100	130	70,350	32,000	50	.	500	180	172	760	5,000	4,271	Normandes.
Seine-et-Oise..	200	"	25,000	7,000	"	"	"	/	600	109	50,000	10.000	Normandes.
Seine.......	/	"	7.000	200	"	"	/	"	"	"	5,000	100	Normandes.
Seine-et-Marne.	800	"	50,000	9,000	50	/	500	60	560	200	19.000	3.000	Normandes.
	6,681	3.179	573,732	220,200	1,306	4,300	65,000	29,440	2.222	8.969	99,400	22,071	
			803,742				80,006				132,662		

Pour achever cet inventaire de la race flamande, il faudrait y ajouter quelques sujets *maroillais* ou *ardennais-flamands* du département des Ardennes au nombre de 25 à 30 mille, et un petit nombre de vaches flamandes exportées dans la Champagne, la Lorraine et jusque dans le midi de la France.

Ferme flamande.

CHAPITRE II.

RACE ET SOUS-RACES FLAMANDES.

SECTION I.

RACE FLAMANDE PURE.

Nous donnons le nom de race flamande à cette race bovine au pelage rouge plus ou moins brun, avec ou sans marques blanches, dont le principal centre d'élevage, et probablement le lieu d'origine, est dans l'ancienne province de la Flandre française, comprise aujourd'hui dans les arrondissements de Dunkerque Hazebrouck et Lille, mais plus spécialement dans les deux premiers. C'est là, en effet, le véritable *pays flamand*, caractérisé par ses watteringues, ses pâtures ombragées, sa culture, son langage même et ses mœurs.

Comme celle de la plupart de nos races, l'origine de la race flamande est fort difficile à suivre; elle appartient sans doute à ce type essentiellement laitier, qui peuple le littoral de la mer du Nord, et d'où paraissent être sorties les races du Holstein, du Jutland, du Schleswig, d'Angeln, de la Hollande, etc. Il est probable encore que la race primitive du pays, d'abord à pelage rouge clair, comme celle du furnes-ambacht, est devenue plus brune par suite de quelques alliances avec la race noire hollandaise, alliance à laquelle on peut attribuer cet espèce d'atavisme qui fait naître de temps en temps quelques veaux noirs ou bruns dans les étables flamandes. Les grandes épizooties de 1745 et 1794 laissèrent enfin, dans le bétail du pays flamand, des vides considérables, qu'on dut combler par des importations de la Belgique, de la Hollande, de l'Artois; de là des métissages et des croisements dont la pureté de la race a dû subir l'influence.

La race flamande, dont nous suivrons les migrations dans la plupart des départements au nord-est de Paris, s'étend cependant très-peu dans la Flandre belge; on la rencontre seulement, et déjà même modifiée, dans la zone frontière limitée par une ligne qui réunirait Ypres, Dixmude et Furnes, ligne qui marque également, en Belgique, la limite des moëres et du *pays de bois*.

Dans les arrondissements mêmes de Dunkerque et d'Hazebrouck, le type flamand ne présente pas un égal degré de beauté; c'est dans les plus riches pâtures de Bergues, Cassel, Bailleul, Hazebrouck, que se conservent les types les plus purs, différenciés cependant encore par des nuances; ainsi, les bêtes de Bergues, dite *berguenardes*, sont plus corsées, plus près de terre, mais moins fines que celles de Cassel ou *casseloises;* le cultivateur de Bergues et des Watteringues, à la fois engraisseur et éleveur, cherche en effet à maintenir sa race dans cette condition mixte d'aptitude à la graisse et au lait, qui lui permet de faire de sa génisse soit une bonne laitière, soit une bête de boucherie, si la première condition n'est pas remplie par l'animal; le canton de Cassel, au contraire, qui n'engraisse qu'exceptionnellement, tient surtout à développer chez ses élèves les qualités laitières. Le beau type laitier de Cassel s'étend d'un côté vers Bailleul, de l'autre vers Ledéghem, Wormhoudth, Bambecque, et ensuite sur une ligne allant à Bourbourg par Esquelbecq, Eringhem, Bringham; un centre assez remarquable d'élevage existe encore de Rubrouck à Millam. En tirant vers Saint-Omer et Merville, la race, également belle, diffère peut-être par un peu moins d'harmonie dans les formes; dans les cantons de Bourbourg et de Gravelines, où les herbages sont plus rares et moins riches, la taille et l'ampleur diminuent.

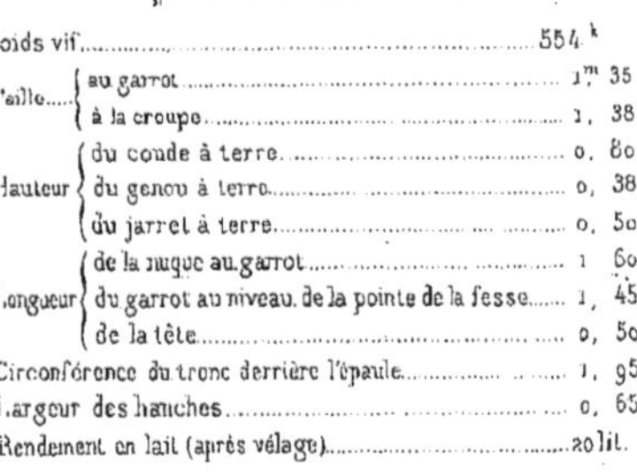

RACE FLAMANDE.

Vache de 6 ans, sortant des étables de Mr. Meuviélaie de Quaëdypre près Bergues.

Poids et Mensuration.

Poids vif			554 k
Taille	au garrot		1m 35
	à la croupe		1, 38
Hauteur	du coude à terre		0. 80
	du genou à terre		0, 38
	du jarret à terre		0, 50
Longueur	de la nuque au garrot		1 60
	du garrot au niveau de la pointe de la fesse		1, 45
	de la tête		0, 50
Circonférence du tronc derrière l'épaule			1, 95
Largeur des hanches			0, 65
Rendement en lait (après vêlage)			20 lit.

Lithographié à l'Imprimerie Impériale.

§ 1.

VACHE FLAMANDE.

Planche Ire.

La race flamande est essentiellement laitière, et sa destination est surtout de peupler la plus grande partie des vacheries du nord-est de la France: par cette considération nous décrirons d'abord la femelle.

Nous éprouvons quelque embarras dans le choix du type à reproduire. C'est qu'il existe en effet, entre les divers sujets de race pure flamande, des nuances nombreuses nées de l'influence de l'habitat, du régime, ou de l'appropriation plus ou moins exclusive de l'animal à telle ou telle destination. Le même sujet, suivant son état physiologique, se présente d'ailleurs sous un aspect très-varié : une vache grasse ou maigre, en pâture ou à l'étable, à l'état de gestation ou de lactation, offre des apparences extérieures toutes différentes. La vache flamande, essentiellement laitière, reproduit nécessairement, dans les sujets d'élite, les caractères laitiers; il faut cependant bien distinguer ce qui tient spécialement à ces caractères ou ce qui n'est, dans certains sujets, que la conséquence d'un mauvais régime, d'une conformation préalablement vicieuse, accompagnée d'une surexcitation des fonctions de la lactation. Quelques écrivains, habiles observateurs du reste, en tête desquels se place M. Lemaire, enlevé malheureusement trop jeune à la science, ont érigé en principes essentiels de l'aptitude lactifère une certaine oblitération de formes, une poitrine étroite, des côtes plates, des membres mal attachés, une émaciation générale des tissus; ces caractères s'observent, en effet, quelquefois dans d'excellentes laitières, surtout quand un régime convenable ne répare pas une sécrétion laitière surabondante; la maigreur de l'animal explique même suffisamment alors le volume moins considérable du tronc, réduit presque à sa charpente osseuse, et les saillies des côtes, des hanches, les dépressions ou fossettes dans certaines articulations; mais en conclure que la bonne vache laitière doit toujours présenter cet aspect misérable et rentrer exclusivement dans le *type laid*, c'est poser des principes qui, s'ils étaient rigoureusement admis, amèneraient inévitablement les sujets à la phthisie et la race à la dégénérescence, rendraient enfin une partie la plus importante de nos bestiaux incapable de bien remplir sa destination finale, la production de la viande. Les faits repoussent, d'ailleurs, cette exagération; nous avons, dans le cours de nos études de la race flamande, rencontré fréquemment des vaches au coffre arrondi, à la poitrine suffisamment vaste, aux aplombs convenables, classées par leur rendement au rang des bonnes laitières. M. Bardonnet, dans son *Traité des Maniements*, cite une série de mensurations comparées, desquelles il résulterait que, parmi les sujets observés par lui, le meilleur rendement en lait se trouvait d'accord avec un grand développement de la poitrine et du tronc.

La spéculation des nourrisseurs donne également raison à l'alliance des formes convenables avec l'aptitude laitière; ces belles flamandes, qui réunissent un embonpoint modéré à une certaine rectitude de formes, obtiennent toujours sur le marché une prime importante; c'est qu'en effet, après l'épuisement du lait, la vente à la boucherie solde plus avantageusement le compte de ces animaux.

Nous avons donc, par ce motif, figuré dans la planche Ire une vache flamande du type moyen de Bergues, type laitier sans exclusion cependant de l'aptitude à l'engraissement; cette vache sort des environs de Bergues; elle a été dessinée dans l'étable de M. Cousin-Pollet, de Lambersaërt près Lille.

Les deux vaches représentées dans la figure ci-dessous peuvent donner une idée du type cassellois un peu plus léger.

La taille de la belle vache flamande varie de 1m,35 à 1m.45 au garrot; le poids de la bête adulte non engraissée est de 450 à 550 kil. poids vif[1].

[1] On trouvera, à la fin de ce paragraphe, un tableau de mensuration de quelques animaux mâles et femelles de la race.

La tête est d'un volume moyen, mais fine et d'une forme conique un peu longue; le chignon peu garni de poils; les cornes, écartées à leur naissance, fines à la base et dans toute leur étendue, se projettent en avant et un peu en bas, de manière que, dans certains sujets, elles se recourbent et la pointe arrive à toucher le front; elles sont petites, blanches ou jaunâtres, et noires à l'extrémité; l'oreille est mousse, assez grande, garnie de poils fins; les yeux sont noirs et saillants, d'une expression douce; le chanfrein, long et ordinairement droit, est terminé par un mufle peu sorti, dont le *miroir* est noir ou marbré. Le cou, relativement long et mince, a peu de fanon; le *brisket* (partie antérieure du sternum couverte d'une masse fibro-adipeuse) est saillant et bien descendu.

Le garrot, suffisamment fourni dans les bons types de Bergues, est généralement assez mince dans les bêtes ordinaires; la ligne du dos est droite, laissant fréquemment apercevoir, à la jonction du dos aux reins, une légère dépression due à l'écartement des vertèbres [1]. On pourrait désirer un peu plus de force dans l'échine et les reins; les hanches, souvent saillantes, mesurent entre elles une largeur de 0^m,55 à 60; les pointes de la fesse sont également sorties et écartées; l'origine de la queue est basse, quelquefois précédée par une petite éminence due à la saillie du sacrum dont la ligne ne se confond pas suffisamment avec celle des os coccygiens; la queue est fine et longue, le toupillon faiblement garni.

La poitrine est sensiblement étroite et sanglée, les côtes sont un peu plates dans beaucoup de vaches flamandes; les bons types de Bergues et de Cassel tendent à perdre ces défauts; le ventre est d'un volume moyen, mais ample vers les flancs et la région mammaire, dont les veines sont développées et parfois bifurquées. Les mamelles, grosses, arrondies, souvent d'une couleur brune ou tigrée, sont bien placées, les trayons moyens, la peau en est fine et duvetée.

La peau du périnée est assez souvent jaunâtre ou brune, onctueuse, et marquée, d'après le système Guénon, de l'écusson flandrin ou lisière. Nous

---

[1] Cette dépression est, dans l'opinion des paysans, un signe de qualité laitière, appelée source du dos. M. Lemaire et M. Lodieu, auteurs d'un bon ouvrage sur la vache laitière, indiquent encore comme signe laitier, admis dans le Pas-de-Calais, le prolongement du pli de la peau sous la base de la queue ; il ne nous a pas paru que cette croyance fût très-répandue.

devons dire cependant que, dans la race flamande, les qualités laitières nous ont paru plusieurs fois en désaccord avec les indications de ce système.

L'épaule est, dans les sujets ordinaires, un peu plate et médiocrement musclée[1], les avant-bras peu volumineux, les canons minces, la corne des onglons noire, la cuisse plate et la fesse peu descendue; on trouve quelques exceptions dans les beaux sujets de Bergues, Bailleul, Cassel.

La peau, fine chez la bête nourrie à l'étable, est plus épaisse quand l'animal a été soumis au pâturage; le système ganglionaire, très-développé, se manifeste souvent par les cordons lymphatiques du flanc[2] des ganglions dans le creux de cette même région.

La robe, rouge brun, ordinairement plus foncée vers la tête, laisse apparaître, soit à la tête, au flanc et à l'ars, des taches blanches ou tigrées; les vaches ainsi marquées en tête, et principalement à la joue, sont dites *barrées*, c'est un signe de race.

On trouve cependant en Flandre beaucoup d'animaux d'un rouge plus clair ou d'un brun plus foncé, d'autres rouan ou pie rouge; mais il convient de considérer la robe rouge brun comme le cachet de la race.

Les caractères que l'éleveur flamand paraît rechercher dans la vache sont, en général, ceux qui manifestent l'aptitude laitière, sans exclusion cependant d'une prédisposition convenable à l'engraissement : une certaine harmonie de formes bien accusées, plutôt un peu ressorties que trop arrondies; une charpente osseuse bien développée donnant de l'ampleur au tronc et de la largeur au bassin, tout en laissant de la finesse aux membres; le train postérieur relativement plus développé que les quartiers du devant; les flancs larges et profonds s'alliant avec un système mammaire développé; des mamelles bien appliquées et terminées par des trayons réguliers; la peau souple, moelleuse plutôt que trop fine; une tête peu chargée de chair; le regard éveillé et doux à la fois. Enfin, dans l'attitude, la démarche et tout l'ensemble, cet aspect fémelin qui se révèle du premier coup d'œil au connaisseur.

---

[1] C'est à l'émaciation du système musculaire qu'est due cette dépression qui se remarque quelquefois dans les vaches maigres entre la pointe de l'épaule et l'acromion, dépression ou *fossette* indiquée comme un signe laitier par quelques marchands.

[2] Nommés *cordons beurrins* par quelques personnes.

RACE FLAMANDE.

Taureau de 30 mois, venant de l'étable de Mr. Pimavelle-Delaby,
Cultivateur à la Neuville, près Saint-Quentin (Aisne),
né et élevé dans les environs de Bailleul, (Nord.)
1er Prix au Concours de Paris en 1854.

Poids et Mensuration.

Poids vif		600 kilog. approximativement.
Taille	au garrot	1m 45
	à la croupe	1. 48
Hauteur	du coude à terre	0. 78
	du genou à terre	0. 38
	du jarret à terre	0, 54
Longueur	de la nuque au garrot	0, 80
	du jarret au niveau de la pointe de la fesse	1, 38
Circonférence du tronc derrière l'épaule		2, 40
Écartement des hanches		0, 55

§ 2.

TAUREAU FLAMAND.

Planche II.

Par suite de l'habitude prise par les éleveurs de ne garder les taureaux
que jusqu'à deux ans au plus, on trouve difficilement le taureau flamand
dans toute sa beauté aux lieux mêmes de son origine. C'est dans les fermes
du Pas-de-Calais, de l'Aisne, de Seine-et-Marne, que se rencontrent les
taureaux de 3o mois à 3 ans, dont les formes sont complétement développées. La planche 2 représente un taureau de 3o mois, appartenant à
M. de Marolle, cultivateur à la ferme de Neuville près de Saint-Quentin
(Aisne); ce taureau, né dans le canton de Bailleul, a obtenu le 1er prix,
à Arras et à Paris, en 1854. Ce type est déjà plus parfait que les sujets
qu'on remarque dans la plupart des étables flamandes; il est plus près de
terre, il a la poitrine moins étroite, les cuisses et l'avant-bras plus étoffés.
On ne doit pas oublier que c'est un animal de concours; cependant on
peut remarquer aujourd'hui dans les pâtures du pays flamand de jeunes
reproducteurs, qui, s'ils étaient développés par un régime convenable,
ne le céderaient en rien au spécimen de race présenté ici.

Le taureau, quand il est arrivé à son développement, s'il a été élevé
dans de bonnes conditions et qu'on ne l'ait pas livré trop jeune à la reproduction, présente les caractères suivants :

Tête assez forte, front large souvent marqué de blanc, cornes courtes
et grises, oreilles petites, œil assez doux, mufle fin, cou médiocrement
étoffé, peu de collet et de fanon, garrot et muscles dorsaux suffisamment
fournis; la poitrine et le tronc laissent quelquefois à désirer pour l'é-
paisseur; l'avant-bras est un peu mince, le corps enlevé dans les sujets
ordinaires et le derrière un peu pointu; mais ces défauts s'atténuent et disparaissent presque dans les animaux soumis dès le jeune âge à un bon
régime, ainsi qu'on a pu le remarquer dans les concours.

La couleur de la robe est plus foncée que celle de la femelle, les
marques Guénon se remarquent fréquemment au périnée.

Les bons éleveurs flamands aiment à trouver dans le taureau les signes qui promettent, dans sa descendance femelle, l'aptitude laitière; un aspect un peu fémelin, qui n'exclue pas cependant la constitution vigoureuse du reproducteur, l'œil vif mais doux, les cornes fines et blanches avec la pointe noire. On cherche encore quelques particularités de conformation, qui contrastent avec certains défauts qu'on désire corriger dans la femelle; ainsi, dans le reproducteur, un corps près de terre, une poitrine suffisamment développée et arrondie, une croupe, des reins, des cuisses bien musclés, sans exagération, se transmettront évidemment, dans certaines limites, aux produits, et feront disparaître ces poitrines sanglées, ces reins faibles, ces membres grêles, qu'on reproche à tant de sujets de la race.

On veut encore trouver dans le taureau la robe rouge brun, avec marque en tête, ou aux ars, signe de race; et, pour faire des vaches laitières, on préfère le développement du système lymphatique et ganglionaire à une prédominance de la graisse ou du tempérament sanguin.

Le bœuf flamand n'est qu'une exception; l'élevage portant exclusivement sur les femelles, les rares bœufs qu'on rencontre sont ordinairement des taureaux châtrés; cependant, on élève accidentellement (pour les concours surtout) de jeunes bœufs destinés à l'engraissement précoce. Nous parlerons plus loin de cet engraissement; et nous donnerons le dessin d'un jeune bœuf flamand du concours de Lille, qui reproduit les principaux caractères de conformation de ce type, amélioré déjà cependant par un bon régime.

SECTION II.

SOUS-RACES FLAMANDES.

Si on se dirige, d'un côté, de Dunkerque à Boulogne, Montreuil, Abbeville; de l'autre, vers Arras, par Saint-Omer et Béthune, on voit la race flamande éprouver quelques modifications qui lui ont, sur le premier point, fait donner le nom de sous-race *boulonnaise*, et celui d'*artésienne* dans l'ancienne province d'Artois, quoique les deux sous-races se confondent fréquemment entre elles et avec la race mère[1]; la sous-race bou-

---

[1] La première vache à droite, dans la vignette placée à la fin de ce chapitre, est une *boulonnaise*, l'autre est une *picarde*. La vignette qui termine le chapitre III représente un taureau flamand de 18 mois.

lonnaise, toutefois, est d'une taille et d'un poids moins élevés; ses formes
sont plus grêles, plus anguleuses; cependant le ventre et les flancs sont
développés; la croupe et les reins larges et secs, le pis volumineux, indiquent de bonnes laitières; la robe, également rouge ou rouge brun,
est moins unicolore; le corps est plus près de terre; le régime et la bonté
des pâturages établissent, sous le rapport de la taille et des formes, des
différences nombreuses.

Les marchands donnent le nom de *bournaisiennes* aux boulonnaises élevées du côté de Desvres, Samer, Hucqueliers, Fruges, petite contrée an-
ciennement connue sous le nom de *Bournais*. C'est à cette variété qu'appartient surtout le portrait qu'on vient de tracer; on désigne encore sous
le nom de *namponnoise* la variété boulonnaise de l'arrondissement de Montreuil, surtout vers la vallée de l'Authie; Nampont est un village situé à
quelque distance de l'embouchure de cette rivière. Vers Boulogne, Mar-
quise, Calais, la race plus grande se confond davantage avec la flamande pure.

La sous-race artésienne, plus généralement élevée dans la plaine, et à
laquelle l'herbage fait souvent défaut, ou qui ne trouve pas toujours,
dans l'élevage de la petite culture, toutes les bonnes conditions de développement, est déjà moins étoffée que la vache de Bergues et même de
Saint-Omer; elle est plus élancée, plus mince, mais sa constitution est
moins lymphatique. A côté de quelques bons types importés jeunes du
Nord, et élevés dans de bonnes étables, on rencontre beaucoup de vaches
chétives, à la poitrine étroite et à la côte plate, aux reins faibles, épuisées
par une sécrétion laitière excessive, qui n'est pas toujours réparée par une
alimentation assez riche.

De la sous-race artésienne à la sous-race *picarde,* la transition est presque
insensible; et les reproducteurs de races pures, qui s'importent sur tous
les points de la région, tendent encore à confondre les nuances; cependant les vaches de la Somme, d'une partie de l'Aisne et de l'Oise, diffèrent, sous plusieurs rapports, du type flamand et de Bergues ou de Cassel. La robe, ordinairement moins foncée, est souvent rouge froment foncé
ou rouge clair; les cornes sont plus relevées, la tête plus grossière et
moins conique; la constitution est plus sèche, le lait moins abondant;
de plus, le croisement normand a modifié le type, surtout dans l'Oise.

Voici le tableau de mensuration de quelques sujets des races et sous-races flamandes. Les lettres de la première colonne renvoient à celles des figures 1 et 2 ci-dessous.

DIMENSIONS.	Vache flamande de 5 ans.	Vache flamande de 6 ans.	Vache maroillaise de 6 ans.	Taureau flamand de 3 ans.	Taureau flamand de 2 ans.	Bœuf maroillais de 6 ans.	Bœuf flamand de 4 ans.	Vache boulonnaise.
Taille au garrot (ab).............	1^m,40	1^m,37	1^m,38	1^m,42	1^m,40	1^m,70	1^m,55	1^m,27
——— à la croupe (cd)...........	1 ,44	1 ,36	1 ,43	1 ,45	1 ,46	1 ,74	1 ,58	1 ,32
Longueur de la nuque au garrot (in)..	0 ,80	0 ,70	0 ,64	0 ,70	0 ,80	0 ,75	0 ,75	0 ,60
——— de la nuque au niveau de la pointe de la fesse (ik)..........	2 ,10	1 ,90	1 ,98	1 ,92	1 ,02	2 ,36	2 ,30	1 ,96
Circonférence de la poitrine derrière l'épaule (s)....................	1 ,95	1 ,95	1 ,80	1 ,76	1 ,95	2 ,00	1 ,90	1 ,70
Largeur des hanches (uv, fig. 2).....	0 ,60	0 ,65	0 ,58	0 ,60	0 ,50	0 ,52	0 ,55	0 ,45
Longueur de la pointe de la hanche à celle de la fesse (ox)..........	0 ,60	0 ,62	0 ,55	0 ,50	"	0 ,60	0 ,55	"
Longueur de la tête (pq)..........	0 ,50	0 ,53	0 ,49	0 ,52	0 ,73	0 ,60	0 ,57	"
Hauteur du coude à terre (eb).......	0 ,73	0 ,80	0 ,80	0 ,79	0 ,55	0 ,88	0 ,85	0 ,40
——— du genou à terre (fb)......	0 ,36	0 ,40	"	0 ,38	"	0 ,48	0 ,50	"
——— du jarret à terre (gm)......	0 ,55	0 ,55	0 ,45	0 ,56	"	0 ,65	"	"
Grosseur de l'avant-bras (rt)........	0 ,36	"	0 ,32	0 ,40	"	"	"	"
——— du canon (z).............	0 ,19	"	0 ,18	0 ,19	"	"	"	"

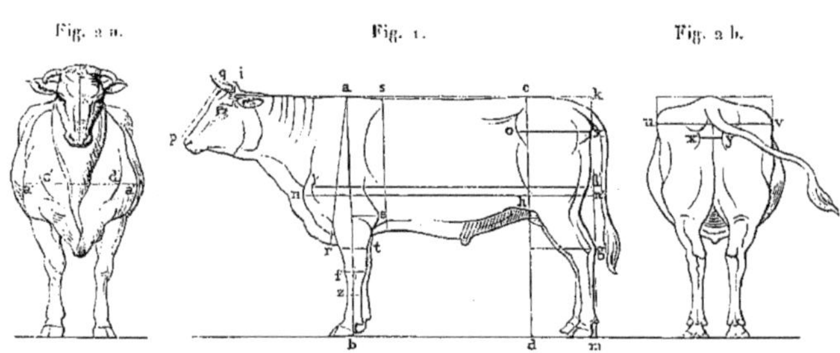

Fig. 2 *a*.   Fig. 1.   Fig. 2 *b*.

Échelle : 0^m,025.

Les mesures ont été prises, pour les longueurs, les hauteurs et largeurs, à l'aide d'une règle ou d'un ruban tendu; les circonférences de la poitrine, de l'avant-bras et du canon, ont été déterminées avec une mesure à ruban;

RACE FLAMANDE.

(Sous-race.)

Vache Marseillaise, agée de 6 ans, sortant des étables de M. Meinon, Vaudois, de Marseille.

Poids et Mensuration.

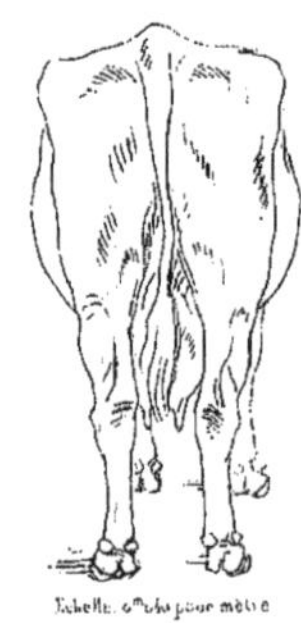

Poids vif approximatif		450 k
Taille	au garrot	1 m 38
	à la croupe	1 , 41
	du coude à terre	0 , 78
Hauteur	du genou à terre	0 , 10
	du garrot à terre	0 , 54
	de la nuque au garrot	0 , 50
Longueur	du garrot au niveau de la pointe de la fesse	1 , 38
	de la tête	0 , 47
Circonférence du tronc derrière l'épaule		1 , 80
Largeur des hanches		0 , 58
Rendement du lait (après vêlage)		24 lit.

Lithographié à l'Imprimerie Impériale.

les mesures en longueur du tronc nn' partant de la pointe de l'épaule,
et ll' de l'apophyse de l'acromion (mesure quetelet), enfin la mesure Dom-
basle ar et la hauteur hd de l'œillère à terre, ne font pas partie de la mensuration des concours.

§ 1.

VACHE MAROILLAISE.
Planche III.

La sous-race maroillaise dérive évidemment du mélange de la race flamande et de celle du Hainaut, qui existe encore, quoique profondément
modifiée, dans le Hainaut belge, vers Mons, Florennes, etc.; race aux
formes élancées, haute sur jambes, et qui fournit ces grands bœufs alezan
enfumé, ou noirs et blancs, gris, tigrés, qu'emploie aujourd'hui la sucrerie du Nord. Cependant la sous-race maroillaise, qui s'est moins mélangée
avec le hollandais, s'est également moins imprégnée de sa couleur noire
ou pie; la robe rouge froment, qui paraissait être celle de l'ancienne race
du Hainaut et de la Campine, avec laquelle elle s'est alliée, s'est nuancée
de rouge vif, ou rouge brun, par le croisement flamand; on prétend également qu'à une certaine époque il y a eu dans la contrée des importations normandes, mais les traces en sont peu apparentes.

La sous-race maroillaise, telle qu'elle existe aujourd'hui dans les cantons
d'Avesnes, Landrecies, Berlaimont, Solre-le-Château, réunit la plupart
des caractères de la race flamande, avec beaucoup moins d'ampleur que
le type de Bergues, mais plus de finesse dans l'ensemble; la vache représentée figure 3 reproduit assez fidèlement les caractères les plus tranchés
de cette sous-race; la tête est petite, le cou mince, l'épaule plate, la poitrine serrée, les reins étroits et souvent légèrement déprimés, la croupe
avalée, la cuisse peu fournie, l'avant-bras grêle, les membres secs et
minces, la peau fine, les mamelles très-développées; la robe est tantôt
rouge et rouge brun, tantôt rouge froment, tantôt pagne ou rouanne;
c'est une race essentiellement laitière; mais c'est la race laitière épuisée
par les exigences d'un propriétaire besoigneux, qui surexcite la sécrétion
laitière, sans fournir aux organes des éléments suffisamment réparateurs.

Les taureaux, beaucoup moins bien soignés que dans la Flandre, et livrés de bonne heure à la reproduction, sont, sauf quelques exceptions, efflanqués, haut montés, pèchent par la poitrine, la côte et les reins.

On élève, dans le pays même, peu de bœufs jusqu'à l'âge adulte; mais on vend, à six mois ou un an, un assez grand nombre de veaux châtrés, qui sont enlevés par des éleveurs du Nord et de l'Aisne, ou descendent, par l'Aisne et les Ardennes, jusque dans la Champagne, où ils se confondent avec les bœufs champenois.

Le bœuf maroillais a la plupart des défauts du taureau; soumis, dans le premier âge, à un régime médiocre, sa croissance est très-lente; mais, vers trois ans, son développement, lorsqu'il est favorisé par une bonne alimentation, se fait instantanément et il atteint jusqu'à 1^m,70; par sa conformation, il a beaucoup d'analogie avec le bœuf du Hainaut, dont il diffère surtout par sa robe rouge froment unicolore, ou tachée de blanc. La vignette placée en tête du chapitre qui traite du travail de l'espèce bovine dans le Nord représente un bœuf maroillais, attelé avec un bœuf belge *monstois*, qu'on peut distinguer à sa robe tigrée.

§ 2.

CROISEMENTS DE LA RACE FLAMANDE.

Dans les sous-races qu'on vient d'examiner, c'est la race flamande qui a fourni le type améliorateur; mais quelques efforts ont été tentés pour améliorer la race flamande elle-même, à l'aide de différents types indigènes ou étrangers; la race normande est la seule race indigène qu'on ait essayé d'allier au flamand; les essais faits dans l'arrondissement d'Abbeville, dans celui de Beauvais, n'ont pas eu de suite ni de succès. Parmi les animaux étrangers, les améliorateurs ont plus particulièrement emprunté le taureau de Schwitz, le taureau hollandais, celui de Durham, et plus récemment celui de l'Ayrshire. Les croisements schwitz-flamands, poursuivis dans les différentes parties de la région, à l'époque où la race suisse était l'objet d'une espèce d'engouement, ont été promptement abandonnés. La race hollandaise a été principalement essayée dans les arrondissements de Valenciennes, Lille et Douai. La société de Valenciennes a fait importer, à plusieurs reprises, des taureaux de North-Holland,

et on trouve assez fréquemment de jeunes sujets de cette race amenés
sur le marché de cette ville. Avec quelques taureaux du North-Holland
ou de la Frise, bien choisis, au corps étoffé, près de terre, ayant la croupe
et la cuisse suffisamment fournies, on peut évidemment améliorer les
bêtes minces et anguleuses, fort nombreuses encore dans le Nord; mais
n'arriverait-on pas au même résultat avec de bons reproducteurs de pure
race flamande? On éviterait cette confusion de croisements et de robes,
qui commence à envahir ce département. Le lait de la flamande, presque
aussi abondant, est généralement plus riche; la constitution de la vache
hollandaise, plus lymphatique, rend celle-ci plus accessible à certaines
affections morbides; cette bête, enfin, passe pour être plus exigeante que
la flamande et la boulonnaise.

Le croisement *durham-flamand* est, depuis longtemps déjà, à l'état
d'essai dans la région qu'occupe la race flamande; le comice d'Amiens a,
le premier, acheté un taureau durham en 1839, et deux autres ont été
introduits dans cet arrondissement en 1845; il reste peu de traces de
ces essais. Cependant M. Canet, au Paraclet; madame la comtesse d'Her-
villy, à Fay; M. de Gilès, à Clairy, possèdent encore quelques sujets durham ou métis. Le Pas-de-Calais a mis beaucoup plus de persistance dans ses
croisements durham-flamands; les premiers achats de reproducteurs, com-
mencés en 1841 par le département, se sont continués sans interruption;
depuis cette époque, 65 taureaux de race courtes cornes, provenant des
vacheries de l'État, ont été introduits dans le Pas-de-Calais; 63 étaient
achetés par le département et 2 par le comice de Saint-Pol. C'est au zèle
de M. d'Herlincourt que ces acquisitions sont principalement dues; il a
fait lui-même quelques importations d'Angleterre, en femelles surtout, et
se livre aujourd'hui à l'élève de la race durham pure, dans sa propriété
d'Étrepigny; M. Crespel-Tiburce a essayé le croisement durham-flamand
sur une assez grande échelle, et a peuplé de métis les succursales de sa
vaste exploitation. M. Crespel-Pinta, d'Arras, a présenté dans nos divers
concours des reproducteurs durham purs ou croisés qui ont été remar-
qués. Un certain nombre d'étables des environs d'Arras se sont, par suite
des ventes de la société du Pas-de-Calais, enrichies de quelques sujets
durham. Nous citerons celles de MM. Bonnival de Blangy, de Flahaut de

Wailly, Pecqueur de Saint-Laurent, Hanon et Defresnes de Dhuisans.
Dans le même arrondissement, M. le marquis d'Havrincourt, à Havrincourt, est entré l'un des premiers dans la voie du croisement anglais.
MM. Deswaquez et Boisleux d'Ablainzevelle, Beaucamp de Souchez, Le
Grand de Saint-Martin-sur-Cojeul, ont amené dans nos concours régionaux des taureaux possédant du sang durham à divers degrés. L'arrondissement de Béthune peut revendiquer à son tour quelques essais d'a-
mélioration de la race indigène par l'alliance étrangère, essais tentés par
MM. Pingrenon de Mareuil, et d'Oremieux de Fouquières. M. Boullanger,
de Clairmarais, près Saint-Omer, a fait aussi des croisements durham-flamands dont il paraît satisfait; en dehors de ces exploitations, on ne peut
citer, dans le Pas-de-Calais, que peu d'étables où ces croisements aient pris
un grand développement, et l'infusion du sang durham est à peine appa-
rente encore dans les animaux qui garnissent les foires et les marchés.
Quelques importations directes de courtes cornes ont eu lieu vers Boulogne;
mais, dans ces derniers temps, elles ont eu principalement pour objet la
race d'*Ayr;* M. Chomel-Adam peut être cité parmi les importateurs les
plus zélés. Il est difficile d'apprécier ses produits trop jeunes encore.

Dans le département du Nord, la société d'agriculture de Dunkerque
a commencé l'importation du type durham; et M. Mahieu, d'Ost-Cappel, a
possédé le premier taureau acheté du Gouvernement; depuis il a toujours
continué les croisements, qui ont produit de bons résultats comme précocité
d'engraissement, et ont valu, à ce cultivateur, plusieurs prix dans les concours. Il a trouvé quelques imitateurs; le comice de Bourbourg a fait l'achat
d'un taureau durham en 1851; M. Vandercolme, de Dunkerque, a placé
récemment un taureau et une vache dans sa propriété de Rexpoëde; nous
avons remarqué plusieurs croisements durham dans les étables de MM. Dufour, de Dunkerque; Landron, de Looberghe; Loby, de Guyvelde; Lebecke,
de Coudekerque-Branche. Près de Dunkerque, M. Fetel vient d'importer
plusieurs vaches et taureaux d'Ayr. Trois autres arrondissements du département du Nord ont essayé le croisement durham. La société d'Avesnes a acquis
un reproducteur durham en 1844; celle de Cambrai a fait un achat semblable en 1846; enfin la société de Douai a fait de son côté deux tentatives
d'importation durham, l'une en 1850, l'autre en 1851; aujourd'hui ces asso-

ciations reportent leurs encouragements sur la race flamande. Il en est de
même de la société de Lille. Il ne faudrait pas cependant tirer des conséquences trop rigoureuses du faible succès des importations durham dans
le Nord; la médiocrité des types importés, le régime peu convenable
auquel on a quelquefois soumis les animaux, ont eu leur part dans ce résultat. Depuis 1850, nous avons vu néanmoins paraître, dans le concours
de Lille, environ cinquante jeunes sujets croisés durham, dont sept ou huit
ont obtenu des primes plus ou moins élevées. Il est probable que plusieurs
de ces animaux, dont l'origine est difficile à constater, nous arrivaient
de la Belgique, où l'importation durham s'est faite, à une certaine époque,
sur une assez grande échelle; mais la plupart étaient d'origine française,
et je me plais à rappeler les beaux animaux durham-flamands présentés
par MM. Masquelier, de Saint-André, Durivaux, de Saighin, Fréville,
d'Onaing, et Pingrenon de Mareuil.

Nous donnons, au chapitre de l'engraissement, le dessin d'un bœuf croisé
durham-flamand, qui permettra au lecteur d'apprécier l'influence que le
croisement peut exercer sur les formes de la race flamande.

Toutefois, les raisons qui paraissent s'opposer au grand développement des croisements durham, les voici : l'avantage de cette opération
serait de faire des animaux ayant une grande aptitude pour l'engraissement précoce; or cette aptitude existe déjà à un degré assez élevé dans
la race flamande; depuis un temps immémorial, on abat, dans le département du Nord, des génisses et des bœufs de deux à quatre ans. On
verra plus loin, dans le tableau des concours de Lille, beaucoup de jeunes
bœufs flamands pesant, à trois ans, de 700 à 800 kilogrammes et plus,
donnant, d'après le mode d'abatage de la boucherie de cette ville, de
60 à 62 p. o/o de viande nette et 10 à 15 p. o/o de suif; ces résultats
n'ont pu cependant décider l'éleveur flamand à se livrer, dans une certaine proportion, à l'engraissement précoce du bœuf. C'est que, par
suite des dispositions essentiellement laitières de la vache flamande et du
large débouché que lui présentent les étables de toute la région, le pro-
ducteur a plus de profit à élever la vache à lait que le bœuf même précoce. Il est évident que, dans ce cas, le croisement durham ne peut rien
ajouter aux qualités laitières de la flamande; il lui donnerait, sans doute,

4.

des formes un peu plus étoffées, plus d'aptitude à l'engraissement; mais, sous le premier rapport, il faut reconnaître que le beau type de Bergues laisse peu à désirer; quant à l'aptitude à prendre la graisse, la bonne vache flamande est assez bien dotée; elle engraisse facilement lorsqu'elle cesse de donner du lait; les génisses mêmes qu'on ne fait pas saillir assez tôt prennent un embonpoint qui détermine quelquefois la stérilité.

La première raison qui éloigne l'éleveur de livrer la vache flamande au taureau durham, est donc la crainte de diminuer ses qualités laitières. Nous ignorons jusqu'à quel point cette crainte est fondée. Le gouvernement belge s'est livré, il y a deux ans environ, à une enquête qui avait pour but précisément de vérifier si les produits de la vache hollandaise et du taureau durham perdaient des qualités laitières de la mère; on n'aurait pas trouvé de grandes différences entre les vaches hollandaises pures et les métisses durham-hollandaises. Il serait possible qu'il en fût de même des génisses durham-flamandes; mais, ce qui est plus douteux, c'est que le produit conservât la robe qui imprime le cachet à la race et constate son origine dans les transactions dont elle est l'objet. Cette dernière raison n'est pas, nous le croyons, sans influence sur les hésitations de l'éleveur flamand.

Herbage du Maroillais.

CHAPITRE III.

Le régime de l'espèce bovine, dans la région où domine la race flamande, varie suivant la destination spéciale à laquelle celle-ci est affectée et les différents points de la région qu'elle occupe. L'*élevage*, la *laiterie*, le *travail*, l'*engraissement*, sont ordinairement les quatre destinations, soit exclusives, soit associées entre elles, auxquelles est réservée l'espèce bovine. De là, quatre espèces de régimes ou de spéculations, qui se modifient d'ailleurs un peu sous l'influence des conditions culturales ou économiques ; on va suivre l'examen de ces divers régimes dans chacune des grandes divisions de la région indiquées au commencement de ce travail.

L'élevage emprunte, dans la région où domine la race flamande, les trois formes principales sous lesquelles il se produit généralement : l'élevage au *pâturage* ou *herbager*, l'élevage mixte au pâturage et à l'étable ou *semi-herbager*, l'élevage à l'étable ou *stabulaire*, si on peut le nommer ainsi.

Il est rare que chacun de ces modes d'élevage soit tout à fait exclusif ; dans les contrées mêmes où règne la stabulation, les jeunes animaux sortent de temps en temps pour pâturer ou prendre de l'exercice, et, dans les pays à pâturages, on donne, pendant la mauvaise saison, l'abri de l'étable.

Cependant les caractères de l'un ou l'autre des trois modes qu'on vient de désigner se rencontrent plus ou moins tranchés sur les divers points de la région.

SECTION I.

ÉLEVAGE HERBAGER.

§ 1.

GROUPE FLAMAND.

Si on jette un coup d'œil sur la carte, on distingue dans la région deux principaux centres où le système herbager domine : l'un comprenant les arrondissements de Dunkerque et d'Hazebrouck, avec une portion des arrondissements de Béthune, Saint-Omer et Boulogne, confinant le département du Nord ; l'autre à l'extrémité est de ce département, occupant l'arrondissement d'Avesnes, les cantons de Landrecies et du Quesnoy, et s'étendant même, dans l'Aisne, jusqu'au delà du Nouvion, de la Capelle et d'Hirson.

Au premier centre, que nous nommerons le *centre flamand*, nous aurions pu réunir, jusqu'à un certain point, la partie nord de l'arrondissement de Lille ; mais, quoique les pâtures soient encore assez étendues autour de Lille et dans les cantons de *Roubaix, Turcoing* et *Lannoy*, cependant le régime des animaux est déjà beaucoup moins exclusivement pastoral, l'élevage n'a plus qu'une importance secondaire, et la race flamande elle-même s'y trouve plus qu'ailleurs mélangée de bêtes hollandaises, belges, marécoises, etc.

Les herbages occupent, dans le pays flamand, du quart au cinquième du domaine agricole pris en masse ; mais la proportion est beaucoup plus considérable dans les cantons de Bergues, Bailleul, Hazebrouck et Cassel.

Le tableau suivant indique l'étendue superficielle de chaque canton du pays flamand, la superficie des prairies naturelles et pâtures et des terres labourables et leur relation d'étendue, le nombre des bestiaux d'espèce bovine et celui des élèves, enfin le rapport de la population bovine à la superficie totale.

LOCALITÉS.	Superficie du canton.	Pâtures et prairies na-turelles.	Terres la-bourables.	Rapport des pâtures et prairies aux terres labourables.	Taureaux, bœufs, vaches.	Élèves.	Total de l'espèce bovine.	Têtes d'espèce bovine par hectare.
Dunkerque	11,426	3,974	7,789	0,49	1,508	1,505	3,003	0,27
Bergues	11,956	3,192	7,673	0,41	4,451	2,890	7,341	0,61
Wormoudth	14,665	4,028	9,341	0,43	4,137	3,013	7,150	0,49
Hondschoote	13,635	3,166	9,072	0,34	3,979	3,043	7,022	0,59
Bourbourg	13,217	3,210	8,709	0,35	3,239	2,837	5,076	0,33
Gravelines	6,385	1,089	4,829	0,22	1,199	416	1,615	0,25
TOTAL	71,294	18,659	47,413	0,39	18,513	12,794	31,207	0,43
Hazebrouck	19,620	4,546	10,418	0,42	5,521	5,722	1,203	0,57
Bailleul	15,046	4,532	10,021	0,45	5,563	3,480	9,043	0,60
Cassel	11,224	3,811	7,068	0,53	3,350	2,165	5,495	0,50
Merville	8,629	1,756	6,205	0,28	2,714	1,057	3,771	0,43
Steenworde	11,987	3,845	6,695	0,57	5,796	2,401	8,197	0,68
TOTAUX	66,506	18,498	40,407	0,45	22,944	14,825	27,709	0,55

On voit, d'après le tableau qui précède, que la plus grande étendue des pâtures et prairies, relativement aux terres labourables, est dans l'arrondissement d'Hazebrouck, où elle dépasse quelquefois la moitié de l'étendue des terres labourées (Cassel et Steenworde); elle se rapproche de la moitié vers Hazebrouck et Bailleul. Les cantons de Dunkerque, Bergues, Wormoudth, sont à peu près dans ces conditions; mais la pâture diminue dans les cantons d'Hondschoote, Bourbourg et surtout Gravelines. La proportion du bétail suit en général celle des pâtures, sauf cependant quelques exceptions, qui s'expliquent par l'infériorité des pâtures mêmes, par le surcroît d'alimentation tiré de la culture, par d'autres causes qu'il serait trop long d'analyser ici. On voit que le chiffre de l'espèce bovine varie par hectare de 0,25 à 0,68. Steenworde, Bergues, Bailleul, Hondschoote et Hazebrouck sont les cantons les plus riches en bétail; les autres arrondissements du département du Nord, si on en excepte Lille, qui possède 0,68 têtes par hectare, et Avesnes, qui en a 0,44, sont inférieurs sous ce rapport. Ce chiffre est de 0,29 dans l'arrondissement de Cambrai; les autres départements de la région en masse atteignent à peine ce dernier chiffre. Ainsi la fraction de tête bovine, par hectare, est, dans le Pas-de-Calais, de 0,35; la Somme, 0,25; l'Aisne, 0,20; l'Oise, 0,25; la Seine, 0,30; Seine-et-Oise, 0,22; Seine-et-Marne, 0,21.

A. Pâtures.

Il existe dans la partie herbagère de la Flandre deux contrées bien caractérisées et par leur sol et par leurs conditions culturales, l'une nommée le *pays de watteringues*, qui signifie, en traduisant largement, *pays d'eau*, et l'autre désignée sous le nom de *pays de bois*.

Le canal de la Colme forme à peu près la séparation des deux contrées. La limite du pays de watteringues est, sur notre carte, celle du centre pastoral qui nous occupe; elle part de la pointe de Sangate, près de Calais, et descend, par Guines, Ardres, Audruick, Wattes, jusqu'à Saint-Omer. Nous retrouvons encore une petite contrée à watteringues, au nord de l'arrondissement de Béthune, vers Saint-Venant et Laventie, etc. Les watteringues de l'arrondissement de Dunkerque sont de beaucoup les plus importantes en étendue; elles constituent une grande plaine basse, dont le niveau est de plus d'un mètre au-dessous de celui de la haute mer dite en *morte eau* et 2 mètres au-dessous de la haute mer des *vives eaux*. Cette plaine est protégée par des digues dans lesquelles existent, près de Dunkerque, deux écluses servant à l'écoulement de ses eaux dans la mer qui, à marée basse, se trouve à 1^m,60 environ au-dessous de son niveau. L'écoulement se fait au moyen de nombreux fossés nommés *watergangs*. Cette plaine est évidemment un lai de mer dont la formation remonte à des temps inconnus. Quelques portions cependant à niveau plus bas étaient encore couvertes d'eau il y a deux siècles. Ce sont les *moëres*, grands lacs aujourd'hui desséchés qui bordent la frontière belge.

Le niveau de l'eau des *watergangs* et celui des rigoles qui y correspondent, maintenu à 1 mètre en moyenne au-dessous du niveau de la plaine, conserve dans le sol une humidité favorable à la pousse de l'herbe; mais il arrive cependant que ce niveau baisse par la sécheresse de l'été, et que les terres des watteringues perdent leur humidité. Ceci a lieu dans les parties les plus élevées et dans celles où le sable domine. Le sol des watteringues se compose en général d'un sable marin gras, reposant

quelquefois sur une vase plus ou moins compacte; il est éminemment propre
d'ailleurs à la culture des céréales, du lin, du colza. Cette circonstance,
jointe au prix élevé des produits obtenus par la culture, a amené, depuis
quelques années, le défrichement d'une assez grande étendue de pâtures
dans les watteringues. Le prix de location offert pour obtenir le droit de
défricher, prix qui s'élève quelquefois à 200 et 300 francs l'hectare, a
déterminé, en outre, beaucoup de propriétaires à imiter cet exemple. Ce
fait s'est principalement produit dans les moëres et dans les cantons de
Bourbourg, Andruick, Loon, etc. Cependant, une assez grande étendue
d'herbages occupe encore les watteringues, dans les cantons de Dunkerque et de Bergues surtout. Les pâtures les plus grasses sont plus spécialement consacrées à la vache d'engrais qu'à la vache laitière. L'élevage du cheval partage les herbages avec celui de l'espèce bovine dans
une grande partie des watteringues, mais il domine vers Bourbourg,
Loon, Gravelines et les moëres; l'élevage tend plutôt à diminuer qu'à s'é-
tendre dans les watteringues. Les causes de ce fait, indépendamment
de la diminution de l'étendue des pâtures et de la préférence donnée
à l'engraissement ou à la laiterie, se rattachent encore à des conditions d'hygiène : des pâtures trop succulentes, trop humides à certains
moments, trop sèches dans d'autres, des eaux rendues malsaines par la
stagnation, sont autant d'obstacles qui s'opposent à un bon élevage. L'herbe
de ces pâtures est épaisse et succulente [1]; on y trouve les pâturins, les
fléoles, l'avoine élevée, le ray-grass, la cretelle, la houlque, des trèfles,
le trèfle rampant et la lupuline en assez grande abondance. Ces pâtures
sont divisées en vastes enclos, dont des fossés font seuls les limites. Les
plantations sont très-rares; de loin en loin quelques lignes de saules sur
les fossés, très-peu de haies, parfois des séparations en barrières de bois
brut.

Le prix de l'hectare d'herbage, qui est de 1,000 à 1,600 francs dans les
cantons de Bourbourg et Gravelines, s'élève à 3,000 et 5,000 francs vers
Dunkerque et Bergues.

Les pâtures du pays de bois appartiennent à un sol différent, de forma-

---

[1] C'est une herbe ronde, suivant l'expression flamande.

tion moins récente, composé généralement d'un limon profond, argilo-siliceux, peu ou point calcaire, reposant fréquemment sur des argiles compactes analogues à celles que le géologue belge, M. Dumont, nomme argiles ypréennes; ces argiles, appelées *clytres* dans le pays, affleurent sur quelques points, et notamment dans la lisière qui borde les watteringues, vers Renescure, Watten, Pittgam, etc. Il se rencontre cependant çà et là quelques dépôts de sables, dont les plus étendus sont vers Cassel et le *Mont des Chats;* la terre est alors plus légère, mais le sous-sol reste toujours plus ou moins argileux. Cette constitution du sol entretient une humidité que conservent encore les haies et les plantations multipliées de grands ormes qui apparaissent comme des bouquets de futaies et ont fait donner à cette contrée son nom de *pays de bois*.

Ces plantations ont sans doute l'avantage de créer des abris contre les vents si violents quelquefois du littoral, de maintenir une humidité favorable à la pousse de l'herbe et de fournir de l'ombrage pour les animaux: mais, lorsqu'elles sont trop multipliées, elles entraînent des inconvénients assez graves. L'ombre que les arbres projettent, l'épuisement produit par leurs racines, diminuent la quantité et surtout la qualité de l'herbe: les feuilles qui tombent gâtent le pâturage; l'humidité excessive qu'ils entretiennent nuit au bon état des routes et à la salubrité des habitations. Il est probable que cette humidité n'est pas non plus sans influence sur le développement de quelques affections morbides particulières au pays de bois, le *pissement de sang*, par exemple; ajoutons que les racines de ces arbres rendent fort chanceux le drainage, dont l'utilité se fait sentir à peu près partout dans la Flandre.

Ces grands arbres, qui fournissent le bois à la charpente et au charronnage du pays, sont, du reste, l'objet de soins bien entendus, dans le but de leur faire produire le plus rapidement possible une tige bien droite, exempte de nœuds et de défauts. Par un élagage raisonné on enlève toutes les branches du tronc qui tendent à prendre trop de développement; on laisse, au contraire, des rameaux destinés à nourrir la tige, tandis que la couronne se forme à une assez grande hauteur; on obtient ainsi des arbres dont le tronc mesure de 10 à 12 mètres, sans branches, et présente une circonférence de plus d'un mètre : tel de ces arbres se vend jusqu'à 300 francs.

Quoiqu'il soit difficile de bien déterminer les plantes de ces pâtures incessamment broutées, cependant on peut indiquer, comme les plus communes, la houlque laineuse, le ray-grass, le brome doux, le dactyle pelotonné, le pâturin annuel et celui de prés, la cretelle, la flouve, des agrostis et quelques trèfles.

B. Haies et clôtures.

Les enclos sont moins étendus que ceux du pays de watteringues, et bordés pour la plupart de grandes haies vives où domine l'épine blanche, associée quelquefois à l'épine noire, à l'orme, au coudrier, au charme, etc.

La tenue des haies laisse beaucoup à désirer, surtout pour quiconque a visité l'Angleterre et observé le soin avec lequel on y entretient cette espèce de clôture; la plupart des haies, bordées d'un fossé qui les sépare du chemin, sont livrées à leur puissante végétation naturelle, qui développe en quelques années des pousses de 2 à 3 mètres; on les rabat périodiquement, et les émondes fournissent un peu de bois au fermier. Dans l'arrondissement d'Hazebrouck quelques propriétaires, parmi lesquels on doit citer M. Justin Wandewalle, apportent un soin particulier à la création et à l'entretien des haies, dans lesquelles ils font entrer exclusivement l'aubépine.

On n'emploie, pour la plantation des haies de cette espèce, que du plant venu de semis; mais, comme c'est une opération longue et minutieuse que le semis lui-même, le plant est généralement tiré de Normandie ou de Belgique, au prix de 6 francs environ le mille. Quelques personnes ont essayé cependant de semer d'après la méthode anglaise, qui se rapproche beaucoup, d'ailleurs, des procédés normands. Les fruits de l'aubépine, récoltés en octobre, sont d'abord mis en petits tas pour que la fermentation décompose la partie pulpeuse, puis ils sont mêlés avec un tiers de sable et stratifiés en tas plus volumineux, qu'on recouvre d'une couche de terre; la graine reste ainsi jusqu'au moment de la semaille, qui a lieu soit en octobre et novembre, soit au printemps. On la sème, mélangée de sable, dans un sol sain et fertile, bien préparé. Le semis se fait tantôt en rayons espacés de 3o à 35 centimètres, tantôt en plate-bande; la graine doit être enterrée de 3 centimètres environ; on indique un litre environ de graine mélangée par mètre courant d'une planche de 1^m,3o.

On sarcle et on bine le jeune plant aussitôt et autant qu'il est nécessaire. A l'automne, les sujets bien venus doivent avoir 5o à 6o centimètres de haut; on les transplante alors en pépinière, en rangs espacés de 3o centimètres environ, et, après deux et quelquefois trois ans de transplantation, le jeune plant est assez vigoureux pour être mis en place.

Le mode de plantation de la haie varie suivant les habitudes locales, fondées sur des différences de sol et de climat. On plante 1° sur sol uni, sans fossé ni banquette; 2° sur le bord d'un fossé sans banquette; 3° sur le sommet ou le bord d'une banquette presque toujours accompagnée d'un fossé.

Cette dernière méthode, plus spécialement adoptée en Écosse et dans le nord-ouest de la France, est peu répandue dans le nord. Dans ce système on ouvre un fossé *a*, fig. 3;

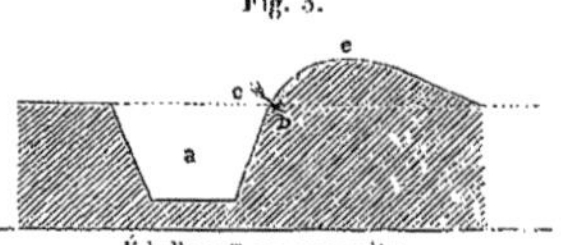

Fig. 3.

Échelle : 0^m,o1o pour mètre.

une petite plaque de gazon coupée en biseau est placée, retournée herbe contre herbe, sur le bord *b*, de manière que les plants d'épine *c* se couchent un peu obliquement sur ce rebord, et on les recouvre avec la terre du fossé, qu'on amoncelle de manière à ce qu'elle forme une banquette *e*.

La plantation sur *banquette* avec fossé ne diffère de la précédente que par la position du plant, qui se met sur le sommet *e* de la banquette, fig. 3. Quelquefois la banquette est protégée par un fossé de chaque côté, comme

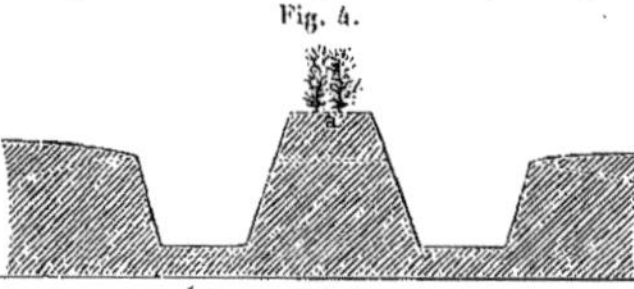

Fig. 4.

Échelle: 0^m,o1o pour mètre.

l'indique la figure 4. Cette méthode est usitée en Angleterre lorsque la haie ne peut se défendre elle-même. M. Lefèvre de la Houplière, de Châteauneuf-le-Marquenterre, emploie ce système pour créer des abris sur cette plage souvent battue par les vents; des peupliers, maintenus en taillis, sont plantés sur le sommet *a*.

Dans le département du Nord, les haies sont, comme on vient de le dire, plus fréquemment plantées sur sol uni, avec ou sans fossé. En tous

cas, la ligne sur laquelle la haie doit être disposée est profondément
bêchée et fumée sur une largeur d'un mètre au moins. Sur le milieu on détermine par une petite rigole *a*, fig. 5, la ligne
où la haie sera plantée; à 3o ou 4o centimètres de cette rigole on trace le bord du
fossé *b*, s'il doit en exister, puis l'autre bord *b'*;
on lève un gazon qu'on met sur le bord *b*,
du côté de la haie, pour servir d'appui au
plant. Si la haie est double, on place un petit
gazon semblable au premier en *c*; ensuite les
plants sont posés dans la rigole, distancés
de 25 à 3o centimètres environ, les racines

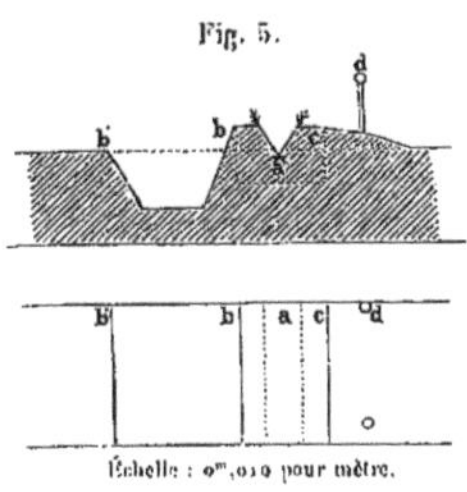

Fig. 5.

recouvertes avec la bonne terre; le fossé est creusé, la meilleure terre vé-
gétale achève de remplir la rigole et le reste se répartit en *e*, ou bien est
enlevé. Si on fait une plantation sur deux rangs, 7 ou 8 plants au mètre
sont nécessaires.

Le fossé sert surtout à soutirer l'humidité qui pourrait nuire à la haie
et à la protéger contre les bestiaux. Du côté du champ on établit, dans
le même but, une barrière ou *palis*, nommée *clastre* en Flandre et *baille*
dans l'arrondissement d'Avesnes. Cette barrière doit être double quand il
n'existe pas de fossé; on la place ordinairement à la distance de 70 à 80
centimètres de la haie. Les défenses de la jeune haie sont une des avances
les plus dispendieuses; de simples barrières en perches avec poteaux tous
les 2 mètres sont les plus communément employées; le prix de revient de
ces clôtures est de 3o à 4o centimes par mètre. Depuis quelques années,
plusieurs propriétaires ont substitué le fil
de fer aux traverses en bois, fig. 6. Les poteaux, un peu plus forts, sont écartés de 3 mètres; ils supportent trois ou quatre fils de fer
du n° 20 ou 22, tendus aux extrémités par
de petits extenseurs à vis ou cric. Ces barrières

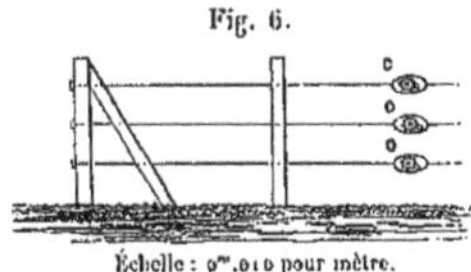

Fig. 6.

reviennent de 6o à 75 centimes le mètre courant.

La haie a besoin d'être protégée pendant six ou sept ans. Il va sans
dire que, les premières années, on lui donne des sarclages et des terreau-

tages. Lorsque la haie est en état de se défendre, on peut combler le fossé
en plaçant au fond un drain ou deux, si le sol est humide.

Les opinions varient sur la manière de conduire les jeunes haies;
quelques-uns veulent qu'on les laisse croître librement jusqu'à la troisième année sans les tailler; d'autres, et c'est le plus grand nombre,
taillent légèrement dès la première année, quand la pousse est vigoureuse,
en rabattant à 25 ou 30 centimètres de la tige principale. La deuxième
et la troisième année on taille également à 30 ou 35 centimètres de la
taille précédente, pour donner plus de force aux tiges et faire pousser des
branches; on laisse toujours plus de largeur à la base. A quatre ans on
commence à tondre la haie d'une manière plus ou moins régulière; mais
il est rare qu'au bout de quelques années elle ne se dégarnisse pas un
peu du pied; alors, pour lui donner plus de force, on emploie ordinairement soit le *recepage* ou un simple *rognage*, soit le *palissage :* le recepage
est usité plus spécialement pour les vieilles haies qu'on veut rajeunir par
des scions partis de la souche; le rognage consiste à rabattre la haie à
1 mètre environ en la soumettant à un tondage périodique, qui ménage
les pousses de la base et se rapproche de la tige vers le sommet.

Du reste, ce rognage n'est qu'une ressource transitoire; pour obtenir
une haie *défensable* et bien garnie, il est rare qu'au bout de quelques
années on n'ait pas recours au palissage : cette opération consiste à bien
nettoyer le pied de la haie de toutes les mauvaises herbes, de toutes les
menues branches et de celles qui s'étendent trop latéralement; on conserve seulement pour être palissées les branches les plus régulières et les

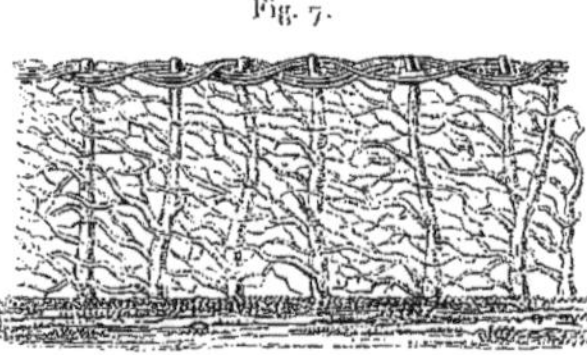

Fig. 7.

Échelle : 0^m.015 pour mètre.

plus longues, et, comme soutien du
palissage, on ménage également, tous
les 60 ou 75 centimètres, les tiges les
plus fortes et les plus droites; mais
plus généralement on préfère planter
dans la haie quelques pieux de distance en distance, ou appliquer ho-
rizontalement des petites perches. Le
palissage s'opère en inclinant toutes du même côté, comme l'indique la fig. 7,
les tiges réservées, en les entrelaçant en quelque sorte aux pieux, de ma-

nière que l'extrémité de la branche vienne aboutir du côté où on veut établir plus spécialement la défense (ordinairement du côté du fossé); le sommet des pieux est maintenu par des branches mortes qu'on y entrelace. Après un an ou deux, lorsque les pousses se sont allongées et qu'il est reparti quelques branches des pieds recepés, on opère le tondage de la haie ainsi palissée, de manière à lui donner la forme représentée en coupe par la figure 8.

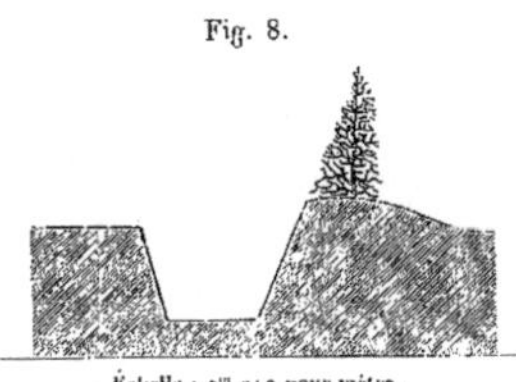

Fig. 8.

Échelle : o^m,o10 pour mètre.

Le *palissage* a lieu également pour remplir les vides des vieilles haies.

C. Aménagement des pâturages.

La grandeur des enclos varie de 4o ares à 2 hectares et plus; une étendue moyenne facilite l'aménagement, on y maintient un petit abreuvoir et quelquefois un abri, si le pâturage est découvert. Souvent le fossé qui borde l'herbage sert d'abreuvoir, mais, pour empêcher les animaux de le franchir, on établit dans le ruisseau, avec deux pieux et trois perches, une barrière disposée comme l'indique la figure 9.

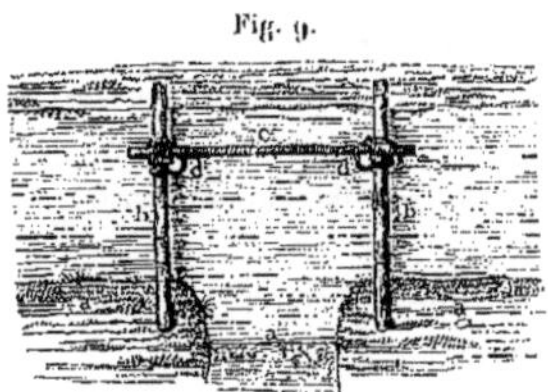

Fig. 9.

Échelle : o^m,oo5 pour mètre.

a a, bord du fossé; *a'*, descente de l'abreuvoir, qui est limité par les perches *b b*, sur lesquelles est fixée la perche *c*; le tout appuyé sur les bords et maintenu par deux pieux *d d*.

Le pâturage commence, dans les herbages couverts du pays de bois, à la fin d'avril et finit fin octobre. Dans les watteringues on met les animaux en mai, on les retire en novembre.

Le bon aménagement du pâturage demande de la réflexion et une certaine habitude pratique. La nature de l'herbe, celle du sol, sa richesse, son humidité, son exposition, l'ombrage des arbres qui le couvrent, sont les éléments d'appréciation de la valeur de l'herbage; mais l'influence de la température, sa végétation plus ou moins précoce, plus ou moins rapide, indiquent comment il doit être aménagé, et jusqu'à quel point il doit être chargé; c'est aussi d'après la nature de l'herbage, sa richesse, sa végétation, qu'on détermine s'il doit être consacré à des bêtes à lait, à l'élève ou à l'engraissement. En tous cas il est essentiel d'appliquer un nombre suffisant d'animaux pour consommer l'herbe à mesure qu'elle pousse. La pâture se détériore quand ses plantes montent à graine; on force donc en nombre d'animaux lorsque la végétation est plus active. On regarde comme une bonne pratique de ne pas laisser brouter de trop près l'herbe des pâtures que le bétail quitte à la fin de l'automne; la végétation est plus précoce et plus abondante au printemps.

On met ordinairement sept à huit bêtes par pâture de 150 à 200 ares; on les retire pour les faire passer dans une autre quand l'herbe est rasée.

Dans l'arrondissement de Lille on change quelquefois les animaux tous les jours ou tous les deux jours; l'herbager qui possède quatre pâtures ramène ainsi les animaux tous les quatre ou huit jours dans le même enclos.

On fume les herbages tous les trois ou quatre ans avec du fumier court, des résidus de grange, des composts, des engrais liquides.

Les autres soins donnés aux pâtures sont peu compliqués; rarement on forme de nouveaux herbages; l'étendue en paraît plutôt diminuer qu'augmenter. Indépendamment des fumures et des terreautages, on enlève les chardons et les mauvaises plantes, telles que grandes marguerites, renoncules, caltha, etc.

Il est interdit par les baux de livrer le pâturage à la faux; les *refus* ou *remuages* (herbe laissée par les animaux) sont rarement recueillis.

D. Procédés d'élevage.

Le pays flamand est une contrée de petite et moyenne culture : la moitié des exploitations n'excède pas 5 hectares, un quart varie de 5 à 10 hectares, un huitième de 10 à 20, un autre huitième de 20 à 50 hectares. Dans l'arrondissement de Dunkerque on trouve 150 fermes de 50 à 100 hectares et une vingtaine de 100 hectares. Mais, dans celui d'Hazebrouck, il n'existe déjà plus de fermes de 100 hectares, et celles de 50 sont très-peu nombreuses. On comprend dès lors que les grands éleveurs sont fort rares. Dans les fermes d'une étendue moyenne de 15 à 25 hectares on tient 15 bêtes à cornes; ce troupeau se compose de 6 à 8 vaches mères, dont 2 à l'engrais, 4 génisses d'un à trois ans, 4 veaux de l'année, et quelquefois un taurillon; rarement le troupeau possède un taureau. L'aménagement du troupeau se fait ordinairement ainsi : on vend chaque année une ou deux génisses, une vache grasse remplacée par une génisse et une ou deux vaches, à leur troisième veau, nommées *parisiennes*, parce qu'elles sont ordinairement dirigées vers les laiteries de Paris. Depuis une dizaine d'années cependant l'exportation de la vache laitière pour Paris a beaucoup diminué. Presque tous les veaux mâles sont vendus à huit jours; les bons éleveurs seulement font un certain nombre de jeunes taureaux qui ont, aujourd'hui que la race est appréciée, un débouché facile et avantageux. Le nombre des taureaux est fort restreint : la statistique de 1853 n'indique, dans l'arrondissement de Dunkerque, que 253 taureaux pour 18,452 vaches, et 125 pour 22,800 vaches dans l'arrondissement de Dunkerque; soit 72 vaches par taureau dans la première localité, et 180 dans la seconde (moyenne : 126 vaches); mais il faut ajouter à ce chiffre les élèves taurillons de 9 à 18 mois, non compris par la statistique dans le nombre des taureaux, et qui cependant font la saillie, ce qui, nous le pensons, doublerait au moins le chiffre des reproducteurs mâles. Dans les troupeaux plus nombreux on a ordinairement un jeune taureau d'un an, qu'on châtre ou qu'on vend à dix-huit mois ou deux ans. On prétend qu'avec de très-jeunes taureaux la conception est plus assurée, et les produits plus vigoureux; les vaches saillies par de vieux taureaux avorteraient plus fréquemment et les produits seraient moins féconds. Les Flamands prétendent encore que les vaches saillies par un mâle de deux à quatre ans font plus fréquemment deux veaux à la fois. Enfin, passé deux ans, l'animal devient presque toujours peu traitable, surtout dans le pâturage. Quoi qu'il en soit, on ne trouve pas de taureaux de plus de deux à trois ans.

Dans quelques localités, les propriétaires qui n'ont pas de taureau font ordinairement conduire leurs vaches à un taureau commun entretenu par un cultivateur, qui n'a d'autre indemnité que le droit de pâture pour quelques brebis sur les terrains non couverts de la commune. Plus fréquemment on paye pour la saillie une indemnité de 50 à 75 centimes.

Il existe également des taureaux *rouleurs* qu'on conduit chez le propriétaire des vaches à saillir. Il résulte quelquefois des accidents de ce déplacement des taureaux. Il serait convenable que ces animaux fussent munis d'une bride avec anneau nasal, et que la longe flexible tenue par le conducteur fût remplacée, dans certains cas, par un de ces bâtons qui, fixé, à l'une de ses extrémités, à l'anneau nasal du taureau, permet au conducteur de tenir l'animal à distance s'il devient dangereux. Nous avons cependant retrouvé chez un éleveur ce petit appareil de gouverne, qui a été importé d'Angleterre en France par notre collègue, M. Lefebvre de Sainte-Marie, et dont nous reproduisons dans les figures 10 et 11, deux spécimens un peu différents.

Le premier, fig. 10, consiste en un crochet fermé à l'entrée par un ressort *b;* le second, fig. 11, se compose simplement d'un bout de chaîne terminé par une traverse *a* mobile comme celles des chaînes d'étable. On engage soit le crochet, soit la traverse dans l'anneau nasal du taureau. Un porte-mousqueton assez fort, ajusté à l'extrémité d'une petite chaîne à touret remplirait le même but. A défaut d'anneau nasal, on pourrait employer des *mouchettes*, fixées à l'aide d'une corde à l'extrémité du bâton conducteur, comme l'indique la figure 12. L'application de ces mouchettes est facile à comprendre : on fait glisser l'anneau *a* en pressant le ressort à mentonnet *c*, qui le maintient; les branches *bb* s'écartent, et on peut saisir alors la cloison nasale entre ces deux pinces qu'on rapproche en remettant l'anneau dans sa première position.

Depuis quelques années on apporte plus de soin dans le choix des taureaux; les primes accordées dans les concours locaux et régionaux ont eu leur part dans ce résultat. Les achats faits des plus beaux types, soit par des associations agricoles

Fig. 10.

Fig. 11.

Échelle : 0^m,15 pour mètre.

Échelle : 0^m,15 pour mètre.

Figure 12.

Échelle : 0^m,25 pour mètre.

de la région, soit par des éleveurs, y ont aussi puissamment contribué. Aujourd'hui un beau taureau obtient un prix suffisamment rémunérateur; on le paye, à un an, 150 à 250 francs, et même plus, s'il sort d'étables en réputation.

Les concours ont encore produit cet excellent effet d'éclairer l'opinion générale des éleveurs sur les qualités et les défauts des reproducteurs, et de mettre en relief les étables les mieux dirigées, celles où existent les meilleurs types.

La saillie se fait presque toujours en liberté; nous avons cependant remarqué, dans quelques fermes de la Picardie et de l'Artois, une espèce de cadre, fig. 13, fixé à la muraille; le cou de la vache étant engagé dans l'espace *a*, on fait glisser dans deux mortaises pratiquées à l'extrémité des deux traverses horizontales une barre *b*, qui empêche que l'animal ne puisse retirer la tête. Ce procédé ne nous paraît pas être sans quelques dangers dans son application.

Fig. 13.

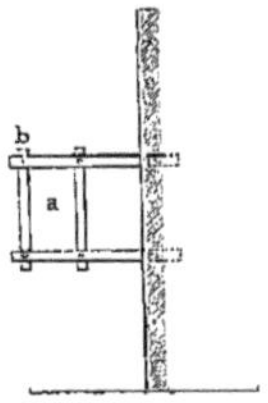

Echelle : o^m,o2 pour mètre.

Les génisses sont ordinairement saillies à quinze et même à treize ou quatorze mois dans l'arrondissement d'Hazebrouck; mais, vers Bergues, quelques propriétaires retardent la saillie jusqu'à dix-huit mois, deux et même trois ans, afin d'obtenir des bêtes de plus grande taille et plus corsées; ces génisses saillies ainsi tardivement reçoivent le nom de *scotres* à trois ans et celui de *rindres* à quatre; elles deviennent quelquefois stériles, ou prennent un embonpoint qui décide les propriétaire à les livrer à la boucherie.

Le nombre des vaches *taurelières* est relativement élevé en Flandre. Un remède empirique est employé pour calmer les fureurs utérines : il consiste à faire avaler à l'animal un peu de plomb de chasse. La castration a été opérée dans le même but; on prétend que cette opération n'amène pas toujours ce résultat : de là ce proverbe flamand que l'affection de la vache taurelière est autant dans la tête que dans l'organe reproducteur. M. Charlier a fait dans le département un certain nombre de castrations de vaches qui paraissent cependant avoir assez bien réussi. Du reste, depuis longtemps en Flandre, on pratiquait la castration des femelles de l'espèce bovine pour mieux les disposer à l'engraissement. Le procédé de M. Charlier, en rendant l'opération plus facile, ramènera peut-être l'usage d'un procédé un peu oublié aujourd'hui.

Le moment de la saillie est calculé pour que le part ait lieu, autant que possible, vers le printemps, mais beaucoup de vaches ne retenant pas à la première saillie, il arrive quelques naissances à toutes les époques.

Les avortements se sont montrés fréquents depuis quelques années. Ce fait, qui s'est reproduit en France dans beaucoup de localités, a été attribué, par quelques vétérinaires, à la présence, dans les fourrages et les pailles souvent trop *javelées*, de mucédinées (rouille, charbon, ergot) provoquées par l'humidité qui s'était produite pendant leur végétation ou leur récolte. Les parts difficiles sont assez nombreux chez les génisses, à leur premier veau, si surtout elles sont dans un certain état de pléthore; dans ce dernier cas on pratique une saignée vers le dernier mois de gestation.

Il se manifeste quelquefois, chez les meilleures vaches, une affection nommée dans le pays maladie *dormoire*, parce que la bête paraît plongée dans une espèce de somnolence et de stupeur; le lait tarit tout à coup et la bête périt au bout de quelques jours ; cette maladie , analogue à celle de l'éclampsie chez les femmes, est le résultat, soit d'un part laborieux, soit d'une secrétion lactaire excessive, ou irrégulière; les fièvres de lait, analogues à cette affection, sont également assez fréquentes chez les vaches de 5 à 6 ans, bonnes laitières.

On cesse ordinairement de traire la vache deux mois avant le vêlage, et on ne la livre au mâle de nouveau que six semaines après le part.

On obtient à peu près en moyenne 8 naissances par 10 vaches mères ; en masse les veaux mâles égalent en nombre les femelles. On trouve en Flandre, comme ailleurs, des cultivateurs qui prétendent avoir le secret de la procréation des sexes à volonté; ainsi, suivant quelques personnes, en faisant saillir avant la traite, on obtiendrait des mâles, la conception donnerait, au contraire, après la traite, des femelles.

Le veau pèse en moyenne, dans le pays de Bergues, 35 à 45 kilogrammes. Les produits du croisement Durham sont proportionnellement plus petits, mais se développent plus rapidement.

On élève à peu près tous les veaux femelles, mais on conserve à peine

1/5 des veaux mâles. Les autres sont vendus dans la première quinzaine, soit directement pour la boucherie, soit pour être engraissés ou élevés ailleurs.

Les veaux d'élève sont séparés de leur mère immédiatement après leur naissance et ne tettent pas. On les habitue à boire assez promptement. Pendant les huit premiers jours ils absorbent le lait de la mère ou une quantité équivalente, puis on substitue le lait battu au lait pur. Le beurre étant habituellement, dans une grande partie de la Flandre, extrait du lait frais, cette boisson conserve une saveur agréable et sucrée, elle est seulement privée de sa partie butyreuse. On ne continue guère le lait battu plus de deux à trois mois au plus. Quelques cultivateurs, désireux d'obtenir de beaux élèves, donnent du lait battu jusqu'à six mois et y mêlent des farineux; d'autres substituent au lait des boissons mucilagineuses dont la graine de lin bouillie et une espèce de thé de foin font la base; ce régime, continué même pendant l'hiver, rend les veaux plus robustes. La grande consommation du laitage dans les ménages explique cette substitution sans cependant la justifier complétement. Un peu moins de parcimonie dans l'allaitement serait évidemment plus favorable au développement des jeunes animaux.

Les veaux d'élève sont ordinairement tenus dans un petit enclos voisin de la ferme; un simple hangar leur sert d'abri. A quatre mois environ on sépare les jeunes mâles des femelles; lorsqu'un veau encore jeune reste avec les mères laitières, pour empêcher qu'il ne les tette, on lui met une muselière; ce procédé est même employé à l'étable, afin que les jeunes animaux ne se lèchent pas entre eux. Quand on veut laisser pâturer le jeune animal placé dans le même enclos que les vaches, on lui applique une espèce de muserole armée en avant d'une petite pointe mousse dont l'atteinte engage la vache à repousser le veau quand il veut saisir le pis. Dans les cas très-rares de castration des jeunes mâles qu'on veut élever comme bœufs, l'opération a lieu par arrachement des testicules dans le premier mois; les taureaux plus âgés sont châtrés aux casseaux, ou par cautérisation; mais, en général, ceux-ci ne sont pas ordinairement châtrés dans le pays flamand, on les vend à l'état de reproducteurs.

Les veaux pâturent pendant toute la saison; l'hiver on leur donne du foin, de la paille, des féverolles trempées et bouillies, et un peu d'eau blanche de temps en temps. Du reste, on les rentre très-rarement à l'étable, et ils sont abandonnés dans l'enclos avec le seul abri dont nous avons parlé ; ce régime les rend plus robustes.

La génisse donne ordinairement son premier veau de vingt-sept à trente-six mois ; les femelles stériles sont engraissées comme on le dira au chapitre de l'engraissement.

Le tableau suivant indique approximativement la taille et le poids moyen de la vache et du taureau de race flamande à différents âges. Nous ajoutons le bœuf maroillais, dont le développement est plus tardif.

Âge.	Taureau.		Femelle.		Bœuf maroillais.	
	Taille.	Poids vif.	Taille.	Poids vif.	Taille.	Poids vif.
Naissance	0ᵐ,78	40ᵏ	0ᵐ,75	38ᵏ	"	"
1 mois	0 ,82	65	0 ,80	60	"	"
2	0 ,87	90	0 ,83	80	"	"
3	0 ,90	98	0 ,86	90	"	"
4	0 ,94	120	0 ,96	110	"	"
5	0 ,98	140	0 ,98	135	"	"
6	1 ,00	160	1 ,00	145	"	"
12	1 ,30	250	1 ,20	230	"	"
18	1 ,36	300	1 ,28	300	"	"
24	1 ,40	420	1 ,33	400	1ᵐ,40	"
30	1 ,44	450	1 ,38	450	1 ,50	"
36	1 ,45	500	1 ,40	460	1 ,60	"
40	1 ,50	550	"	500	1 ,70	"
48	"	"	"	"	"	"

La figure 14 rend sensible à l'œil la progression du développement de ces animaux, au moyen d'une courbe qui passe par l'intersection d'abscisses et d'ordonnées, dont les unes représentent l'âge par mois, les autres la taille par fraction de mètre. Nous ne donnons, on le comprend, ces chiffres que comme des moyennes approximatives. La courbe *a* indique l'accroissement du bœuf maroillais ; *b*, celui du taureau flamand ; *c*, celui de la vache flamande.

Fig. 14.

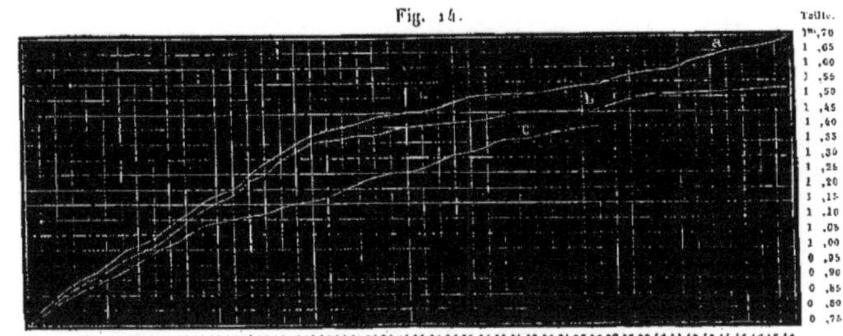

Nous aurions voulu indiquer ici les meilleurs éleveurs de la race flamande; mais, parmi les nombreuses exploitations, toutes uniformément
d'une étendue assez restreinte, il est difficile d'en trouver qui s'élèvent
beaucoup au-dessus du niveau commun. Les plus beaux sujets, d'ailleurs,
ne sont pas toujours dans les troupeaux les plus nombreux. Cependant,
parmi les étables que nous avons visitées, nous devons citer, dans l'arrondissement de Dunkerque, celles de MM. Mahieu, de Capelle; Loby, à
Ghyvelde; Landron, à Looberghe; Wandaële, de Warhem; Monaecklaie, de
Quœdypre; Vanondendicke, de Coudekerque; de Becke, de Coudekerque-
Branche; de Walle, à Woymille; Wemar, à Armsbouts Capelle; Regoldt,
aux Moëres; de Walle, à Rexpoede; Fetel et Bavière, à Loon; Colery,
à Morbeck, etc. Dans l'arrondissement d'Hazebrouck, MM. Vandewalle
et Houvenaghel, d'Hazebrouck; Claudorez, Lothé-Lavverrière, et Coque-
laëre de Bailleul. La vente des bêtes flamandes se fait fréquemment par
l'intermédiaire des marchands éleveurs, parmi lesquels je nommerai les
frères Luthun, d'Houplines, près Armentières; Luthun de Merville, Lefebvre, de Saint-Omer, Anquet de Valhuon, près Saint-Pol.

§ 2.

ARRONDISSEMENT D'AVESNES.

———

A. Pâtures.

Le centre herbager d'Avesnes, auquel se rattachent les trois cantons de la Capelle, du Nouvion et d'Hirson dans l'Aisne, est, par son étendue, par la surface de ses pâtures, par le nombre de ses animaux, plus considérable encore que le centre flamand, auquel il est inférieur, du reste, par la qualité du sol et la culture. L'industrie du sol, à peu près stationnaire dans le pays flamand, a pris, dans l'arrondissement d'Avesnes, un développement progressif qui s'accroît chaque jour; cette contrée, connue jadis sous le nom de Thiérache, contrée à sol compacte, humide et froid, couverte de vastes forêts, passe insensiblement de la période forestière à la période herbagère. A la place des grands bois défrichés s'étendent de vastes pâtures couvertes de bestiaux; c'est principalement dans les cantons du Nouvion, de la Capelle, d'Hirson, que cette révolution s'est accomplie sur une plus large échelle; les terres labourables elles-mêmes ont été converties en herbages, et, dans la commune du Nouvion, il reste quelques hectares à peine à la charrue.

Nous donnons, comme pour les arrondissements de Dunkerque et d'Hazebrouck, le tableau par cantons des herbages, des terres cultivables et des bestiaux, en faisant ressortir les rapports qui peuvent faire apprécier l'importance de la production herbagère.

LOCALITÉS.	Superficie totale du canton.	Pâtures et prairies naturelles.	Terres labourables.	Rapport des pâtures aux terres labourables.	Taureaux, bœufs, vaches.	Élèves.	Total de l'espèce bovine.	Têtes d'espèce bovine par hectare.
Avesnes.	28,084	9,448	7,000	1,34	10,372	2,200	12,572	0,44
Bavay	12,725	6,867	4,582	1,50	3,091	2,806	5,897	0,47
Berlaimons.	8,747	3,557	5,170	0,68	2,907	1,752	4,659	0,53
Landrecies.	11,468	6,370	4,180	1,52	7,501	2,559	10,160	0,88
Maubeuge.	20,880	3,861	13,503	0,21	4,229	2,900	7,129	0,34
Le Quesnoy.	26,017	2,061	4,894	0,42	5,548	4,522	10,170	0,38
Solre.	13,490	3,064	5,442	0,55	2,453	1,213	3,666	0,21
Treslon	18,370	6,930	2,717	2,60	5,873	1,019	6,992	0,38
Totaux. . . .	139,781	42,158	47,488	0,89	41,974	18,970	61,245	0,46

En comparant ces chiffres à ceux que nous avons recueillis pour le centre herbager flamand, on remarquera d'assez grandes différences dans les relations d'étendue du pâturage ou de la population bovine. Dans l'arrondissement d'Avesnes, la proportion des herbages est beaucoup plus considérable; ainsi, dans le canton de Treslon, il existe, pour un hectare de terre labourable, $2^h,60$ de pâture, $1^h,50$ dans celui de Landrecies, $1^h,34$ dans celui d'Avesnes, tandis que, dans la Flandre, la surface culture est toujours double et triple de celle des herbages. Cependant la population bovine, comparée à la superficie totale, est plus forte en Flandre; cela tient 1° à l'infériorité de beaucoup de pâtures de la Thiérache; 2° à ce que l'area de l'arrondissement d'Avesnes renferme une masse considérable de forêts ($26,000$ hectares); 3° à ce que les pâtures d'Avesnes nourrissent une quantité considérable de bœufs d'engrais d'un poids relativement élevé.

On peut également diviser les herbages de l'arrondissement d'Avesnes en pâtures grasses destinées à l'engraissement des vaches, mais plus particulièrement à celui des bœufs importés, et en pâtures d'élèves ou de laitières. Les plus riches herbages sont dans la vallée de la Sambre et dans celles de ses deux affluents, la petite et la grande Helpe. Le sol, composé d'un limon argileux, reposant presque partout sur le calcaire carbonifère, conserve une humidité qui favorise éminemment le gazonnement du sol et la végétation des graminées. Beaucoup de pâtures ont été créées depuis une vingtaine d'années. Le système suivi pour cette création est un peu variable suivant les cantons; il consiste, en général, à nettoyer le sol parfaitement, soit à l'aide d'une jachère complète, soit par une culture de plantes sarclées; la jachère est plus fréquemment employée. M. Maillet, à Avesnes, MM. Caudron et Vandelet, au Nouvion, suivent ce procédé. Sur la terre nettoyée par la jachère et fumée à demi-dose on sème un froment, dans lequel on jette, au printemps, tantôt du florin de bon pré, tantôt un mélange de graines achetées chez un grainetier, mélanges dont les proportions sont un peu différentes, suivant les sols[1]. On répand sur les jeunes graminées une bonne fumure, et, dès le mois de juillet, on commence à faire pâturer.

[1] Le mélange recommandé dans le sol humide de l'arrondissement d'Avesnes est le suivant : houlque, agrostis stolonifère, ray-grass d'Italie, pâturin des prés, avoine élevée, trèfle blanc.

B. Haies et clôtures.

On se préoccupe en même temps des clôtures, objet important : quelques cultivateurs emploient exclusivement l'épine blanche et procèdent, dans la plantation et l'entretien, à peu près de la manière décrite ci-dessus. Mais on associe fréquemment l'épine au charme, et quelquefois le charme est employé presque exclusivement. Dans certains cas, le charme, espacé de 0ᵐ,60 à 0ᵐ,75, dans la haie d'épine, forme de petits têtards (fig. 15),

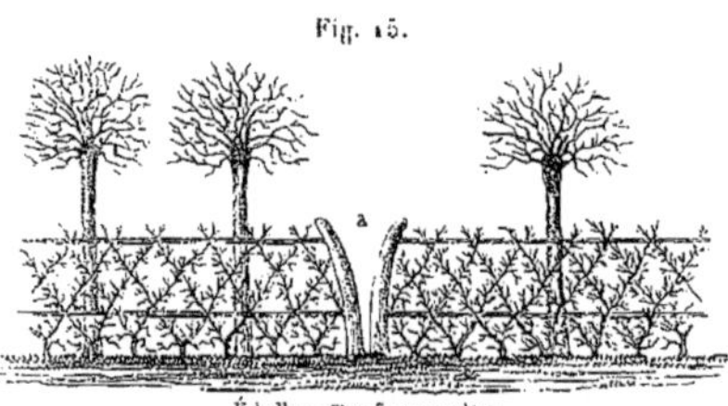
Fig. 15.

Échelle : 0ᵐ,015 pour mètre.

dont le tronc sert à palisser la haie, et dont la tête fournit, tous les quatre ou cinq ans, quelques émondes. On rencontre encore, dans cette partie du Nord, des haies de charme et quelquefois de hêtre, palissées avec beaucoup d'art, et dont les branches entrecroisées forment des haies qui ont l'avantage d'occuper très-peu de terrain en largeur, et de présenter une clôture bien garnie; la figure 15 peut donner une idée de ce système. Pour ménager aux hommes des passages que les animaux ne puissent franchir, on plante obliquement deux pierres *a* rapprochées à la base, on peut voir ce système dans la même figure.

C. Aménagement des herbages.

On fume les pâturages tous les quatre ou cinq ans, et l'année de la fumure on *fauche* l'herbe, qui serait pâturée avec moins d'appétit par les animaux. Quelques herbagers évitent cependant la faux, qui appauvrit toujours le pâturage, en faisant porter, à la fin d'août, l'engrais très-consommé; les pluies d'automne et d'hiver dissolvent l'engrais, et font disparaître toute odeur qui pourrait, au printemps suivant, inspirer quelque dégoût aux animaux.

Voici quelques données approximatives pour établir le prix de revient d'un hectare d'herbage dans l'arrondissement d'Avesnes :

1re ANNÉE.

Jachère cultivée, rente et travaux...................... 300^f

2e ANNÉE.

Froment avec demi-fumure; frais de fumure payés par la
récolte; semence de graines........................ 30
1/2 fumure en couverture.......................... 250

3e ANNÉE.

Frais, en partie payés par la pâture; perte............. 100
Clôtures; frais suivant la forme et l'étendue de la pièce, soit :
pour la moyenne des enclos, qu'on supposera de 2 hectares,
300 mètres; plant et plantation, à 25 centimes du mètre;
barrières doubles; à 1 fr. 25 cent. le mètre : total 1 fr. 45 c.,
ou pour 300 mètres.............................. 435
Premiers soins (l'entretien ultérieur étant payé par le pâturage)... 100
                                                  ————
Total.................... 1,215

En ajoutant le terrain, qu'on peut évaluer à 2,000 francs l'hectare, on arrive au chiffre total de 3,215 francs. Le prix de vente varie de 3,500 à 4,500 francs; le prix de la location de 120 à 160 francs. Les plantes qui forment le fond du pâturage de l'arrondissement d'Avesnes sont, après le ray-grass, le brome doux, la cretelle, la flouve, la fétuque ordinaire, divers agrostis, le fléau des prés dans les meilleures parties. La renoncule âcre est malheureusement très-abondante; rebutée à l'état vert par les animaux, elle devient, dit-on, un très-bon fourrage quand elle a été réduite en foin. A la différence de ce qui se fait en Flandre, on fauche de temps en temps les pâtures, principalement quand on les fume; on coupe également les touffes, ou *remuages*, laissées par les animaux.

Les herbages de Maroilles et d'Avesnes ne sont pas, comme ceux du pays de bois, ombragés par ces grands ormes dont nous avons parlé, mais les pommiers sont encore assez nombreux dans quelques enclos ; les bons

7.

herbagers en plantent peu. Le drainage est destiné à rendre des services incontestables aux pâtures humides et froides d'Avesnes et de la Thiérache. Les cultivateurs commencent à le comprendre, et l'emploi de cette méthode prend un essor rapide.

On vend les bonnes pâtures de Maroilles, Berlaimont, Noyelles, Avesnes, jusqu'à 6,000 francs, et le loyer, par la concurrence des petits herbagers, monte jusqu'à 150 francs. Mais la valeur moyenne reste entre 3,500 et 4,500 francs, et la rente entre 75 et 120 fr. Les fermes de 5 à 10 hectares sont les fermes les plus importantes ; beaucoup de locations atteignent à peine 60 à 80 ares. Vers Maubeuge et Treslon les prix descendent à 3,000 et 2,500 francs l'hectare.

L'industrie, en se développant, a, dans l'arrondissement d'Avesnes, poussé au morcellement et à l'accroissement de la rente du pâturage. Voici comment : un ouvrier qui peut, à l'aide de ses économies, acheter une vache, loue une *mancaudée* (30 à 40 ares) de pâture rapprochée de son habitation. La femme, en vaquant aux soins du ménage, soigne l'animal ; une partie du lait écrémé nourrit la famille, le reste se convertit en fromage ou sert à l'élève d'un veau, la crème se porte au marché transformée en beurre ; le petit lait lui-même donne par la cuisson une espèce de *serai* qui s'ajoute aux ressources ménagères. Cette espèce d'association du travailleur industriel aux habitudes agricoles nous paraît exercer une influence morale très-heureuse sur les populations. Les soins minutieux de la laiterie donnent à la femme ces habitudes sédentaires qui conviennent à son rôle de ménagère et de mère de famille, ce besoin de propreté qui réagit sur tout l'intérieur ; le mari donne, pendant ses loisirs, quelques soins à la pâture, au verger, au jardin, soins qui l'attachent à son *chez* lui et au bien-être de la famille.

Une petite contrée herbagère, d'un caractère et d'un aspect un peu différents, s'est créée, depuis une vingtaine d'années, à la lisière de l'arrondissement d'Avesnes et de celui de Vervins, dans les cantons du Nouvion, de la Capelle et d'Hirson, à la suite des grands défrichements de bois qui se sont opérés sur cette portion de la Thiérache. Après avoir pris, sur ces défrichements, trois ou quatre avoines, les propriétaires, qui possédaient pour la plupart d'assez grandes étendues, n'ont pas

trouvé de meilleur parti à tirer du sol que de le transformer en pâturages. La terre, en effet, encore sauvage, présentait à la culture des chances
peu favorables ; les bras manquaient d'ailleurs dans ces grandes éclaircies.
L'excessive humidité du sol, au contraire, la faculté herbifère qui en était
la conséquence, appelaient naturellement le pâturage ; c'est ce qu'ont parfaitement compris plusieurs grands défricheurs, parmi lesquels nous citerons seulement MM. Caudron et Vandelet, au Nouvion; Cauvain, à la
Capelle et Hirson. Ces messieurs ont créé, pour simplifier leur exploitation, de très-belles pâtures, dont nous reparlerons au chapitre de l'engraissement. C'est en effet exclusivement aux bœufs d'engrais que la plupart
des herbagers de cette contrée ont consacré leurs pâtures.

D. Procédés d'élevage.

Nous avons déjà reproché à la sous-race maroillaise son manque d'ampleur dans la poitrine, les reins et le train postérieur. Ce défaut tend à
s'accroître sous l'influence d'un élevage vicieux. Les taureaux sont très-peu
nombreux, et les beaux types excessivement rares; du reste, le prix de la
saillie, 5o centimes, est fort peu rémunérateur pour le propriétaire. Ajoutons que, pour cette modique rétribution, la saillie peut être renouvelée
deux ou trois fois; à certaines époques, on exige quelquefois d'un taureau
jusqu'à douze à quinze saillies par jour, ce qui épuise promptement le reproducteur. Les encouragements pour les beaux types sont d'ailleurs insigni-
fiants, et la demande et l'exportation des reproducteurs dans les départements
voisins, qui seraient le principal encouragement, sont à peu près nulles,
précisément parce que la race a perdu de sa réputation. La parcimonie de
l'éleveur est une autre cause de l'oblitération du type. Le jeune veau reçoit
du lait pur à peine pendant huit jours, puis ensuite du lait coupé pendant
six semaines ou deux mois au plus. Une autre cause d'amincissement des
formes dans les femelles est l'excitation excessive de la secrétion lactaire
par des traites trop répétées; tous les principes nourriciers affluent vers
l'organe mammaire et se transforment en lait; les systèmes osseux et musculaire ne reçoivent pas les éléments nécessaires à leur développement;
de là ces croupes anguleuses, ces fesses et ces épaules décharnées, ces

reins étroits et tranchants, qu'on a donnés comme signes caractéristiques
de la bonne laitière, mais qui peuvent, par un bon régime, beaucoup s'at-
ténuer, sans que l'animal perde de ses qualités.

Les jeunes animaux reçoivent peu de soins dans le premier âge; on
châtre de bonne heure par ablation les mâles destinés à faire des bœufs,
qui se vendent à un an ou quinze mois pour les arrondissements sucriers
et les départements de l'Aisne et même de la Marne ou des Ardennes. Les
femelles restent dans le pays pour remplacer les vieilles vaches, qu'on engraisse, ou sont achetées dans les foires du Nouvion, de Landrecies, de
Guise, Marle, la Capelle, etc., pour aller peupler les étables des plaines
du nord de l'Aisne.

L'élevage est l'objet de soins moins bien entendus que dans le pays flamand; les étables sont basses et mal construites; les taureaux et les bœufs
surtout reçoivent peu de nourriture et de soins. L'élevage, du reste, se
concentre, comme la production laitière et fromagère, entre les mains de
la petite culture. Les gros herbagers s'occupent presque exclusivement
d'engraissement.

On ne peut citer de vacheries d'élèves un peu considérables. Le chiffre
dépasse rarement 12 à 15 vaches. Les meilleures vaches maroillaises sont
vers Dompierre, Saint-Aubin, Noyelles, etc. Nous avons cependant, près
de Landrecies, trouvé d'assez jolies bêtes maroillaises chez M. Leguille et
chez M. Desse, de la Groïse, M. Clayard, de Fontaine; à Maroilles, on
peut citer, comme éleveurs et fromagers, MM. Évrard, Jacquin, Wand-
walle, Bachy, etc.; à Noyelle, MM. Mercier et Marie: à Avesnes, M. d'Haussy:
à Ætrung, M. Maillard.

SECTION II.

ÉLEVAGE SEMI-HERBAGER.

Ce qui caractérise le système semi-herbager ou semi-pastoral, c'est le
régime à l'étable, alternant avec le séjour de l'animal dans le pâturage. Ce
régime mixte est ordinairement adopté dans les contrées où les herbages
ne sont pas assez étendus ou assez riches pour fournir, d'une manière permanente, aux besoins de l'alimentation d'été; dans celles encore où la pre-

mière herbe est réservée à la faux. Ce régime s'associe très-bien à la culture qui lui fournit des fourrages pour l'hivernage et même des pâtures
artificielles, lorsque l'herbage permanent devient insuffisant; il lui rend
en échange des engrais précieux.

L'élevage est moins exclusif dans ces contrées que dans les pays herbagers; cependant, il peut encore s'y développer avec succès, aidé qu'il
est des ressources de la culture. Du reste, dans ce système mixte, il
existe nécessairement des nuances nombreuses, suivant que domine, soit
la pâture, soit la stabulation; ainsi la pâture l'emporte sur certains
points, aux limites des centres herbagers, par exemple, dans le bassin de
l'Aa, au nord et à l'est de Lille, sur la frontière belge, et encore dans les
vallées du Boulonnais ou du Marquenterre, aux confins du pays de Bray,
le long de certains cours d'eau bordés de pâtures particulières ou communes. Mais, sur les plateaux du littoral, la stabulation prend, au contraire, une plus large place dans le régime, jusqu'à ce qu'elle devienne à
peu près exclusive dans les vastes plaines à sol plus ou moins sec de la
Picardie et du rayon de Paris.

Ces transitions sont indiquées par des teintes différentes sur notre carte:
on voit de suite que les contrées semi-herbagères de la région sont répar-
ties dans deux zones, l'une de la frontière belge, l'autre du littoral.

§ 1.

ZONE FRONTIÈRE.

La zone frontière commence à Armentières et Laventhie; elle comprend
encore le bassin de la Deule, Lannoy, Tourcoing, Roubaix, et la banlieue
même de Lille. Beaucoup de pâtures, d'une riche végétation, sont disséminées au milieu des belles cultures flamandes; mais la production laitière, avantageuse au sein d'une population agglomérée, et l'engraissement,
puissamment aidé des ressources de la pulpe et des drèches des sucreries et des distilleries, font concurrence à l'élevage, qui s'accommode
moins bien d'ailleurs de ces résidus. Cependant on peut citer quelques
bons éleveurs du rayon lillois, MM. Masquelier-Facon, à Saint-André;
Cousin, Pollet et Labbe, à Lambersaert; Lecat, à Bondues; un peu plus

loin MM. Durivaux, à Sainghin; Gruson, à Templemars; Brame, à Hem; Leman, à Tourcoing.

Les cantons de Cysoing et d'Orchies élèvent encore quelques génisses, mais déjà d'un type flamand moins pur; elles sont appelées *marecoises*, sans doute du nom de la rivière de la Marque.

Dans la vallée de la Scarpe (arrondissement de Douai), dans celle de l'Escaut (arrondissement de Valenciennes), s'étendent encore deux bandes d'herbages, fréquemment coupées par des cultures. Dans le premier bassin, où se trouvent Marchiennes et Saint-Amand, la nature un peu marécageuse des pâtures les prédestine plutôt à la vache laitière qu'à l'élevage; mais le type flamand pur devient encore plus rare, la vache hollando-belge lui fait concurrence, et domine, autour de Douai, dans les belles étables de MM. Pinquet d'Orignies; Cottignies, de Sin; Duprez, de Pecquencourt; Fiévet, de Masny; quelques éleveurs, parmi lesquels M. Bernard de Rostwarendin, ont croisé le hollandais et le durham.

Le bassin de l'Escaut et celui de la Sensée, son affluent, qui remonte jusqu'à Vic, en Artois, sont bordés d'herbages plus ou moins étendus, donnant à ce bassin un caractère semi-herbager, tout particulier. On y trouve beaucoup d'étables remarquables, d'abord à son point de départ : celles de M. d'Herlincourt, le principal propagateur de la race durham dans le Nord; à peu de distance celles de M. Tranin, à Villers-lez-Cagnicourt; de M. Hary, à Oisy-le-Verger, dont les taureaux flamands ont été plusieurs fois primés dans nos concours généraux. Aubencheul, Arleux, Wavrechain, Bouchain, la Neuville, ont également envoyé dans nos concours régionaux des sujets remarquables, mais non plus exclusivement flamands; le hollandais, pur ou croisé durham, et même croisé flamand, l'emporte en nombre sur les sujets flamands. C'est chez MM. Gouvion de Roy et Adolphe de Linsel, à Denain, et de Linsel aîné, à Wavrechain, qu'on peut étudier les plus beaux élèves en ce genre. M. Gouvion de Roy cependant n'a pas exclu la race flamande, dont il possède d'excellents types. Au delà de Valenciennes, MM. Gosse, à Bellaing; Cauvez-Éloi, à Wandignies; Hornez, à Onaing, éleveurs du même rayon, sont demeurés fidèles à la race flamande, qui s'allie très-bien, du reste, à l'ancienne race du Hainault, dont les vestiges sont restés dans le pays. Il se fait en-

core quelques élèves, soit flamands, soit hollando-belges, de Valenciennes
à Condé, sur les bords les plus assainis des vastes marais de Vic, Escau-
pont, Thivincelles et Crespin.

Les pâtures diminuent d'étendue et disparaissent à mesure qu'on quitte
le bassin de l'Escaut, pour remonter vers la plaine élevée qui lui sert de
point de partage avec la Sambre. Ce n'est qu'après le Quesnoy qu'elles
recommencent sur les lisières et dans les clairières défrichées de la forêt de
Mormal pour se continuer ensuite, sans interruption, dans le bassin de la
Sambre et de ses affluents. On entre alors dans ce centre herbager, que
nous avons décrit; mais, dans les cantons de Bavay et du Quesnoy, aux
alentours de la vaste forêt de Mormal, l'élevage semi-herbager fait naître
un certain nombre de génisses et même de bouvillons, appartenant pour
la plupart à cette sous-race maroillaise, décrite au commencement de ce
travail, élevage pauvre, d'où sortent des animaux assez chétifs; mais qui,
transportés dans les contrées plus riches du département, se développent
avec rapidité.

On voit sur notre carte que cette zone d'élevage semi-herbager se prolonge au delà du centre herbager d'Avesnes et de la Capelle, dans l'arrondissement de Vervins, pour s'arrêter à quelque distance de cette dernière ville. La haute vallée de l'Oise fait en effet quelques élèves, moitié
sur la pâture, moitié dans l'étable. Au delà de Vervins s'étendent les
grandes plaines de la Picardie, dans lesquelles le système presque exclusivement stabulaire de l'espèce bovine commence, pour se continuer dans le
reste de la région, excepté cependant sur cette large bande du littoral dont
il nous reste à parler.

§ 2.

ZONE DU LITTORAL.

Quoique marquée de la même teinte, cette zone, qui comprend la plus
grande partie du Pas-de-Calais et de la Somme et se termine dans l'Oise,
affecte cependant des différences assez tranchées, qui sont dans un rapport
remarquable avec les anciennes divisions locales que nous reproduisons
pour ce motif dans notre carte, le Calaisis, le Boulonnais, l'Artois, le
Ponthieu, le Vimeux, la Picardie, etc.

L'élevage herbager de la Flandre se continue, quoique moins exclusivement pastoral, sur la lisière du Pas-de-Calais, dans les petits bassins de
l'Aa, de la Lys et des petites rivières le Tiret, la Clarence, la Lawe, qui
versent leurs eaux dans la grande ligne de canaux allant de Béthune à
Calais. De bons éleveurs appartiennent à cette contrée : nous citerons
M. Pingrenon, à Marœil, près Béthune; MM. Platiau, de Longuenesse;
Bellanger, de Clairmarais; Platiau, d'Oie. A mesure qu'on s'élève sur les
pentes des plateaux du haut Boulonnais et de l'Artois, vers Tournehem,
Lumbres, Huqueliers, Fruges, les pâtures disparaissent peu à peu, pour
se réduire à ces enclos herbeux ou *courtils*, ombragés de grands arbres,
au milieu desquels paraissent comme enfouis la plupart des villages de la
contrée semi-herbagère que nous parcourons. On appelle le *Bournais* ou
encore le *haut pays* cette espèce de zone intermédiaire entre la Flandre et
le Boulonnais, et les vaches qui en sortent sont désignées sous le nom de
bournaisiennes, désignation appliquée de même assez fréquemment aux
boulonnaises. Celles-ci, en effet, s'en distinguent fort peu. Ces courtils, que
nous retrouvons dans le Ponthieu, le Vimeux et une partie de la Normandie, sont d'un puissant secours; les jeunes vêles trouvent, à leur
premier âge, sous ces abris qui rompent la violence des vents de la côte,
une pâture à l'insuffisance de laquelle suppléent les trèfles et les warrats,
mélange de fèves, de vesces et d'avoine, mais, ce qui vaut mieux encore,
la liberté et l'exercice si nécessaires au jeune sujet. Les pâtures deviennent
plus étendues lorsque, en rentrant dans le Boulonnais proprement dit, on
descend dans les petites vallées de la Slaque, du Wimereux, de la Liane
et des ruisseaux qui les alimentent. Tingry, Questrecques, Celles, Brunem-
bert, Colambert, Hardenghen et le Wast, font de nombreux élèves, qui
s'écoulent sur les foires du Wast, d'Huqueliers, de Fremoulins, Desvres, etc.,
où ils sont enlevés pour la Picardie. Le Calaisis fait également naître et
élève quelques sujets de la race flamande, d'un type un peu plus développé que celui du Boulonnais. Nous en avons vu de bons spécimens à
Frethun, chez M. Hubert.

Dans les arrondissements de Montreuil, de Saint-Pol et d'Abbeville, les
pâtures sont moins étendues que dans celui de Boulogne, si ce n'est sur
le littoral et dans les bassins de l'Authie, de la Canche et de la Somme.

qui traversent cette bande du littoral pour se jeter à la mer; cependant
ils suffisent à un élevage considérable, dont les produits se vendent sur les
foires qu'on vient d'indiquer et sur celles d'Hesdin, Doullens, Abbeville,
ou bien, enlevés directement dans les étables par les marchands, descendent par Nampont pour se répandre dans la Picardie. L'engraissement fait
concurrence à l'élevage dans les grasses pâtures du Marquenterre.

L'élevage, confiné, dans le Boulonnais, entre les mains de la petite culture, s'élève, dans le Ponthieu, comme les fermes elles-mêmes, à des proportions un peu plus larges. On peut citer quelques étables d'une certaine
importance, telles sont celles de MM. Hilaire de la Houplière, à l'Épine,
Charles et Vincent de la Houplière, à Châteauneuf-Marquenterre; Mayeux,
à Enquin; Magniez, à Colle; Deplanque, à Saint-Rémy près Montreuil;
Dumoulin, de Brugneaupré; Petit, à Dieval, près Saint-Pol, etc. Nous
avons trouvé, dans ces étables, la race flamande un peu différente peut-
être du type cassellois ou berguenard; mais, si elle a perdu un peu de
l'ampleur des formes du type primitif, elle a gagné, sous l'influence d'un
régime moins exclusivement herbager, plus de finesse dans les formes et
en même temps plus de rusticité; il se fait, d'ailleurs, des importations fréquentes de vaches ou de taureaux de la Flandre même, destinés soit à
renouveler le sang, soit à fournir à l'élevage de seconde main qui se pratique dans une partie de la contrée.

Dans l'arrondissement de Saint-Pol et d'Abbeville, on applique avec
succès, même dans les prairies artificielles, l'usage de la pâture au piquet,
qui paraît être passé, par le Vimeux, de la Normandie au Ponthieu. Ce
mode de pâture a, dans les prairies artificielles, cet avantage de pouvoir
fixer d'abord l'animal au milieu des parties du champ qui, déjà pâturées
grossièrement la veille, présentent moins
de danger pour la météorisation. Quand
la première faim est assouvie, on l'attache
sur les points où l'herbe est plus fraîche.

La figure 16 représente l'appareil du
piquet tel que nous l'avons vu employé
dans les environs de Saint-Pol.

Fig. 16.

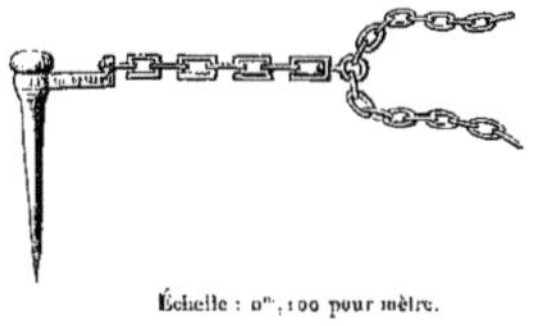

Échelle : 0^m,100 pour mètre.

On comprend, à la première vue, l'emploi de cet appareil; la chaîne, à

1^m,5o de son attache au piquet, porte un anneau auquel sont fixées, par deux tourets, deux autres chaînes de 2^m,5o de long. A l'extrémité de chacune d'elles est une petite courroie à boucle qu'on attache au pied de l'animal mis au piquet, fig. 17. Nous croyons qu'il est préférable de n'attacher qu'un animal à la fois. M. Bardonnet a décrit dans son *Traité des maniements* un piquet d'un autre genre, qui a quelques avantages sur celui-ci. Ce piquet est muni en tête d'une petite crosse *a*, fig. 18, qui permet de faire entrer ou sortir la chaîne ou la corde qui retient l'animal sans déranger le piquet lui-même.

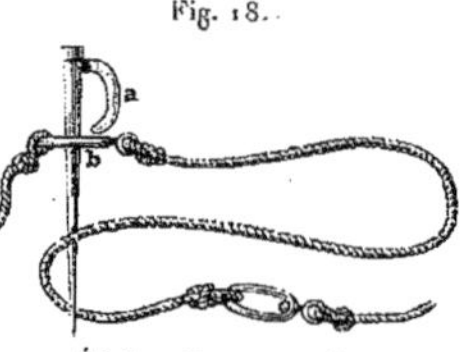

Fig. 17.

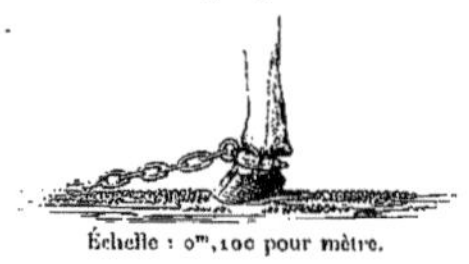

Échelle : o^m,100 pour mètre.

Fig. 18.

Échelle : o^m,100 pour mètre.

A cet effet, la corde porte, à ses deux extrémités et dans son milieu, un grand anneau oblong *b*, sur lequel est ajusté un autre anneau à touret. Quand l'animal commence à pâturer, on engage dans la tête du piquet le premier anneau, et on attache la longe de l'animal au petit anneau à touret; plus tard, pour donner plus de champ à l'animal, on fixe au piquet l'anneau du milieu, et enfin celui de l'extrémité, de manière que la surface environnante soit pâturée sans être foulée; on peut, de plus, fixer au piquet tel anneau de la corde qu'on désire, de manière à raccourcir ou rallonger celle-ci. Enfin, on attache à l'anneau la longe de l'animal pour lui donner encore plus de champ.

Du pâturage au piquet au *parcage* des vaches il n'y a qu'un pas; aussi existe-t-il, mais peu généralisé cependant, à l'extrémité de la région, vers le pays de Bray. Le matériel assez considérable que ce parcage exige, les embarras du déplacement des barrières ou claies sont sans doute un obstacle au développement de cette méthode.

Le système semi-herbager se continue dans *le Vimeux*, où nous citerons, entre autres étables, celles de M. le marquis de Valanglard, à Moyenneville, et de M. Ledieu, à Huppy. Il se relie à celui de la Normandie, par l'intermédiaire du pays de Bray, qui vient aboutir aux confins de l'Oise, vers Hornoy, Formerie, le Coudray, Saint-Germer. Nous insisterons peu sur ce point de la région, où la race flamande et picarde disparaissent peu à peu, pour faire place à la race normande, qui remonte, par le Vimeux, jusque dans l'arrondissement d'Abbeville. M. Wasselle, d'Hétoménil, près de Grandvilliers, conserve cependant la bonne race flamande, soit pure, soit croisée avec la race durham.

Nous passons au pays de stabulation.

SECTION III.

ÉLEVAGE AVEC STABULATION.

Le régime stabulaire occupe, comme on le voit sur notre carte, la plus grande partie de la région. Il est la conséquence de la nature du sol, plus sec, moins herbeux, et surtout de la grande culture céréale qui domine dans les grandes plaines de l'Artois, de la Picardie, du Soissonnais, de la Beauce, de la Brie, etc. Avec ce système, l'élevage de l'espèce bovine devient presque exceptionnel, et l'espèce bovine elle-même diminue en nombre, remplacée par l'espèce ovine.

Sur les bords de la contrée herbagère mixte, il s'opère cependant une espèce d'élevage transitoire ou de seconde main, qui cesse de faire naître, mais prend à cette contrée ou aux centres herbagers mêmes des génisses qu'on laisse grandir à l'étable pour les revendre ensuite aux exploitations qui font exclusivement la spéculation laitière.

Ce genre de spéculation existe principalement dans la zone intermédiaire des deux contrées, depuis Saint-Pol, Hesdin, Doullens, Abbeville, Breteuil. Il s'associe même, jusqu'à un certain point, à l'élevage de première main dans quelques vallées et pâtures, sur quelques lambeaux de terre herbeuse. Nous citerons les cantons de Beaumetz, Avesnes-le-Comte, Marquion, Croisilles, dans le Pas-de-Calais; Bernaville et Domard, Rollo, dans la Somme; ceux de Noyon, la Fère, Chauny, Pont-Sainte-Maxence, dans l'Oise; Anizy, le sud de l'arrondissement de Laon, Braisne et Fère-en-Tardenois (Aisne). Les départements de Seine-et-Oise et Seine-et-Marne ont également leurs petits centres de prairies ou d'herbages ; mais, comme l'élevage de l'espèce bovine ne s'y présente que très-exceptionnellement, nous en parlerons à l'occasion de la laiterie. Quelques bonnes étables d'élevage apparaissent çà et là dans les divers cantons que nous venons d'indiquer. Aux noms que nous avons déjà donnés, nous ajouterons MM. Crespin, de Bonavy ; Desmoutiers, de Fontaine, au Tertre ; le marquis d'Havrincourt ; Crespel de Lisse, à Saulty, et Crespel-Pinta, près d'Arras ; Deswacquez, d'Ablainzevelle, canton de Croisilles ; de Douville, à Fransu ; Perdry, de Montigny ; Petit, de Buire ; Pigeon, de Berny ; Wallet, de Gannes, etc. Enfin, dans Seine-et-Marne, MM. Garnot, de Reaux ; Gervais, de Mary ; Dutfoy, d'Éprunes ; Vauquoy, de Montereau-sur-Jard, Michon de Jouarre. Nous pourrions étendre de beaucoup nos citations, si nous sortions du cercle des lauréats de nos concours.

Les étables d'élevage, dans le système semi-pastoral ou stabulaire, sont ordinairement fort simples ; un hangar dans un coin de l'enclos, ou même de la cour à fumier, ou *courtil*, suffit la plus grande partie de l'année. On y place une auge, un râtelier. Chez quelques éleveurs, l'usage des boxes et paddoxes anglais commence à se répandre. M. Carette, de Nogent, près Concy, qui fait le Durham pur sang ou croisé, a pris cette méthode. Voici

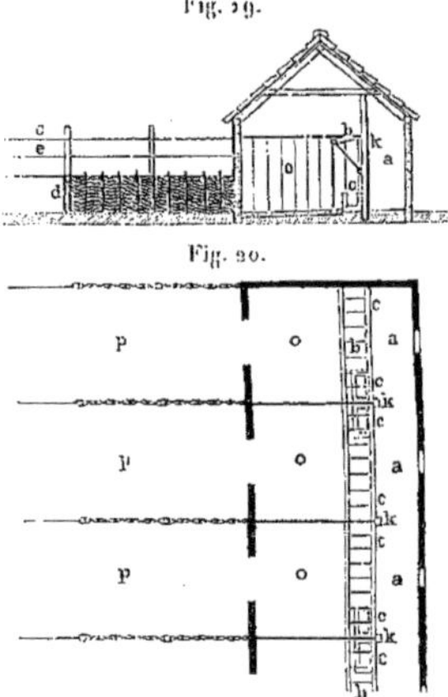

Fig. 19.

Fig. 20.

Echelle : 0^m,005 pour mètre.

un système de boxes, avec paddoxes, très-simple et qui rappelle ceux de M. de Behague, à Dampierre. La figure 19 représente l'élévation, et la figure 20, le plan. Les boxes sont établies sous une espèce de hangar à mur de briques et dont la couverture en pannes ou en chaume est supportée par une charpente extrêmement légère. L'intérieur est divisé en deux parties ; *o*, la boxe où est l'animal ; *u*, un passage par lequel le marcaire peut circuler avec une brouette pour donner à manger aux jeunes animaux. Sur la ligne qui sépare les animaux du passage, sont des mangeoires *c c*, et au-dessus, fixé aux poteaux *k*, un râtelier, qu'on supprime quelquefois, et auquel on supplée par une petite mangeoire fixée à l'autre angle de la boxe ; en avant est le paddoxe *p*, espèce de petite cour dans laquelle l'animal peut se promener; la boxe est fermée l'hiver, seulement dans les froids. Souvent on met plusieurs jeunes animaux libres dans la même boxe ; la mangeoire prend alors de plus grandes dimensions. Rien de simple comme les clôtures des paddoxes; sur des poteaux distancés de 2 mètres sont appuyées des claies de parc *d* en branches entrelacées de 1^m,5o de hauteur, au-dessus un ou deux fils de fer tendus *e e* complètent cette barrière.

C'est dans la zone d'élevage semi-herbager et dans les petits centres de même nature, disséminés dans la contrée à régime stabulaire elle-même, que les bons types de la race flamande paraissent devoir se répandre et se perfectionner ; presque tous les noms que nous avons cités dans ce paragraphe sont, en effet, ceux des lauréats de nos concours; placés, pour la plupart, à la tête d'exploitations d'une certaine étendue, ils sont à même de faire les sacrifices nécessaires pour se procurer les reproducteurs les plus remarquables, et les soumettre à un régime convenable. L'habitude des concours leur donne, avec l'émulation du progrès, la saine appréciation des qualités à reproduire, des défauts à corriger dans leurs types ; des étables plus nombreuses leur permettent une sélection plus rigoureuse. Si le herd-book est possible pour la race flamande, comme quelques écrivains agricoles en ont exprimé le vœu, ce sera dans ces étables et dans quelques bons herbages de Bergues et de Cassel qu'il devra prendre la souche de ses lignées. Nous voudrions voir dès à présent quelques bons éleveurs tracer la route, en conservant, d'une manière plus rigoureuse, les traces généalogiques de leurs meilleurs reproducteurs, de leurs vaches les plus laitières. Les prix des concours généraux ou régionaux pourraient également être le point de départ de ces *pédigrées*.

Les beaux types flamands sont, d'ailleurs, merveilleusement placés au milieu des races picardes; appartenant évidemment à une origine fort rapprochée, ils pourront ramener rapidement toute cette grande famille du Nord-Est à une heureuse uniformité, qui fondera la race dans une base plus stable. Mieux que la souche-mère de Cassel et de Bergues, le type flamand-picard peut se défendre de ce mélange de sang étranger qui envahit chaque jour notre frontière belge.

N'oublions pas, en terminant cet examen des contrées semi-herbagères ou à stabulation plus ou moins exclusive, d'ajouter que, dans cette partie de la région, la petite culture apporte à l'élevage un appoint considérable, surtout dans les contrées à pâtures communales, telles que les vallées de la Somme, de l'Oise, de l'Aisne et de leurs affluents. Malheureusement cette culture besoigneuse manque trop souvent des moyens de se procurer les bons types. Elle sait cependant suppléer à la pénurie de ses ressources par la multiplicité des soins, et, si elle était suffisamment aidée par des mesures générales qui garantissent un bon choix des reproducteurs, elle donnerait des sujets remarquables. Parmi ces mesures, on doit indiquer le bon entretien des pâtures communes, la dépaissance aménagée et réglée d'une manière convenable, le nombre des animaux limité suivant les ressources de l'herbage, des primes à des taureaux flamands purs approuvés par une commission compétente.

SECTION IV.

DONNÉES ÉCONOMIQUES.

Au milieu des conditions variées dans lesquelles se fait l'élevage de l'espèce bovine, à travers les transformations que lui fait subir la spéculation, il est difficile d'en bien apprécier les rapports économiques et d'en déterminer exactement le prix de revient.

Nous venons de voir l'élevage tantôt herbager, tantôt semi-herbager ou stabulaire; quelquefois l'éleveur fait naître seulement, d'autres fois il conserve l'animal six mois, un an ou deux ans; ailleurs, il ne prend l'animal qu'à l'un de ces différents âges, pour le rendre au laitier ou à l'engraisseur. Ajoutons que l'éleveur est plus ou moins marchand, sachant, suivant l'occasion, acheter ou vendre avec avantage; enfin les circonstances économiques se modifient elles-mêmes beaucoup; ici le fourrage ou l'herbage sont d'un prix moins élevé, la contrée est plus salubre, les risques moins grands. Toutes ces circonstances réagissent singulièrement sur les résultats de l'opération.

Ces réserves faites, voici quelques calculs approximatifs sur les prix de revient dans les divers systèmes d'élevage.

§ 1.

SYSTÈME HERBAGER DU PAYS FLAMAND.

ÉLEVAGE DE LA GÉNISSE.

1re ANNÉE.

Valeur du veau à sa naissance	15^f
Allaitement au lait pur : 15 jours, 150 litres	12
Allaitement au lait battu ou coupé : 2 mois, 800 litres	24
Pâturage et eaux blanches : 6 mois	15
Hivernage : 4 mois 1/2	30
Service et frais généraux	10
Assurance et intérêts	10
	116^f

2e ANNÉE.

Pâturage : 30 ares à 1 franc l'are	30
Hivernage : foin, féverolles, paille	70
Service, frais généraux, assurance, intérêts	20
	120

Total	236
A déduire : fumier	40
Prix net	196

A cet âge, la génisse, ordinairement prête à vêler, peut se vendre 200 à 300 francs; mais presque toujours elle a de 27 à 30 mois, ce qui augmente le prix de revient de 50 francs à peu près; le bénéfice de l'éleveur n'est donc pas très-considérable. Mais il s'est procuré de l'engrais et a retiré de son fourrage un prix raisonnable. En ne vendant l'animal qu'à son deuxième ou troisième veau, le bénéfice est relativement plus élevé, parce que la vache paye sa dépense par ses produits et prend, chaque année, une plus-value.

Le prix de l'élevage du taureau est à peu près le même, seulement il est habituellement vendu à un an. Le prix de vente, si c'est un animal ordinaire, dépasse de très-peu le prix de revient.

L'élevage du bœuf n'ayant lieu qu'en vue de l'engraissement précoce, nous en parlerons seulement au chapitre de l'engraissement.

§ 2.

SYSTÈME HERBAGER DE L'ARRONDISSEMENT D'AVESNES.

Les données sont à peu près les mêmes que pour l'élevage du pays flamand; l'élevage se faisant cependant avec un peu plus de parcimonie, on
pourrait établir le prix de revient de l'élève génisse :

> Pour la première année à............................. 100^f
>
> Pour la deuxième année à............................. 110
>
>   Total 210
>
>   À déduire : fumier.............. 30
>
>   Prix de revient......... 180

Mais l'animal est inférieur, pour le poids, la taille et le volume, à l'élève
flamand. L'exportation dans les départements voisins est assez restreinte.
L'élevage se fait surtout pour le remplacement des bêtes de réforme; dans
ce cas, la génisse fait souvent son premier veau à vingt mois; son prix de
revient se trouve diminué de 60 francs à peu près. On comprend donc
qu'on puisse vendre 170 à 200 francs de ces génisses *amouillantes*.

Les cantons forestiers et à pâture commune de l'arrondissement, tels
que Treslon, Bavay, Solres, produisent des élèves d'un prix de revient
beaucoup inférieur, mais plus chétifs.

C'est dans ces conditions principalement que s'élève le bouvillon maroillais, qu'on vendait encore, il y a quelques années, à six mois, vers l'entrée de l'hiver, 50 à 60 francs (il est beaucoup plus cher aujourd'hui).
Après l'hiver, l'animal double presque de valeur.

§ 3.

SYSTÈME SEMI-HERBAGER ET STABULAIRE.

Il est assez difficile d'indiquer le prix de revient de l'élevage dans le
système semi-herbager ou stabulaire, ce prix variant nécessairement sui-

vant les conditions locales encore plus différenciées : ainsi la petite culture, à l'aide du pâturage commun ou de la pâture à la corde, produit des animaux qui exigent peu de déboursés réels; mais, pour compléter le prix de revient, il faudrait ajouter ce que pourrait rapporter la pâture commune, soumise à un mode d'exploitation plus régulier, le temps donné à la garde de l'animal, à la cueille de l'herbe, les déprédations de la vache sur la lisière des champs voisins, etc.

Quant à l'élevage des exploitations grandes ou moyennes, il est plus aisé de s'en rendre compte approximativement : son prix de revient se rapproche beaucoup de celui dont nous donnons le détail pour le pays flamand; mais quelques éléments peuvent varier. Ainsi le prix du lait est ordinairement plus élevé; il faut continuer l'allaitement plus longtemps; l'affourragement à l'étable est plus dispendieux que le pâturage; les risques et assurances doivent être comptés plus haut; enfin l'élève lui-même, à moins de soins particuliers, atteint rarement la valeur de celui des bons pâturages.

Dans telle ferme du rayon de Paris, il est rare qu'une bonne génisse, à son premier veau, ne revienne pas au fermier à 300 francs; aussi beaucoup de cultivateurs de cette zone préfèrent l'*élevage secondaire*, c'est-à-dire qu'au lieu de faire naître on achète des jeunes animaux qu'on revend à un âge plus ou moins avancé. Quelquefois une vêle assez chétive, payée bon marché à six ou huit mois, lorsqu'elle est soumise à un bon régime semi-stabulaire, devient, à vingt mois ou deux ans, une excellente génisse amouillante, dont le prix paye largement les fourrages de la ferme. Quelques cultivateurs des plaines de la Somme, du Pas-de-Calais et de l'Oise, achètent des génisses à leur premier veau, les gardent deux ans, et les revendent vaches faites en pleine lactation, pour les étables des laitiers de Paris ou du rayon d'approvisionnement de cette capitale. Avec cette spéculation bien conduite, la vache couvre en partie, par son lait et son fumier, ses dépenses d'entretien, d'assurances, d'intérêts d'achat, et, lors de la vente, peut présenter une plus-value de 150 à 200 francs.

Nous ne croyons pouvoir mieux terminer le chapitre de l'élevage qu'en mettant sous les yeux du lecteur le tableau des éleveurs lauréats primés dans nos concours de reproducteurs généraux ou régionaux.

C'est en 1846 qu'ont été créés les premiers concours des animaux de l'espèce bovine. L'institution, limitée d'abord aux bêtes de boucherie, s'est complétée, en 1850, par des concours de reproducteurs. Le *concours général* de Versailles a, le premier, inauguré ces solennités, qui, depuis, ont développé une généreuse émulation parmi nos éleveurs; ce n'est qu'en 1851 que la race flamande s'est présentée dans la lice. L'année suivante étaient institués les *concours régionaux* de reproducteurs dans la région qui nous occupe. Le premier s'est tenu dans la ville d'Amiens; puis Saint-Quentin, Beauvais, Arras, Valenciennes, ont eu leur tour.

Le concours régional de la région du nord-est comprend les huit départements dont nous avons donné les noms en tête de ce travail, Nord, Pas-de-Calais, Somme, Aisne, Oise, Seine-et-Oise, Seine et Seine-et-Marne, noms auxquels il faut ajouter les Ardennes, qui, à partir de 1858, passent dans la région de l'est. Le concours aura lieu à Melun en 1857, et à Versailles en 1858.

Dans le chapitre de l'engraissement, nous donnerons également le tableau des primes obtenues dans les concours de boucherie par les propriétaires d'animaux flamands.

Depuis que le Gouvernement est entré dans la voie d'encouragement par les grands concours, il n'a eu qu'à s'applaudir des résultats de l'institution; chaque année le nombre des concurrents s'est augmenté.

Les primes offertes annuellement à l'espèce flamande s'élèvent à 17,550 francs, dont, 1° pour le concours général, 3,750 francs spécialement, et 4,500 francs en concurrence avec d'autres races; 2° pour les concours régionaux, 3,400 francs spécialement, plus 5,900 francs concurremment avec d'autres races.

En outre, plusieurs sociétés de la région, parmi lesquelles nous citerons les comices de Lille, de Montreuil, de Béthune, de Saint-Pol; les sociétés d'Arras, de Dunkerque, Saint-Omer, Boulogne, Cambrai, Maubeuge, Compiègne, Clermont, Versailles, distribuent des primes dont l'espèce flamande a sa large part, ou font acheter des taureaux flamands.

C'est en 1851 seulement que les taureaux flamands commencent à figurer dans les listes des concours généraux. Au concours de Versailles de 1850, un seul taureau flamand avait été présenté par M. Bourdin de Courcean.

NOMS DES PROPRIÉTAIRES D'ANIMAUX D'ESPÈCE BOVINE FLAMANDE
PRIMÉS DANS LES CONCOURS GÉNÉRAUX ET RÉGIONAUX.

1° CONCOURS GÉNÉRAUX.

1851.

VERSAILLES. — Taureaux flamands 5, concourants, 11.

2° PRIX....... BOURDIN, à Courceaux (Seine-et-Marne).................. 48 mois.
3° PRIX....... DUTROY, cultivateur à Éprunes (Seine-et-Marne)............ 48 mois.

1852.

VERSAILLES. — Taureaux flamands concourants, 7 [1].

1ᵉʳ PRIX....... GERVAIS, à Mary (Seine-et-Marne)...................... 42 mois.
2° PRIX....... DUTROY, cultivateur à Éprunes (Seine-et-Marne)............ 37 mois.
3° PRIX....... VAUQUOY, à Montereau-sur-Jard (Seine-et-Marne).......... 48 mois.

1853.

ORLÉANS. — Taureaux flamands concourants, 8.

1ᵉʳ PRIX...... TRANNIN, cultivateur à Villers-lez-Cagnicourt (Pas-de-Calais). —
            (1ᵉʳ prix à Saint-Quentin.)......................... 25 mois.
3° PRIX....... PRANNY, cultivateur à Montescourt (Somme). — (1ᵉʳ prix
            d'Amiens.)................................... 42 mois.

1854.

PARIS. — Taureaux flamands concourants, 6.

1ᵉʳ PRIX...... HABY, cultivateur à Oisy-le-Verger (Pas-de-Calais). — (1ᵉʳ prix
            de Beauvais.)................................ 30 mois.
2° PRIX....... DUTROY, cultivateur à Éprunes (Seine-et-Marne)............ 26 mois.
3° PRIX....... GERVAIS, cultivateur à Mary (Seine-et-Marne)............. 38 mois.

Femelles flamandes concourantes, 8.

1ᵉʳ PRIX....... GERMAIN DE VILLIERS, à Breteuil (Oise). — (1ᵉʳ prix de Beau-
            vais.).................................... 72 mois.
3° PRIX....... LABESSE, cultivateur à Breteuil (Oise).................. 80 mois.

[1] A partir de 1852, le concours a lieu par race; il avait été par région en 1850 et 1851.

1855.

Paris. — Taureaux flamands concourants. 11.

1ᵉʳ PRIX...... Demaholle-Deloby, cultivateur à la Neuville-Saint-Amand (Aisne). 30 mois.
2ᵉ PRIX...... Dutroy, cultivateur à Éprunes. — Rappel de 2ᵉ prix de 1854.. 38 mois.
3ᵉ PRIX...... Loby, cultivateur à Ghyvelde (Nord). — (2ᵉ prix d'Arras.).... 13 mois.

Femelles flamandes concourantes. 9.

1ʳᵉ PRIX...... Douville, propriétaire à Fransu (Somme). — (1ᵉʳ prix d'Arras.) 82 mois.
2ᵉ PRIX...... Wallet, cultivateur à Gannes (Oise).................... 72 mois.
3ᵉ PRIX...... Gibert, cultivateur à Maisoncelles (Seine-et-Marne).......... 60 mois.
4ᵉ PRIX...... Guimier, cultivateur à Marquemont (Oise)............... 72 mois.

1856.

Paris. — Taureaux flamands concourants, 15.

1ᵉ PRIX...... D'Hardivilliers-Labitte, cultivateur à Thieux (Oise)........ 48 mois.
2ᵉ PRIX...... Garnot-Hulaine, cultivateur à Reau (Seine-et-Marne)........ 36 mois.
3ᵉ PRIX...... Michon, cultivateur à Jouarre...................... 43 mois.
4ᵉ PRIX...... Mamet, cultivateur à Capelle (Nord). — (2ᵉ prix de Valen-
              ciennes.).................................... 12 mois.

Femelles flamandes concourantes. 22.

1ʳᵉ PRIX...... Dutroy, cultivateur à Éprunes....................... 52 mois.
2ᵉ PRIX...... Wallet, à Gannes (Oise) .... 7 ans.
3ᵉ PRIX...... Douville, propriétaire à Fransu (Somme). — (2ᵉ prix de Va-
              lenciennes.).................................. 7 mois.
4ᵉ PRIX...... Gervais, cultivateur à Mary-sur-Marne (Seine-et-Marne)...... 34 mois.

2ᵉ CONCOURS RÉGIONAUX.

1852.

Amiens. — Taureaux concourants. 35. dont 15 flamands.

1ʳᵉ PRIX...... Perdry, cultivateur à Montescourt (Somme).............. 30 mois.
2ᵉ PRIX...... Landron, cultivateur à Coudekerque (Nord).............. 12 mois.
3ᵉ PRIX...... Landron, à Coudekerque (Nord)..................... 24 mois.
4ᵉ PRIX...... Haury, cultivateur à Oisy-le-Verger (Pas-de-Calais)........... 24 mois.
5ᵉ PRIX...... Sauvage-Fretin, à Goizancourt (Aisne)................ 21 mois.
6ᵉ PRIX...... Magnier, à l'Épine (Pas-de-Calais)................... 14 mois.

1853.

Saint-Quentin. — Taureaux concourants, 45, dont 24 flamands.

1er prix...... Trannin, à Villers-lez-Cagnicourt (Pas-de-Calais)........... 25 mois.
2e prix...... Landron, cultivateur à Coudekerque (Nord).............. 14 mois.
3e prix...... Countin, à Hennecourt (Nord)....................... 22 mois.
5e prix...... Dutfoy, cultivateur à Éprunes (Seine-et-Marne)........... 50 mois.
6e prix...... Théry, propriétaire à Grugies (Aisne)................... 36 mois.

1854.

Beauvais. — Taureaux concourants, 22. dont 8 flamands.

1er prix...... Hary, cultivateur à Oisy-le-Verger (Pas-de-Calais).......... 24 mois.
2e prix...... Hubert, cultivateur à Loon (Nord)..................... 19 mois.
3e prix...... Guimier, de Fleury (Oise)........................... 48 mois.

Femelles concourantes, 28, dont 8 flamandes.

1er prix...... Germain de Villers, à Breteuil (Oise).................. 27 mois.
2e prix...... Germain de Villers, à Breteuil (Oise).................. 72 mois.
3e prix...... Hary, cultivateur à Oisy-le-Verger (Pas-de-Calais).......... 36 mois.
4e prix...... Budin, à la Neuville-Garnier (Oise)................... 27 mois.

1855.

Arras. — Taureaux concourants, 53, dont 15 flamands.

1er prix...... Demarolle, cultivateur à la Neuville-Saint-Amand (Aisne)..... 30 mois.
2e prix...... Loby, cultivateur à Ghyvelde (Nord).................... 13 mois.
3e prix...... Hary, cultivateur à Oisy-le-Verger (Pas-de-Calais).......... 12 mois.
4e prix...... Colery, cultivateur à Morbecke (Nord).................. 21 mois.
5e prix...... Raffeneau de l'Isle, à Dhuisans (Pas-de-Calais)............. 24 mois.

Femelles concourantes. 56, dont 17 flamandes.

1er prix...... Douville, propriétaire à Fransu (Somme)............... 80 mois.
2e prix...... Dumetz-Guislain, cultivateur à Arras................... 80 mois.
3e prix...... Lotué-Lawemière, cultivateur à Bailleul (Nord)............ 72 mois.
4e prix...... Deswacouez, cultivateur à Ablainzevelle (Pas-de-Calais)....... 40 mois.
5e prix...... Coquelaëne, cultivateur à Bailleul (Nord)................ 72 mois.

1856.

Valenciennes. — Taureaux concourants, 62, dont 25 flamands.

1er prix...... Loby, cultivateur à Ghyvelde (Nord)................... 25 mois.
2e prix...... Mahieu, cultivateur à Capelle (Nord).................. 12 mois.
3e prix...... Deswacquez, cultivateur à Ablainzevelle (Pas-de-Calais)....... 39 mois.
4e prix...... Hubert, cultivateur à Laon (Nord).................... 14 mois.
5e prix...... Garnot, cultivateur à Villaroche (Seine-et-Marne).......... 60 mois.

Femelles concourantes, 91, dont 32 flamandes.

1er PRIX....... Dumivaux, cultivateur à Sainghin (Nord)................. 60 mois.
2e PRIX....... Douville, propriétaire à Fransu (Somme)................ 72 mois.
3e PRIX....... Deswacquez, cultivateur à Ablainzevelle (Pas-de-Calais) ...... 48 mois.
4e PRIX....... Lothé-Lawerhière, cultivateur à Bailleul (Nord)............ 72 mois.
5e PRIX....... Pigeon, cultivateur à Berny (Somme).................... 24 mois.

Nous compléterons cette liste par les noms des lauréats primés pour croisements durham-flamands :

M. Mathieu, de Capelle (Nord), 1er prix de taureaux, à Amiens, en 1852 ; 1er prix de vaches en 1854 ; 4e prix au concours général de 1852, et 3e prix à Saint-Quentin, en 1853.

M. Lannion, de Looberghe, aujourd'hui à Broukerque, 1er prix à Arras, en 1853 ; 2e prix à Valenciennes, en 1856.

M. Crespel-Pinta, 1er prix à Beauvais en 1854 ; 4e prix à Amiens, en 1852.

MM. Vanondendicke, 2e prix à Saint-Quentin ; Crespel (Tiburce), prix et grande médaille à Amiens ; Dufour, de Dunkerque, 2e prix à Arras ; Lony, de Ghyvelde, 3e prix à Saint-Quentin ; Wasselle, d'Héto-mesnil, 3e prix à Beauvais.

CHAPITRE IV.

La production du lait en nature, ou sa transformation en beurre et fromage, joue un grand rôle dans la région où domine la race flamande, dont le régime est essentiellement dirigé vers ce but.

L'industrie laitière s'y modifie toutefois sous l'influence de diverses conditions économiques et culturales.

Près des grands centres de population et dans un rayon plus ou moins étendu, suivant les moyens de transport, domine la production du lait et sa vente en nature, à laquelle s'associe quelquefois la vente de la crème et du fromage frais. Dans d'autres points où se fait l'élevage, on conserve, pour les jeunes animaux, le lait écrémé ou battu, et la fabrication du beurre devient la spéculation habituelle; si l'élevage est plus restreint, on y joint l'industrie fromagère. Les grandes fermes à régime semi-pastoral ou stabulaire, dans lesquelles l'élevage est peu développé, et où les moyens de transport ne permettent pas de vendre avantageusement le lait en nature, font du beurre et des fromages maigres ou gras, ou enfin des veaux gras, pour simplifier le travail de la basse-cour.

Nous retrouvons l'industrie laitière, sous toutes ces formes, dans la région du nord-est. Nous suivrons ces différentes spéculations dans chacun des trois principaux groupes indiqués au commencement de ce travail.

SECTION I.

GROUPE FLAMAND.

Les *watteringues* et le *pays de bois* présentent quelques différences au point de vue de l'industrie laitière : l'élevage, un peu moins développé dans la première de ces contrées, permet de consacrer une plus grande portion du lait à la fabrication du beurre et d'un fromage, connu sous le nom de fromage de Bergues, se rapprochant beaucoup du fromage de Hollande, dont on trouve même quelques essais de fabrication vers les Moëres. Dans le pays de watteringues, on extrait le beurre plus généralement en opérant le battage de la crème, à la différence du pays de bois, où le lait lui-même est soumis au barattage.

§ 1.

ÉTABLES ET RÉGIME.

Le régime des vaches laitières se partage entre le pâturage et l'étable.

C'est vers le mois d'avril que le troupeau est mis dans l'herbage. Les huit à dix laitières qui le composent, une fois à la pâture, ne rentrent plus, à moins d'une température tout à fait exceptionnelle. Ce passage brusque, d'étables généralement fort chaudes, à cette vie en plein air, sous l'influence d'un climat dont le printemps est souvent très-inégal, n'est peut-être pas sans inconvénient. Il serait plus convenable de ménager cette transition en rentrant les animaux à l'étable dans les premiers jours. C'est ordinairement au début du pâturage que sévit principalement sur les vaches une maladie enzootique, que nous avons déjà nommée, l'hématurie ou pissement de sang. Cette affection, dit M. Salomé, vétérinaire distingué de Bailleul, à qui on doit un très-bon mémoire sur ce sujet, offre pour caractères particuliers d'abord son invasion instantanée au moment où le sujet paraît jouir de la plus parfaite santé; puis sa marche rapide, accompagnée, dès le principe, de phénomènes morbides très-aigus, d'une prostration complète, et enfin de la mort, si on n'a pas recours à un traitement prompt et énergique. Les urines sont noires, brunes, d'un rouge vif ou violacé;

les battements du cœur sont violents et précipités, la sécrétion du lait
cesse; cette affection dure de six à huit jours. Elle sévit également à l'automne, mais avec moins d'intensité; c'est dans la partie accidentée du pays
de bois, sur les pentes boisées et sourceuses des monticules situés au nord-
ouest de l'arrondissement d'Hazebrouck (le mont Cassel, le mont des
Chats, le mont Noir, le mont de Lille, etc.), que le pissement de sang apparaît presque exclusivement; l'humidité du sol, entretenue par les sources,
l'eau froide et crue qui en découle, eau rendue astringente par les feuilles
qui tombent dans les ruisseaux et par la présence des petits troncs d'arbres,
qu'on est dans l'habitude de faire séjourner quelque temps dans l'eau,
paraissent être la cause originelle de cette affection. L'assainissement du
sol par le drainage est destiné à exercer une très-heureuse influence
comme moyen préventif de cette maladie; M. Salomé nous a signalé des
résultats incontestables obtenus par l'application de ce procédé.

En pâture, les bestiaux ne reçoivent aucun pansement. Leur robe prend
promptement, sans le secours de la main de l'homme, les reflets brillants de
la santé. Ils se frottent eux-mêmes, d'ailleurs, aux arbres de l'herbage, ce que
l'on considère comme une condition d'hygiène. Là où il n'y a pas d'arbres,
on plante quelquefois un pieu solide destiné à cet usage. Les jeunes arbres
toutefois sont protégés par une armature contre l'approche des animaux.

Les étables flamandes, sauf quelques exceptions, sont mieux disposées que
la plupart de celles des pays de pâture exclusive. On y trouve des auges,
des râteliers, des stalles, des fosses à purin, etc.

Les constructions rurales de la Flandre se sont améliorées depuis une
vingtaine d'années. Le bas prix de la brique cuite en meule (10 à 12 fr.
le mille) a facilité cette révolution; dans beaucoup d'endroits cette brique
s'est substituée à la terre; la panne et l'ardoise ont remplacé le chaume.
Quelques propriétaires, parmi lesquels j'aime à citer Mlle de Kousmaker,
de Bailleul, ont construit de petites fermes plus confortablement établies
que les fermes anciennes; mais la disposition des bâtiments d'exploitation
a peu changé; leur agencement était, d'ailleurs, assez bien approprié aux
besoins de la culture locale. Les fermes flamandes présentent, le plus ordinairement, dans la disposition de leurs bâtiments, un quadrilatère formé
et clos de haies vives de trois côtés par les constructions A, B, C, fig. 21.

A est le corps de logis destiné à l'habitation du fermier, comprenant encore la cuisine, la laiterie, le grenier à grain, etc.; le bâtiment B renferme habituellement l'étable, l'écurie, la porcherie, le poulailler; vis-à-vis est en C, la grange, la remise aux instruments et un petit atelier. La légende, placée au-dessous de la figure, détaille toutes les parties de la ferme.

Fig. 21.

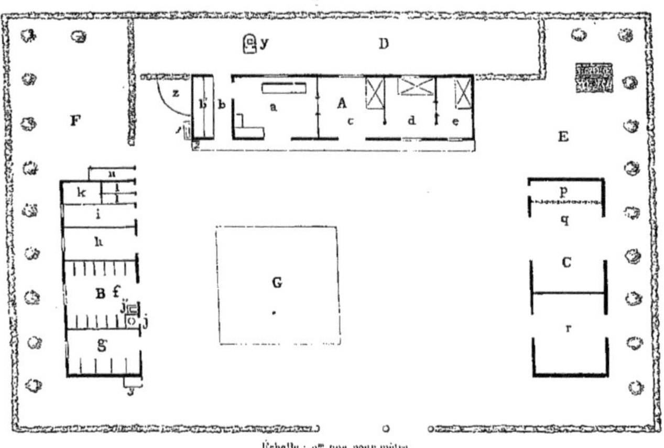

Échelle : 0^m,002 pour mètre.

Bâtiment A. — a, cuisine sous laquelle est la laiterie; b, petite cour avec hangar b', où se trouvent la buanderie, un fourneau à cuire des légumes et différents ustensiles de laiterie; on descend par cette cour dans la laiterie; c, d, e, chambres de l'habitation; derrière la maison est le jardin; sur le devant de la maison, et abrité par la saillie du toit, est un petit trottoir en briques; n° 1, pompe; n° 2, pierre d'abreuvoir, près du grand abreuvoir 2.

Bâtiment B. — f, vacherie à deux rangs; dans un angle est une petite fosse à drèche j'; il existe en j une petite fosse à purin sous les latrines; le purin des vaches et celui des chevaux se rendent dans cette fosse; les fumiers sont déposés dans la cour à fumier G; g, écurie; h, petite étable ou écurie supplémentaire; i, magasin de dépôt, de fourrage, racines, etc.; k, resserre; l, toit à porcs, au-dessus duquel est le poulailler; u, petit hangar en appentis pour les veaux d'élève, un grenier à fourrage règne au-dessus du bâtiment.

Bâtiment C. — p, atelier de charronnage; q, remise de voitures et instruments aratoires; les pailles peuvent s'entasser au-dessus; r, grange montant jusqu'au toit.

D, jardin; y four et fournil servant encore au travail des étoupes.

E, cour aux veaux et poulains, où se font des meules de bois, paille, etc.

F, cour aux meules et au bois.

G, fosse à fumier; un pavage ou un blocage existe autour du bâtiment et de la fosse à fumier.

Nous reproduisons, sur une échelle plus grande, le plan (fig. 23) et au-dessus la coupe en élévation (fig. 22) de l'étable indiquée seulement dans la figure précédente.

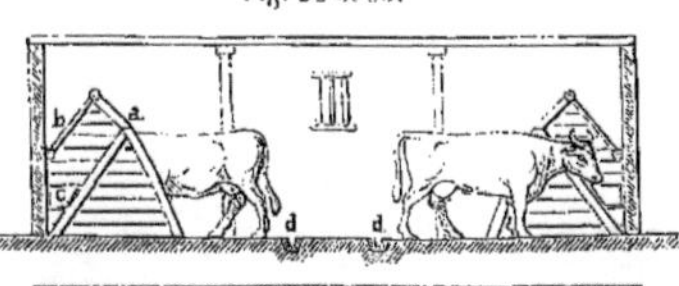

Fig. 22 et 23.

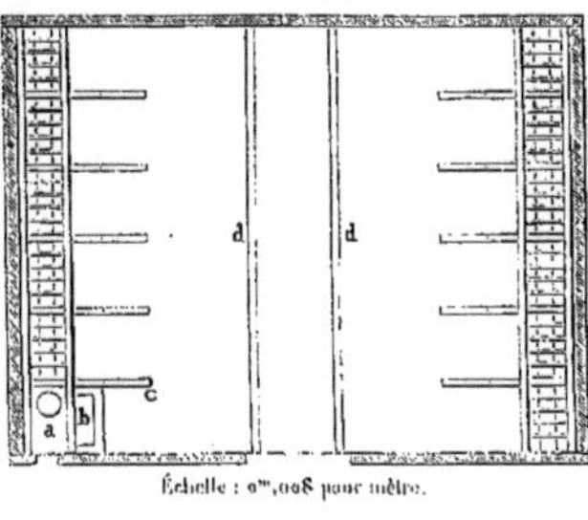

Échelle : 0^m,008 pour mètre.

Des stalles *a*, fig. 22, séparent les animaux; ces stalles en planches sont assujetties par un rebord de 10 centimètres d'épaisseur, avec lequel vient s'assembler une jambe de force qui soutient, à sa partie inférieure, la mangeoire *c*; un râtelier *b* s'appuie sur le rebord, qu'il tend à consolider. On peut, dans la fig. 23, juger des dispositions de l'étable : elle contient six stalles de chaque côté; la sixième à gauche est occupée par une fosse à drèche en briques et par les latrines, s'ouvrant sur la cour, mais complétement closes du côté de l'étable; les urines s'écoulent par les deux rigoles *d d*; un conduit les amène dans la fosse à purin.

Vers Bergues, les étables sont souvent sans râtelier; la mangeoire en pierre est supportée par un petit mur en briques; l'étable est bordée en dehors d'un trottoir pavé, et abrité par la saillie du toit. On peut reprocher à toutes les étables flamandes d'être basses et peu aérées; le jour et l'air pénètrent seulement par la porte coupée et par une ou deux fenêtres très-étroites, espèces de meurtrières qu'on bouche en hiver.

Pour compléter ces détails, nous ajoutons, fig. 24, la vue extérieure du bâtiment n, dont l'étable fait partie. Ce bâtiment est en clayonnage ourdi en terre, couvert en chaume, avec le bord du toit en pannes, faisant saillie de 50 centimètres environ; c'est sous cette avance du toit qu'on accroche, pour les abriter, les herses, les cadres de voitures, les échelles, etc.

Fig. 24.

Échelle : o^m,oo4 pour mètre.

Il existe à la sucrerie du grand Millebrugge, près Bergues, propriété de M. d'Ambricourt, de vastes étables d'une construction bien entendue, mais qui sont particulièrement destinées à l'engraissement.

Fig. 25.

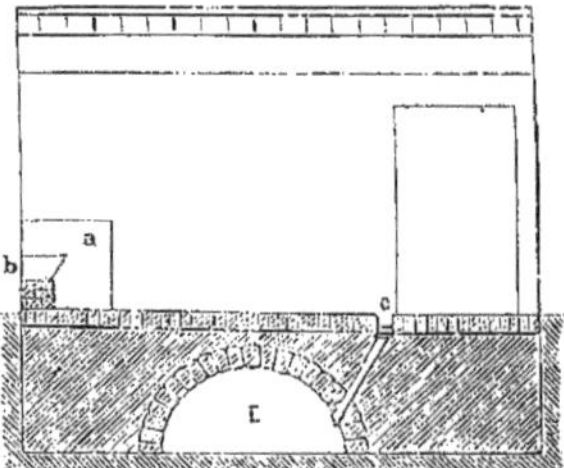

Échelle : o^m,oo1 pour mètre.

Fig. 26.

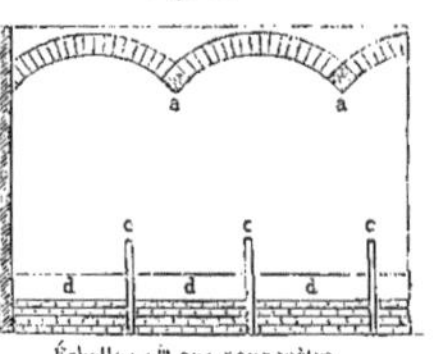

Échelle : o^m,oo1 pour mètre.

Dans l'arrondissement de Lille, à côté de vacheries qui laissent également à désirer sous le rapport de l'hygiène, on remarque quelques étables nouvelles dont la disposition est convenable. La figure 25 représente la coupe en travers, et la fig. 26 la coupe en long d'une étable de M. Cousin-Pollet, cultivateur à Lambersaert, près Lille.

Cette vacherie est à un seul rang. Le plancher bas est en briques. Chaque bête a sa stalle séparée par une large dalle *a*, fig. 25, en pierre de Tournay de 1 mètre carré sur une épaisseur de 10 centimètres. Ces dalles coûtent 4 fr. dans le pays ; leur bord, engagé de 5 centimètres dans la muraille, les maintient solidement ; la mangeoire *b* est en pierre de Tournay, supportée par un petit mur de briques. Sous une partie de l'étable règne une fosse à purin E voûtée, qui reçoit les urines. Dans la figure 26, on voit de face les stalles avec leurs séparations *c, c, c,* et les auges *d, d, d.* Le plancher haut est formé de petites voûtes en briques, système aujourd'hui très-répandu dans le nord de la France.

Ces petites voûtes sont soutenues par des poutrelles *a a,* de 0^m,30 d'équarrissage, posées sur une de leurs arêtes; il vaut mieux les placer carrément et clouer de chaque côté une chanlatte à plan oblique. Ailleurs, nous avons vu des voûtes du même genre réduites à de simples entrevoux formés d'une large brique courbe qui venait se poser sur les sommiers, écartés seulement de 0^m,40 ; quelquefois ces voûtes prennent leur point d'appui sur d'autres plates-bandes en arceaux, de manière à former des espèces de voûtes d'arêtes fort élégantes; les belles fermes de M. Brame à Hem, de M. le marquis de Vallanglard à Moyenneville, et de M. Wasselle à Hétomesnil, dont nous parlerons plus loin, nous ont présenté des spécimens variés de ces sortes de constructions. Nous donnerons ailleurs le plan d'une de ces voûtes portées sur des sommiers en fer.

Les ouvriers du Nord construisent avec une grande habileté ces voûtes plates, sans même s'aider de cintres; ils posent les briques souvent à plat, soit à zones obliques, soit avec des mortiers à prise très-prompte.

Dans la Flandre herbagère, le régime d'hiver se compose de foin, de paille d'avoine, de froment ou d'escourgeon, et même de paille de haricots, dont les vaches sont dit-on friandes. On fait alterner les fourrages avec un peu de navets et de betteraves; on y ajoute la drèche de brasserie et celle de distillerie; nous avons vu donner avec succès, à Dunkerque, le résidu de la distillation du *Dary* (graine de *sorgho*), qu'un distillateur de la ville emploie en assez grande quantité; la paille de féverolles entre rarement dans l'alimentation des vaches.

Voici, sauf quelques exceptions, le régime des environs de Dunkerque et de Bergues : à 6 heures du matin, on donne la paille (on étrille rarement); à huit heures, avant de traire, une demi-botte de foin (2^k,5) est mise devant chaque bête; puis on sort la litière et on fait boire; à midi, on donne une botte de paille d'escourgeon ou d'avoine de 5 kilogrammes; à quatre heures la vache reçoit encore une demi-botte de foin; on la trait, on refait la litière; le soir on donne 1 à 2 kilogrammes de paille de haricots.

Quelquefois le nombre des repas est porté à six; on présente alors un peu de racines à une heure de l'après-midi; on donne également aux laitières en pleine lactation ou à celles qu'on veut bien préparer un peu de féverolles cassées ou trempées et des buvées mêlées de tourteau.

D'autres cultivateurs restreignent le nombre des repas et les réduisent à trois, afin de laisser plus de temps à la rumination.

Les soupes, d'un usage général dans la Flandre belge, sont peu employées dans la Flandre française : on reproche à cette méthode de faire tomber les dents des vaches, et, en tous cas, de les mal disposer pour le pâturage.

Dans l'arrondissement de Lille, chez les laitiers où la stabulation est à peu près exclusive, on donne ces soupes avec succès.

Voici le régime de l'étable de M. Cousin-Pollet, près de Lille : à quatre heures et demie du matin on donne du foin (1 kilogramme), on trait et on enlève la litière sale; à huit heures et demie, pulpe de betterave; à onze heures et demie, pulpe et paille, 1/2 kilogramme de tourteau d'œillette délayé dans de l'eau ou du résidu de distillerie; à une heure, traite; à quatre heures, foin et betterave et enlèvement de la litière salie; à sept heures, foin et pulpe, paille à discrétion.

Chez M. Masquelier, de Saint-André, le régime se rapproche beaucoup de celui-ci : la drèche de distillerie est employée peut-être en plus grande quantité. Ce nourrisseur avait même installé un système de pompe et de conduits qui distribuaient ce liquide dans les auges. Nous avons vu dans quelques écuries du Nord, chez M. Douay Macarès, de Ghysignies, entre autres, un système analogue; quelquefois c'est de réservoirs placés dans l'étable même que l'eau arrive par des conduits dans les auges. Dans la plupart des fermes de la Flandre les aliments liquides sont portés dans deux seaux au moyen du joug de cou, fig. 27.

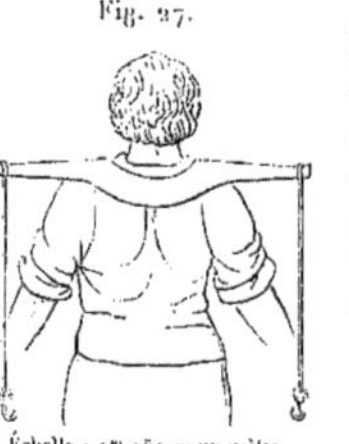

Fig. 27.

Échelle : 0m,050 pour mètre.

On se sert encore dans les vacheries de Lille, pour porter les barils
à drèche, d'un joug double dit *tiné*,

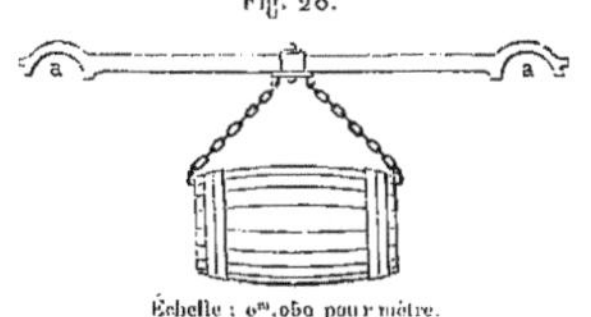

Fig. 28.

Échelle : 0ᵐ,050 pour mètre.

généralement usité d'ailleurs dans les
brasseries; c'est un bâton d'environ
1ᵐ,50, ayant à ses deux extrémités
deux encoches dans lesquelles s'engagent les épaules des porteurs; au milieu
est fixée une chaîne qui se divise en deux
branches munies d'un crochet à leurs extrémités; on suspend, au moyen de
ces crochets, le tonneau de drèche, comme l'indique la figure 28.

§ 2.

LAITERIE.

Dans le pays flamand, essentiellement herbager, c'est à l'époque de la
pâture que la plus grande production du lait a lieu. La quantité de lait
donnée par chaque vache est variable, et, il faut l'avouer, les données sur
les quantités moyennes obtenues par tête, la progression décroissante de la
lactation à partir du vêlage, la richesse du lait, etc., sont fort incertaines.

On peut admettre qu'une bonne vache flamande, au régime pastoral
d'Hazebrouck, donne, pendant la pâture (deux cent dix jours), 10 litres
de lait en moyenne, et dans les cinq mois d'hiver, dont il faut défalquer
deux mois, pendant lesquels elle tarit, 6 litres par jour, soit en tout
2,640 litres, ou, en nombre rond, 2,600 litres.

Fig. 29.

Échelle : 0ᵐ,100 pour mètre.

Les vaches sont traites deux fois par
jour dans l'herbage par des servantes.
La mulsion s'opère à la manière ordinaire : la femme, placée à la droite de
l'animal, sur un escabeau, lave d'abord
le pis et trait ensuite des deux mains,
en saisissant les deux trayons les plus
éloignés. Le lait, reçu dans un seau de cuivre ou de bois, est versé dans
un grand vase de cuivre jaune, en forme d'amphore, fig. 29. Le lait s'épure

en passant à travers un tamis de crin qu'on pose à la partie supérieure. C'est dans ce vase, désigné dans le pays sous le nom de *canne*, qu'il est porté à la laiterie. On pose cette canne sur la tête; le lait se transporte aussi fréquemment à l'aide du joug de cou figuré plus haut, et de deux boîtes de fer-blanc ou de bois.

Les laiteries sont, en général, demi-souterraines et voûtées[1], mais peu spacieuses, là surtout où on ne fait pas de fromage, les manutentions du laitage ayant ordinairement lieu dans la cuisine ou dans une petite buanderie y attenant. Près des centres populeux, le lait vendu en nature est transporté à la ville dans des boîtes de fer-blanc assez semblables à celles des environs de Paris; le prix de vente est de 15 à 20 centimes le litre, porté dans la ville.

§ 3.

FABRICATION DU BEURRE.

Il y a dans la Flandre deux manières d'extraire le beurre du lait. Le *barattage* s'effectue, soit avec le lait, soit avec la crème préalablement *levée* sur le lait. Le barattage s'opère plus particulièrement avec le lait dans le pays de bois et dans une partie de l'arrondissement de Lille; la deuxième méthode, qui est également la plus générale en France, est suivie dans une grande partie des watteringues, dans le sud de l'arrondissement de Lille, et dans le reste du Nord et les autres départements de la région.

Le barattage du lait est donc en quelque sorte une exception; cependant cette méthode est encore pratiquée dans le nord de l'Europe, l'Écosse, la Suède, etc.; les principaux avantages de ce procédé sont : 1° de pouvoir faire le beurre plus tôt que si on devait attendre la montée complète de la crème, d'agir ainsi sur une matière plus fraîche, qui doit produire un beurre d'un goût plus fin; 2° de conserver, soit pour les veaux, soit pour le ménage, un lait peu fermenté, et qui possède une grande partie des propriétés du lait doux.

---

[1] La vignette en tête de ce chapitre représente une laiterie flamande; d'un côté est la fabrication du beurre, de l'autre celle du fromage façon de Bergues. Cette laiterie est dans des proportions plus considérables que celles qu'on observe habituellement.

Ces avantages cependant ne sont pas sans inconvénients; on n'obtient
en réalité le beurre d'une manière rapide et un peu complète que du lait qui
a été trait depuis 8 à 10 heures, et, dans les pays où cette méthode est
suivie, on ne baratte guère le lait que 12 heures après la traite en été et
24 en hiver. Ce liquide a déjà subi un commencement de fermentation;
la crème, montée en partie, est mêlée de nouveau à la masse; il est douteux
qu'elle produise un beurre plus savoureux que si elle eût été battue isolé-
ment; enfin, dans les pays où on fait le fromage demi-gras ou maigre, le
barattage du lait ne saurait avoir lieu. Ajoutons que, par cette méthode, le barattage, agissant sur des masses plus considérables, demande plus de force.

La baratte suédoise de Stiernswards, particulièrement adaptée à ce
mode de barattage, paraît opérer beaucoup plus rapidement que les
autres appareils du même genre; elle peut extraire le beurre d'un lait
plus fraîchement trait; cependant les opinions sont encore partagées sur
cet appareil un peu cher, assez délicat, et qui ne réussit pas dans toutes
les mains. Comme nous l'avons retrouvé sur quelques points de la région,
nous croyons devoir en reproduire la
coupe intérieure dans la fig. 29 *bis*.
La baratte, toute en fer étamé, se compose principalement d'un récipient *a*,
à l'intérieur duquel sont fixées trois
lames *b* percées de trous; au centre,
se meut rapidement, au moyen d'un
engrenage *c*, un agitateur également
muni de trois ailettes *l*; par l'axe
creux *d*, ouvert à la partie supérieure *e*,
pénètre de l'air qui sort dans le bas
par les orifices d'une turbine *g*, et se
distribue dans la masse du lait pour
favoriser la séparation du beurre. La

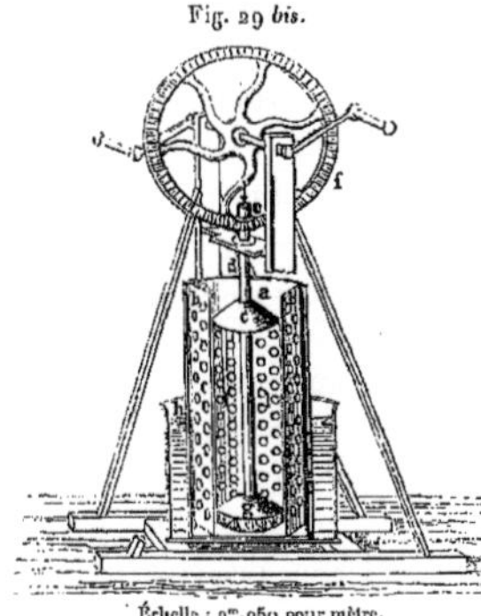

Fig. 29 *bis*.

Échelle : 0^m,050 pour mètre.

baratte est plongée dans un bassin *h*, rempli d'eau à une température
convenable.

La baratte la plus communément employée pour le barattage du lait
est celle à berceau dite *tourniquet*, dont voici la description :

Elle se compose d'abord d'une tinette ordinairement en bois de chêne *a a*, fig. 3o, dont les douves sont maintenues, à la partie supérieure, par deux larges cercles *b b*, également en bois, qu'un simple coup de marteau peut faire descendre à volonté, quand on veut la resserrer, et, à la partie inférieure, par d'autres petits cercles *c c;* dans le centre du fond inférieur est fixé un petit pivot *e* destiné à s'engager dans la base évidée de l'axe d'un tourniquet ou moulinet à deux ailes *f*, vu de face dans la figure 3i. Cet axe traverse le fond supérieur de la baratte par une ouverture dans laquelle il peut tourner librement. Le moulinet s'introduit à volonté dans la baratte ou se retire par une petite porte à coulisse.

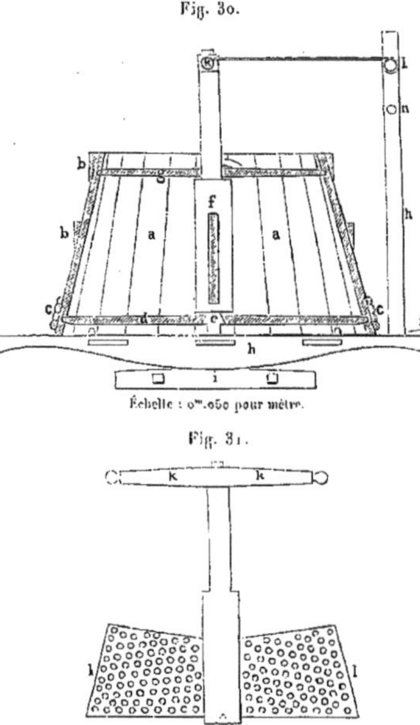

Dans d'autres fermes, cette baratte repose sur une espèce de berceau placé lui-même sur un cadre de bois; une corde, qui s'enroule d'un bout sur la traverse *k* du moulinet, de l'autre, sur la traverse *l* du berceau, fig. 3o, met ces deux parties de l'appareil en communication; les choses étant ainsi disposées et la baratte remplie de lait environ aux deux tiers, l'ouvrier appuie le pied en *n* et la main en *l*, imprime le mouvement au berceau et par conséquent à la baratte qu'il supporte; la masse liquide, projetée sur un des côtés de la baratte, rencontre les ailes du moulinet, auquel elle communique, par l'aller et le retour, un mouvement de va-et-vient.

Dans quelques laiteries, on se borne à la tinette *a a*, fig. 3o, dans laquelle
on agite à la main le tourniquet réduit à une aile unique. Pour alléger
ce travail, on applique quelquefois à la partie supérieure de l'axe du moulinet une roue d'engrenage *c*, fig. 32, à laquelle un autre engrenage, mû
par une bielle *a* que commande une manivelle *b*, imprime un mouvement
de va-et-vient; cet engrenage *b* est placé à l'extrémité d'une espèce de
bras, dont l'autre bout est fixé à la muraille de manière toutefois à pouvoir
recevoir un mouvement horizontal. On donne plus ou moins d'amplitude
à ce mouvement, en accrochant la bielle plus ou moins près de l'engrenage; des trous sont percés à cet effet dans une platine *h;* la grande
roue *e* sert de volant et de régulateur.

Fig. 32.

Échelle : o^m,020 pour mètre.

On rencontre encore beaucoup de barattes réduites à une simple
tinette posée sur un berceau.

Le travail du barattage du lait dure une heure ou deux, suivant la température. On prétend que le beurre fait trop rapidement est moins bon;
un barattage trop prolongé ne nuit pas moins à la qualité. Quelquefois la
difficulté de l'extraction du beurre paraît tenir à la nature même du lait;
dans ce cas, on met un peu d'alun dans la baratte, on administre du sel
aux vaches. La température la plus convenable pour le barattage paraît
être celle de 18 à 20° centigrades. Ce n'est que très-exceptionnellement

que quelques ménagères portent la crème à une température voisine de l'ébullition, comme cela se pratique en Angleterre dans le Devonshire. Le beurre s'obtient de cette manière plus rapidement et en quantité un peu plus grande, mais il perd en qualité.

Le beurre, étant recueilli, est placé dans une sébile de bois et pétri avec

Fig. 33.

Échelle : 0ᵐ.090 pour mètre.

une cuiller de même matière pour opérer le délaitage; il est ensuite lavé dans une grande jatte de terre ou un baquet à pieds, fig. 33, rempli d'eau, qu'on change plusieurs fois; ce lavage est expressément interdit par l'auteur de la baratte suédoise, qui n'opère le délaitage qu'en malaxant au couteau de bois; on ajoute un peu de sel au beurre ainsi lavé, on pétrit de nouveau; pour la vente, le beurre se met en pelotes de 0ᵏ,65 à 2 kilogrammes.

On suit à peu près la même méthode dans l'arrondissement de Lille, où il se vend une quantité considérable de lait baratté au prix de 4 à 5 centimes le litre.

Dans le pays de watteringues et le Pas-de-Calais, le procédé de fabrication du beurre est un peu différent; c'est, comme nous l'avons dit, la crème qu'on soumet au barattage.

Le lait, lorsqu'il est trait, est descendu dans des laiteries ordinairement

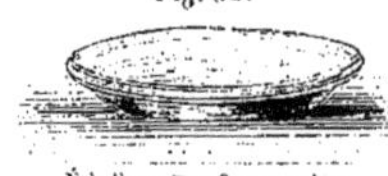

Fig. 34.

Échelle : 0ᵐ,008 pour mètre.

voûtées, et versé dans des *telles* ou terrines de terre vernissée très-plates, fig. 34. Ces terrines mesurent 0ᵐ,40 à 0ᵐ,45 de diamètre, et sont profondes de 0ᵐ,08 à peine. On les consolide quelquefois par un cercle de bois appliqué sur leur bord extérieur. Après 12 heures en été, 24 ou 30 quand la température est plus froide, on enlève la crème qui est montée. A cet effet, on soulève la telle, on la place au-dessus d'un baquet, on détache avec les doigts la crème adhérente au pourtour du vase, qu'on incline pour faire tomber la crème dans le baquet en la poussant légèrement du bout des doigts. Un peu de lait s'échappe avec la crème et augmente la quantité du lait de beurre employé dans le ménage. La crème (de deux jours au plus) est soumise au barattage.

La baratte la plus généralement employée se compose d'un tonneau en chêne, fig. 35, ordinairement cerclé en cuivre. Sous l'action de lavages fréquents le chêne prend une couleur blanche, sur laquelle ressort le brillant métallique des cercles souvent nettoyés. Le tonneau est muni, à l'extrémité de ses deux fonds, de deux tourillons en fer k, qui posent sur un chevalet, comme l'indique la fig. 36. A l'un des tourillons est adaptée une manivelle à l'aide de laquelle on lui imprime un mouvement de rotation. Ce tonneau est garni intérieurement de trois planchettes $n\,n\,n$ percées de trous, fixées à sa paroi interne; la fig. 37 présente la coupe en travers, et la fig. 38 la coupe en long de cette disposition. Une grande ouverture c, fig. 36, pratiquée dans le milieu d'une des douves, sert à introduire le lait et à sortir le beurre. Cette ouverture est fermée par un tampon c, que maintient une bride f et un verrou e. On remplit la baratte à moitié au moyen d'un petit baquet à douille o, fig. 35, sur lequel se pose un tamis p. On tourne d'un mouvement modéré; après une heure environ le beurre est pris; on le rassemble en tournant doucement en sens inverse, on laisse sortir le lait de beurre par la bonde d, on remet de l'eau fraîche à deux reprises, puis on sort le beurre, on le délaite, on le purge et on le sale, comme il est indiqué plus haut.

Inutile de dire que la plus grande propreté préside aux opérations de la laiterie : les vases sont lavés et échaudés, les telles sont plongées dans l'eau bouillante pour être entièrement purgées des matières grasses ou acides qui pourraient y adhérer.

Fromage. — Dans le pays de bois on fait très-exceptionnellement quel-

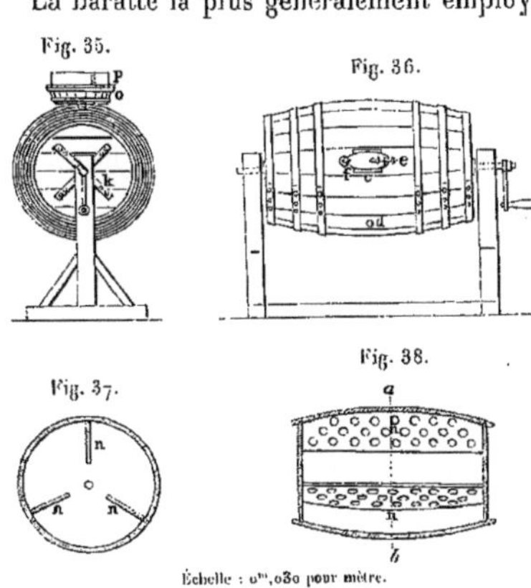

ques fromages qui ont quelque analogie avec celui de Maroilles, dont on parlera plus loin.

Dans le pays de watteringues il se fait une assez grande quantité d'un fromage désigné sous le nom de fromage de Bergues. Cette fabrication a lieu principalement dans les communes de Coudekerque, Téteghem, Crochte, Capelbroucke, Bourbourg, Steene, etc. Ce fromage rappelle, par sa forme et son volume, le fromage de Hollande. C'est un fromage maigre; quelquefois on en fait de demi-gras en mêlant au lait écrémé un quart de lait frais, mais, depuis que le prix du beurre a augmenté, on opère exclusivement sur le lait écrémé.

L'un des éléments essentiels de fabrication est la présure; quelques cultivateurs achètent de la présure liquide, mais les plus soigneux font eux-mêmes ce ferment. Voici une recette qui nous a été indiquée par Mme Dewalle, excellente fermière de Hoymille, près Bergues. On prend 13 caillettes de veau qu'on coupe en petits morceaux; on y mêle une poignée de sel et on met le tout tremper 2 jours dans 2 litres d'eau environ; le lendemain on ajoute du sel jusqu'à concurrence de 2 kilogrammes et de l'eau. On obtient ainsi environ 2 litres 1/2 d'une présure dont une cuillerée suffit pour cailler 35 litres de lait. Lorsqu'on veut faire le fromage, on porte la température à 20 ou 25 degrés, soit en remettant sur le feu, soit en y mêlant une portion de lait d'une température plus élevée. On verse la présure; une demi-heure, une heure au plus, suffit pour que le lait soit pris en caillé. On coupe alors la masse en tous sens avec une cuiller de bois et on la presse avec les mains, de manière à la rassembler au fond du vase. Le petit lait s'enlève avec une sébille de bois. Le caillé, ainsi

Fig. 39.

Échelle : 0,05 pour mètre.

purgé, est enveloppé dans un linge et tassé dans une forme de bois percée de trous, fig. 39; on place le tout sous une petite presse hollandaise à levier. M. Dewalle a disposé cette presse de manière à pouvoir agir sur deux fromages à la fois, comme l'indique la figure 40. Une forte planche *a* pose sur les deux fromages *c c* par l'intermédiaire d'une large brique; une autre planche, prenant son point d'appui sur la petite barre qui traverse les deux montants *f*, applique en *b* la force *d* de ce levier du deuxième genre.

Le petit lait tombe dans un baquet *e*, où il est amené par la rainure creusée dans le banc qui supporte les formes.

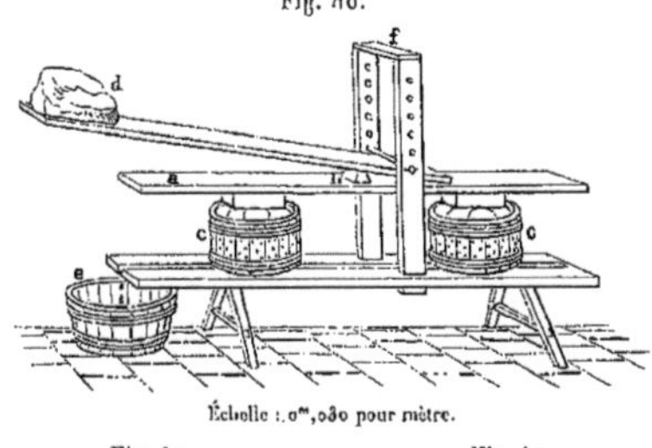

Fig. 4o.

Échelle : 0^m,o3o pour mètre.

Après que le fromage est resté 7 à 8 heures sous la presse, on le retire de la forme, on le débarrasse du linge et on le place à nu dans une autre forme; cette forme est une espèce de sébile *a*, percée, à cavité hémisphérique, fig. 41 : on la pose, avec le fromage *b* qu'elle contient, sur une table d'évier à rainures, un peu inclinée. Pendant 4 à 5 jours le fromage, retiré le matin du moule, est

Fig. 41.

Fig. 42.

Échelle : o^m,o5o pour mètre.

frotté de sel blanc; on a la précaution, en le replaçant dans le moule, de le retourner chaque fois. Au contact des parois de la sébille les bords du fromage s'arrondissent, et il prend la forme d'une sphère très-aplatie, fig. 42.

Le fromage, retiré de la forme, est mis sur une planche dans la cave, qui doit rester hermétiquement fermée. On ne s'en occupe que pour le retourner et le laver deux fois par semaine. Ce n'est guère qu'au bout de 2 à 3 mois qu'il est assez fait pour être livré à la consommation. Chaque fromage pèse environ 4^k,5; il exige pour sa confection 32 litres de lait (écrémé). Le prix du fromage de Bergues a beaucoup varié depuis quelques années : il s'est élevé de 70 à 100 francs les 100 kilogrammes. Le cours actuel (1856) dépasse 100 francs. Il s'en vend environ 100,000 kilogrammes chaque année sur le seul marché de Bergues; mais il en est livré directement hors du marché une certaine quantité. On en expédie beaucoup pour Saint-Omer, Cambrai et tout le Boulonnais.

Dans l'arrondissement de Lille on fait, mais en petite quantité, une espèce de fromage dit de Mons, du nom de la commune de Mons-en-Pévèle, qui en produit la plus grande quantité.

Le procédé de fabrication de ce fromage a beaucoup d'analogie avec celui de Maroilles, dont on parlera plus loin.

SECTION II.

ARRONDISSEMENT D'AVESNES.

§ 1.

ÉTABLES ET RÉGIME.

Le régime de la laiterie prend, dans l'arrondissement d'Avesnes, un caractère un peu différent; on fait encore du beurre, mais c'est principalement à la fabrication du fromage que le lait est consacré. Les localités où existent les plus riches pâturages sont également celles où les vaches sont plus belles et les produits en beurre et fromage les plus renommés : telles sont les communes de Taisnières, Dompierre, Saint-Aubin, Berlaimont; on cite encore pour leurs fromages les communes de Maroilles, de Bagneux, Larouillie, Roissart, OEtrung; ce dernier village fait beaucoup de beurre, qui se porte à Valenciennes.

La nourriture au pâturage de la vache laitière dure d'avril à novembre : c'est la période de grande production du lait; cependant, le beurre ayant une valeur plus élevée en hiver, quelques cultivateurs s'arrangent de manière à faire vêler des vaches à cette époque, et, à l'aide d'une forte alimentation à l'étable, ils obtiennent une lactation aussi abondante.

En règle générale cependant, l'alimentation et le produit diminuent beaucoup en hiver.

Les étables n'ont rien de particulier; elles sont à un ou deux rangs, avec auges et râteliers quelquefois; elles sont basses, et les bêtes y ont peu d'espace; des meurtrières de 25 à 30 centimètres de large, qu'on bouche fréquemment en hiver, livrent seules accès à l'air et à la lumière.

Cependant les petites fermes herbagères, disséminées au milieu des pâturages et cachées en partie par les haies et les vergers, ont un aspect riant et gracieux, auquel ajoute encore le système de construction, généralement plus riche et plus orné qu'en Flandre. Les habitations sont presque toutes partie en brique et partie en pierre bleue du calcaire houiller, avec couvertures à pan coupé en ardoise. L'opposition des couleurs gris bleuâtre de la pierre et de l'ardoise avec le rouge de la brique relevé par les filets blancs des crépis et des joints, enfin les portes et les volets ordi- nairement peints en vert, donnent à toutes ces maisons un air d'aisance et de propreté[1].

Le régime des vaches en hiver consiste presque exclusivement en foin et drèche de brasserie, qui se vend un prix assez élevé, 5o à 6o francs le brassin ou drèche, dont il est difficile de déterminer la contenance.

On estime qu'une drèche, à Avesnes, est la charge de 4 chevaux, soit 3 à 4,ooo kilogrammes. Du reste, comme dans la Flandre, la drèche est mêlée d'une assez forte proportion de menue paille, nécessaire dit-on pour faciliter l'opération du brassage, mais diminuant évidemment la qualité nutritive de la matière. Les vacheries se composent rarement de plus de 8 à 1o têtes; beaucoup sont moins nombreuses, la famille de l'herbager suffit à leur exploitation.

Les vaches sont ordinairement traites trois fois par jour au pâturage; le lait de la première traite, qui a lieu à cinq heures du matin, est écrémé à midi, et les traites de midi et du soir le sont le lendemain matin. L'écré- mage se fait d'une manière très-simple : le lait a été versé dans des terrines peu profondes, fig. 43, vernissées ou non vernissées (ces dernières sont préférées); lorsque la crème est montée, la personne préposée aux soins de la laiterie enlève la terrine, et, pour la verser, l'incline en la tenant entre ses deux bras; les deux pouces réunis vers le bec de ce vase arrêtent la crème au passage. Dans la Picardie, au lieu d'intercepter le passage de la crème avec les doigts, on se sert d'une crémette : c'est une espèce de coquille dont le bord uni et mince, placé sur le bec de la telle, retient également la crème. L'un et l'autre système ont l'inconvénient de lais- ser avec la crème les impuretés qui auraient pu se précipiter au fond de la telle. La crème, mise dans un pot de grès, est conservée quatre ou cinq jours dans un lieu frais, afin qu'on puisse en battre une plus grande quantité

Fig. 43.

Échelle : 0^m.o8o pour mètre.

[1] La vignette en tête du chapitre III peut donner une idée de ce genre de construction.

12.

à la fois; c'est un fait d'observation que plus la crème épaissit, plus elle rend de beurre; toutefois, elle est exposée à rancir.

§ 2.

LAITERIE ET FABRICATION DU BEURRE.

Les barattes sont de diverses formes; la plus commune est celle à tourniquet vertical, mais sans berceau, décrite plus haut; on trouve également des barattes à pilons, d'autres à barillet avec un axe horizontal et à ailettes, analogues à la baratte Valcourt; comme on agit seulement sur la crème, la baratte peut être beaucoup plus petite. Le barattage dure environ une heure, plus ou moins, suivant la température et l'état de la crème. Le beurre recueilli, on le délaite, on le purge du petit lait et des matières étrangères, à peu près comme en Flandre.

Fig. 44.

Échelle :
0^m,05o
pour mètre.

Ce beurre est ensuite façonné en petits cônes arrondis et tronqués; un moule vu en coupe, fig. 44, sert à lui donner cette forme. On vend encore ce beurre en petites et grosses livres; à Valenciennes, on exige que la pelotte de beurre pèse $0^k,625$, soit 5 quarterons poids ancienne mesure; on exporte une assez grande quantité de ces petits beurres de l'arrondissement d'Avesnes pour le reste du département.

§ 3.

FABRICATION DU FROMAGE.

Le lait écrémé est mis immédiatement en présure, et, au bout d'une heure au plus, il est pris en caillé; la présure solide dont on se sert habituellement forme une espèce de pâte qu'on délaye d'abord dans un peu de lait aigre. L'habitude fait apprécier les quantités à employer; on chauffe habituellement le lait jusqu'à ce qu'il ait atteint une température de 25 à 30°.

Quelques fabricants versent la masse de caillé sur un linge superposé à un de ces baquets peu profonds à trépied, dont nous avons indiqué la forme fig. 33; les bords du linge sont ensuite relevés, et on l'enlève, laissant ainsi la plus grande partie du petit lait dans le baquet; on fait

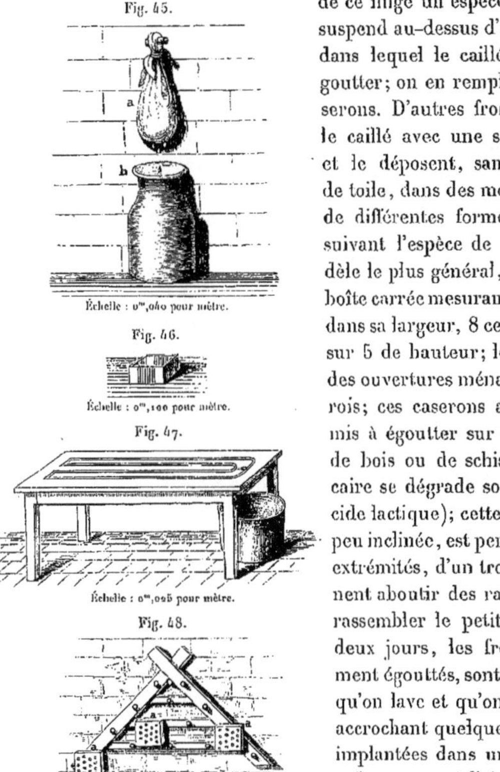

Fig. 45.

Échelle : 0^m,040 pour mètre.

Fig. 46.

Échelle : 0^m,100 pour mètre.

Fig. 47.

Échelle : 0^m,025 pour mètre.

Fig. 48.

Échelle : 0^m,050 pour mètre.

de ce linge un espèce de nouet qu'on suspend au-dessus d'un vase, fig. 45, dans lequel le caillé achève de s'égoutter; on en remplit ensuite les caserons. D'autres fromagers enlèvent le caillé avec une sorte d'écumoire, et le déposent, sans l'intermédiaire de toile, dans des moules ou caserons de différentes formes et grandeurs, suivant l'espèce de fromage; le modèle le plus général, fig. 46, est une boîte carrée mesurant intérieurement, dans sa largeur, 8 centimètres de côté sur 5 de hauteur; le lait s'écoule par des ouvertures ménagées dans les parois; ces caserons ainsi remplis sont mis à égoutter sur une grande table de bois ou de schiste (la pierre calcaire se dégrade sous l'action de l'acide lactique); cette table, fig. 47, un peu inclinée, est percée, à l'une de ses extrémités, d'un trou a, auquel viennent aboutir des rainures destinées à rassembler le petit lait; au bout de deux jours, les fromages, suffisamment égouttés, sont sortis des moules, qu'on lave et qu'on fait sécher en les accrochant quelquefois à des chevilles implantées dans un châssis, fig. 48, qu'on expose à l'air.

Les fromages, replacés sur une autre table ou sur de petites nattes, sont retournés quatre fois par jour, pendant trois jours environ.

Les producteurs livrent ordinairement les fromages *en blanc*, soit aux consommateurs, soit à des marchands qui les font affiner. Pour conserver les fromages jusqu'à la livraison, les faire durcir et leur donner du poids, on les dispose ordinairement sur plusieurs rangs de hauteur dans une caisse, fig. 49, où ils sont immergés dans l'eau salée.

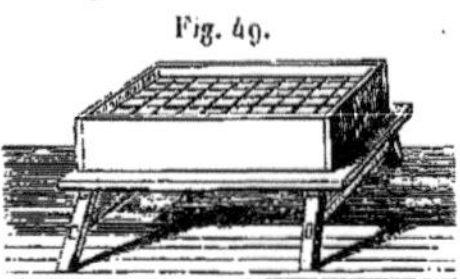

Fig. 49.

Échelle : 0^m,060 pour mètre.

Ces fromages, dont le volume diminue graduellement depuis leur sortie du caseron, mesurent, lorsqu'on les livre aux marchands, 6 centimètres sur une face et 4 sur l'autre. On nomme ces petits fromages des *larrons*; la douzaine pèse environ 2^k,5, et se vend, suivant le cours et la saison, de 1 fr. 20 cent. à 1 fr. 50 cent. Ces fromages sont d'autant plus lourds qu'ils sont plus gras, ce qui tient à la grande porosité des fromages maigres.

On fait affiner ces fromages à la cave en les mouillant avec de la bière[1] et en les retournant journellement; des tablettes rondes, supportées par un axe vertical tournant à volonté, facilitent beaucoup le travail.

On fabrique également, dans les divers cantons de l'arrondissement d'Avesnes et de Vervins, des fromages dits de Maroilles; d'une plus grande dimension, ils mesurent de côté 0^m,10 sur une épaisseur de 0^m,35 . et pèsent affinés 3 à 4 hectogrammes. Ils sont ordinairement moins maigres que les larrons; ils se vendent à Paris 50 à 75 centimes, suivant le cours.

Enfin, il se fait quelquefois à Maroilles des fromages très-fins, livrés rarement au commerce, qui ne veut pas les payer suffisamment : ce sont les *dauphins*, ainsi nommés de leur forme, fig. 50, qui rappelle un peu celle de ce poisson. Ce fromage, fait avec un lait auquel on ajoute encore quelquefois de la crème, est persillé ou non persillé; le persillage se fait avec un mélange d'estragon et de persil hachés très-fin; le fromage est soumis à une pression plus prolongée; affiné lentement, il est excellent.

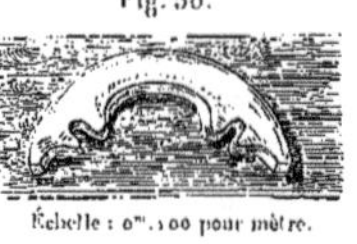

Fig. 50.

Échelle : 0^m,100 pour mètre.

On utilise encore le lait de beurre pour fabriquer un autre fromage. On

____

[1] La bière a également la propriété, par son amertume, d'éloigner les mouches.

fait bouillir ce liquide et on en extrait une espèce de serai qui est fortement pilé, malaxé, quelquefois persillé; ce serai, placé dans un vase, est abandonné dans une armoire à une fermentation lente, qui le convertit en une espèce de gras fondu. La fabrication du fromage façon de Maroilles est répandue dans un rayon fort étendu. On en fait dans les arrondissements de Vervins, Saint-Quentin. La plus grande quantité de ces fromages se vend dans les départements du Nord de la France; le fromage connu dans les marchés de Paris sous le nom de tuile de Flandres n'est qu'un fromage de Maroilles de plus grande dimension, et du poids de 4 à 5 hectogrammes au plus. Dans l'évaluation de la consommation parisienne pour 1853, M. Husson fait entrer les *tuiles de Flandre* pour $87,587^k$ et les fromages de Maroilles pour $93,750$, total $181,000^k$.

SECTION III.

GROUPE DU LITTORAL ARTÉSIEN PICARD.

Nous réunissons ces deux divisions de la région occupée par la race flamande, parce qu'au point de vue de la production laitière, il existe entre elles une certaine analogie.

Dans le Pas-de-Calais, la Somme et l'Aisne, la laiterie n'a qu'une importance locale, importance très-grande cependant, si on considère la consommation considérable à laquelle elle doit fournir. Une partie du lait en nature est absorbée par les élèves ou par l'engraissement des veaux destinés à la boucherie de ces départements; une portion plus considérable s'écoule dans les centres de population si rapprochés dans cette partie de la France; enfin, le reste, dépouillé de la partie butyreuse, qui se transforme en beurre pour ces mêmes centres, fournit à l'alimentation de la population rurale.

Dans le Pas-de-Calais, il ne se fait qu'une quantité insignifiante de fromages; dans l'Aisne, l'arrondissement de Vervins continue, sur quelques points, le système de fabrication de Maroilles; et, dans la Somme, les environs de Montdidier livrent une certaine quantité de fromages à peu près de même espèce, dont nous parlerons plus loin.

Les plaines de la Picardie, le Santerre, le Valois, le Soissonnais, ne donnent à la laiterie qu'une attention secondaire.

Nous passons de suite au 4ᵉ groupe de la région, le *rayon de Paris*, où la production laitière prend une importance beaucoup plus grande par suite du débouché que lui fournit la consommation de la capitale. Nous retrouvons, d'ailleurs, dans ce rayon, qui envahit déjà une partie des départements du groupe artésien-picard, quelques conditions de stabulation et de régime assez analogues à celles de ce groupe même pour que nous puissions les confondre dans une même description.

SECTION IV.

RAYON DE PARIS.

Ce qui caractérise surtout la production laitière du rayon de Paris, c'est la vente du lait en nature pour la consommation de cette vaste cité. Il se fait cependant encore dans ce rayon une certaine quantité de fromage frais, et même affiné. Un paragraphe spécial sera consacré à ces produits fournis particulièrement par l'Oise et Seine-et-Marne.

§ 1.

ÉTABLES ET RÉGIME.

Par suite du régime presque exclusivement stabulaire des fermes du rayon de Paris, le cultivateur a senti de bonne heure la nécessité de donner à ses étables des dispositions convenables; on trouve donc, en général, dans les grandes fermes des plaines de la Picardie de la *France*, de la Brie, des vacheries construites sur un bon modèle. La Picardie, cependant, est encore, à cet égard, en arrière sur quelques points; beaucoup de bâtiments sont en *torchis*, espèce de lattis hourdi en terre, qui se dégrade avec une facilité extrême. Dans l'intérieur peu spacieux des étables, les animaux sont entassés, privés souvent de lumière et d'air; le sol, en craie battue et mal uni, ne laisse qu'un écoulement insuffisant aux urines.

Il est peu de villages cependant, aujourd'hui, où, près de ces vieilles fermes qui disparaissent tous les jours, détruites trop souvent par l'incendie, il ne s'élève quelques bâtiments modernes en briques, à la toiture de panne ou d'ardoise. La confection de briques en meule cuites à la houille, méthode qui s'étend presque jusqu'aux limites nord de la Seine, est entrée pour beaucoup dans cette révolution. Dans les départements de la Somme et de l'Oise, des propriétaires ont fait construire des fermes où l'architecture rurale a même déployé un certain luxe; on peut citer dans ce genre la ferme de M. le marquis de Vallanglard, à Moyenneville (Somme): celle de M. Wasselle d'Hétomesnil (Oise); la ferme de M. Bertin, à Roye; celle de M. Lenglet, au Mesnil-Saint-Georges; la ferme de Belle-Assise, etc. Je nomme seulement les plus nouvellement construites.

Dans la ferme de M. de Vallanglard l'étable est à double rang, la tête

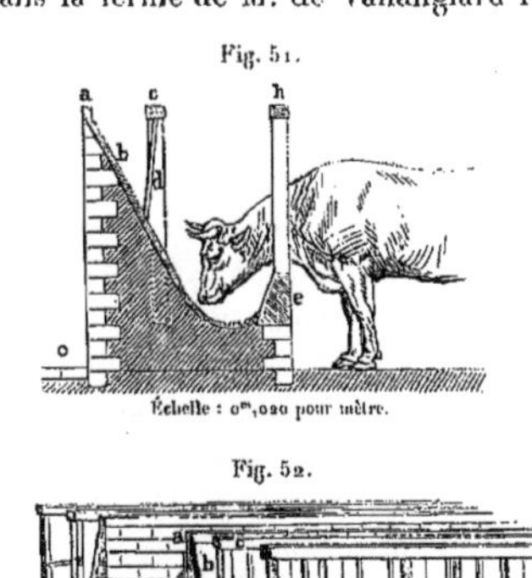

Fig. 51.

Échelle : o^m,o2o pour mètre.

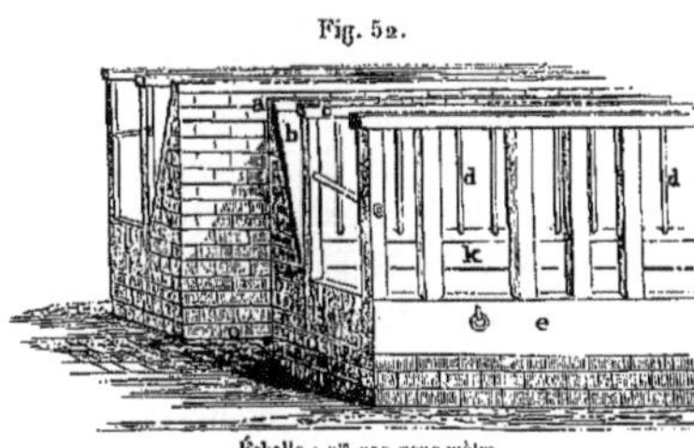

Fig. 52.

Échelle : o^m,o2o pour mètre.

des animaux tournée vers un passage qui sépare les deux rangs; on voit, en perspective, dans la figure 51, le système de râtelier-mangeoire de cette étable; la lettre *o* désigne le passage par lequel on amène le fourrage, qu'on jette par-dessus la séparation *a* dans le ratelier *b*, dont on voit les roulons *dd;* dans la figure 52, l'ensemble du râtelier-mangeoire est vu par sa face antérieure. L'animal ne peut atteindre l'intérieur de la mangeoire ou le râtelier qu'en passant la tête entre les barreaux d'une espèce de grille, appuyée à sa partie inférieure sur le bord de la mangeoire *e*, et assemblée en haut avec une forte traverse ou sommier *h*. L'écartement des barreaux n'est pas le même; entre ceux du milieu, qui limitent l'entrée *k*, où passe la tête de l'animal, la distance est de o^m,40, et seulement de o^m,25 entre les autres.

Cette disposition se remarque plus ou moins modifiée dans les étables du centre de la France, du Berry, du Limousin, etc., avec cette différence

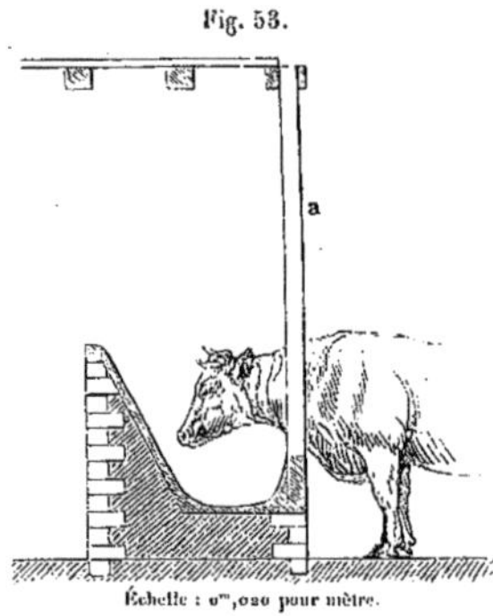

Fig. 53.

Échelle : 0^m,020 pour mètre.

que la grille *a*, fig. 53, monte, en général, jusqu'au plancher haut, et que ces étables sont dépourvues de râteliers. Chez M. de Vallanglard, la grille, au contraire, n'a que 1^m,5o de haut, disposition moins solide peut-être, mais qui ne coupe pas la vue de l'étable.

Dans la ferme d'Hétomesnil les étables sont également à deux rangs dans le travers de l'étable, avec passage. Nous en donnons le croquis de mémoire, fig. 54 : il n'y a pas de grille, mais des stalles en planches *a* séparent les animaux; *c* est le plan incliné de l'intérieur du râtelier, *b* le râtelier lui-même.

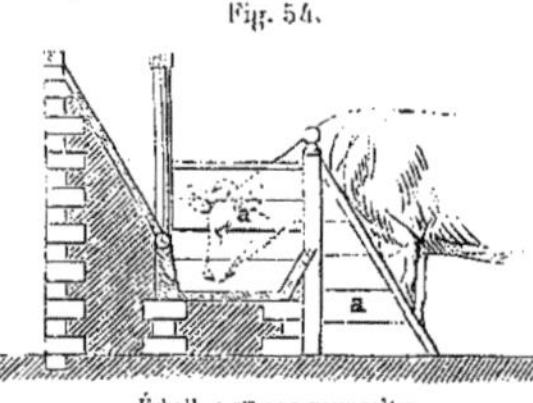

Fig. 54.

Échelle : 0^m,020 pour mètre.

Nous avons visité, dans la Somme et l'Oise, beaucoup de vacheries établies dans de bonnes conditions. Nous citerons celles de M. Salmon, à Saint-Fuscien; de M. Varembourg, à Marcelcave; de M. Lenglet, à Sains; de M. Demouy, au Plessiel; de M. Tassard, à Grivenne, arrondissement de Montdidier; celle de M. Rouget, au bois du Fecq, près Beauvais. Ce qui nous a paru digne d'attention dans cette dernière ferme, remarquable à plusieurs égards, c'est la distribution des eaux dans toutes les parties de l'établissement, au moyen d'une pompe mise en mouvement par une machine à vapeur, qui fait d'ailleurs marcher une machine à battre, un moulin à farine, et fournit le calorique pour la cuisson des aliments d'une belle porcherie.

La question de l'abreuvement des bestiaux est importante dans la Picardie, où les puits, profondément creusés dans la craie, ne donnent qu'avec un travail pénible des eaux froides et calcaires; les mares suppléent, jusqu'à un certain point, à cette pénurie; malheureusement la plupart deviennent le réceptacle de toutes les ordures du village, et prennent cette couleur brune qui fait donner à leurs eaux le nom de *roussi;* quoique ces eaux soient préférées par les animaux, il est difficile de croire qu'elles sont toujours salubres. Les mares tarissent d'ailleurs assez fréquemment. Un des plus grands bienfaits pour les villages de la Picardie, comme pour ceux de la Beauce et des plaines sèches si communes en France, serait la création de grands réservoirs publics alimentés au moyen de pompes mues par le vent ou la vapeur. Les populations y trouveraient des eaux salubres pour les besoins du ménage et de l'hygiène, la propreté et l'abreuvement de leurs bestiaux. Une dépense relativement peu considérable suffirait à la création de ces établissements de première nécessité. Partout où les communes ont des revenus, le premier comme le plus utile emploi qu'elles en font, c'est de créer des fontaines, des abreuvoirs et des lavoirs publics. Une prime, accordée aux communes de la Picardie qui entreraient dans cette voie, serait, suivant nous, l'un des encouragements les plus utiles. Les nouvelles constructions, couvertes en ardoises ou en panne, permettent de recevoir les eaux pluviales dans des réservoirs en pierre ou en zinc; c'est une méthode qu'il est à désirer de voir propager en la perfectionnant. Ainsi ces réservoirs, qui fournissent l'eau au ménage, pourraient être munis de filtres; ils devraient être renfermés dans une enveloppe de paille, corps peu conducteur du calorique, afin d'éviter l'action de la gelée ou d'un soleil trop ardent. A Grignon, on a eu la bonne pensée de recevoir les eaux pluviales dans des réservoirs placés dans les étables mêmes; de simples conduits peuvent répartir sur tous les points une eau salubre et d'une température toujours convenable.

La Brie a beaucoup de belles vacheries, en laissant à part quelques constructions de luxe, comme celle de M. de Rotschild, à Ferrières, les étables circulaires de Villeflix, près Neuilly-sur-Marne, etc. On peut citer un assez grand nombre de fermes d'une architecture bien entendue, telles que celles de MM. Michel, à Andrezelles; Buignet, à Chelles; Mongrolle du Genitoy; Giot de Chevry, Garnot de Villaroche, Dutfoy d'Éprunes, Decauville d'Égrenay; les fermes de Cossigny, Cramayel, Beaubourg, La Grange, etc. Parmi les laiteries convenablement disposées, nous indiquerons celles de MM. Bernier de May, Charpentier de Magny-le-Hongre,

Martin de Willemareuil, Jamas de Moiras, et de Marcy, Boulingre de Coulomb, que nous retrouverons plus loin parmi les principaux fabricants de fromage.

Le régime des laiteries du rayon de Paris peut se résumer dans trois méthodes différentes : 1° achat de jeunes vaches dont on tire un veau ou deux et qu'on revend ensuite aux laitiers; 2° achat de vaches faites qu'on conserve jusqu'à l'âge où elles deviennent impropres au service et qu'on réforme pour les vendre maigres ou grasses; 3° achat de vaches en pleine lactation, qu'on soumet à un régime d'alimentation très-abondant, de manière qu'alors que le lait diminue, la vache engraissant, on puisse la livrer à la boucherie après un an ou deux de lactation.

Les deux premières méthodes sont suivies dans les plus grandes fermes du rayon de Paris même, et par les petits cultivateurs et ménagers; mais la première est plus particulièrement adoptée dans le Pas-de-Calais et la Somme.

La troisième méthode est celle des nourrisseurs ou laitiers des environs de la capitale.

Dans ces divers systèmes, la vache est très-rarement élevée dans l'exploitation; elle est, pour l'immense majorité, fournie par les pays d'élèves déjà indiqués. Nous retraçons rapidement ici le mouvement général auquel donne lieu le commerce du bétail flamand dans la région qu'il occupe.

La vache flamande, boulonnaise, maroillaise ou picarde, avant d'arriver dans le rayon de Paris, a fait presque toujours quelques stations plus ou moins longues sur le trajet. Sortie génisse de la Flandre, du Boulonnais ou de l'Artois, on la retrouve *mère-vache* dans le rayon de Paris; mais il est fort difficile de la suivre dans ses pérégrinations et dans ses mutations de maîtres; on ne peut qu'esquisser ici le mouvement général qui fait rayonner les bestiaux du lieu d'origine vers le centre parisien.

Des pâtures des arrondissements de Dunkerque et d'Hazebrouck, où nous les avons vues naître, il sort chaque année, principalement vers le printemps et l'automne (à l'entrée et à la sortie de l'hivernage), sept ou huit mille têtes de génisses, mères ou taurillons, enlevés soit dans les fermes, soit sur les foires et les marchés de Bergues, Hazebrouck, Dunkerque, Cassel, Stenworde, Warmoudth, Merville, etc.; de ces émigrants une partie se dirige du côté de Béthune, Arras, Bapaume, Péronne, et vient sur les foires de ces arrondissements se joindre à quelques élèves artésiens et picards. Il s'établit en ce point un centre de commerce de bétail qui s'étend jusqu'à Blérancourt, et fournit une partie des arrondissements de Saint-Quentin, Laon, Soissons, de vaches flamandes et picardes; mais la masse des exportations du pays flamand descend par Saint-Omer, Aire, Lillers, dans les arrondissements de Saint-Pol et Doullens, où elle s'augmente encore des arrivages considérables du Boulonnais et du Ponthieu, fournis par les foires et marchés du Wast, d'Hucqueliers, de Montreuil, d'Étaples, de Nampont, d'Hesdin. Les génisses se répandent dans les fermes de la Somme et du Pas-de-Calais pour y vieillir un an ou deux. Les mères continuent leur route vers le rayon de Paris. Les foires de Tricot, Gournay-sur-Aronde, Montdidier, Élincourt, Ressons, Albert, Corbie, les marchés de Saint-Just et surtout ceux de Breteuil, forment en quelque sorte la dernière étape de l'émigration flamande et boulonnaise. C'est là que les marchands du rayon de Paris viennent les acheter pour les répartir dans l'Oise, Seine-et-Oise, Seine-et-Marne, ou les diriger sur le marché de la Chapelle-Saint-Denis, qui approvisionne les environs de Paris.

Les chemins de fer commencent à jouer aujourd'hui un rôle assez important dans ce mouvement du bétail français, pour que nous disions un mot des moyens matériels et des conditions de transport mis par ces compagnies à la disposition du commerce des bestiaux.

Les waggons employés sur le chemin de fer du Nord, qui fait le transport des bêtes flamandes, sont de trois espèces : les waggons de chevaux;

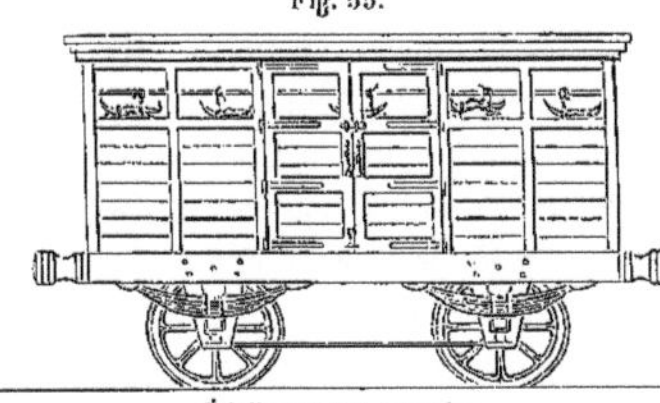

Fig. 55.

Échelle : o^m,o12 pour mètre.

ceux de bœufs, vaches, veaux et porcs; enfin les waggons à moutons dits *bergeries;* la plupart de ces derniers à deux planchers. En été on se sert encore avec avantage, pour le transport des animaux, des grands waggons à claire-voie destinés aux marchandises. Nous ne devons nous occuper ici que des waggons destinés à l'espèce bovine. Un dessin en fera mieux comprendre les dispositions. La fig. 55

donne l'élévation d'un waggon à bestiaux du chemin de fer du Nord, et la

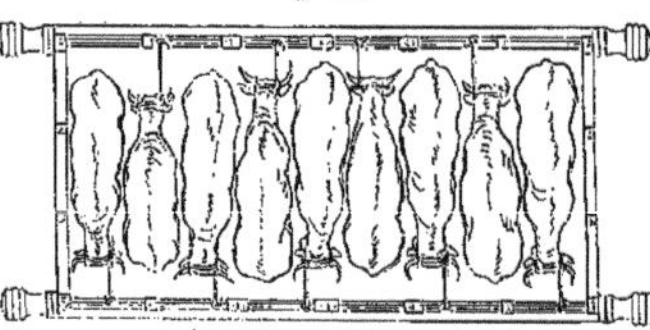

figure 56, le plan du même waggon, dont le haut est enlevé de manière qu'on puisse apercevoir les vaches qui y sont rangées. Ces écuries ont intérieurement 2ᵐ,40 de large sur 4ᵐ,50 de longueur, et 1ᵐ,60 de hauteur. Les dispositions des waggons à bestiaux varient un peu dans les divers chemins de fer. Les waggons-écuries de Lyon et d'Orléans sont un peu plus vastes, les portes sont quelquefois à coulisse ou à rabattement; cette dernière disposition a lieu principalement pour les bergeries ou les écuries à chevaux.

D'après les tarifs de la compagnie, les waggons sont, dans le transport par tête, considérés comme ne contenant que cinq animaux, bœufs ou vaches. Dans ce mode de transport, une bête paye 1/5 ou 1/6 du prix total du waggon entier; mais les expéditeurs qui louent un waggon entier peuvent y mettre le nombre d'animaux qu'ils jugent convenable; la compagnie ne répond pas cependant des accidents qui peuvent survenir par suite de l'entassement des animaux dans les écuries, toutes les fois que le nombre six est dépassé; une place gratuite pour le conducteur est accordée par waggon complet. Sauf quelques différences tenant à des conditions particulières, le prix de transport de l'espèce bovine est d'environ 10 centimes par tête et par kilomètre pour les bœufs et vaches, moitié pour les veaux. Le prix du waggon complet est de 45 à 55 centimes par kilomètre en petite vitesse, (20 à 25 kilomètres à l'heure); les marchands qui peuvent charger un waggon entier ont un avantage qui s'élève quelquefois à une réduction de moitié des frais de transport. Pour le transport à grande vitesse des bœufs et vaches, le prix est de 15 à 20 centimes par kilomètre et par tête, on paye en plus 2 francs de chargement et de déchargement. Les marchands qui amènent des vaches de Breteuil à Paris en entassent jusqu'à neuf de taille moyenne dans les waggons, ce qui ne donne en largeur pour chaque bête que 0ᵐ,50. L'animal est attaché par la longe aux tringles en fer qui traversent les portières. Le trajet ne dure que quelques heures,

et de temps et temps le conducteur s'assure de l'état des animaux. En hiver les portières sont closes par des bâches. Pour des animaux d'une
plus grande taille et pour un parcours plus considérable, l'espace serait
sans doute augmenté pour chaque animal; toutefois, on a reconnu que
des animaux pressés se maintenaient mieux debout et recevaient d'une
manière moins violente les contre-coups qui pouvaient se produire lors des
temps d'arrêt, circonstance importante pour des femelles voyageant très-
souvent à l'état de gestation. Le danger de la contagion de certaines maladies, telles que la cocote, la péripneumonie même, a été objecté contre
le transport dans les waggons. Ce danger n'a pas été établi d'une manière
bien positive; en tous cas, quelques soins de propreté, tels que le lessi-
vage périodique de l'intérieur des waggons et le lavage du parquet à l'eau
chlorurée atténueraient sans doute beaucoup ce danger.

Le nombre de vaches transporté, en 1856, par le chemin de fer du Nord
pour Paris, d'après les relevés de la comptabilité de la compagnie, est
de 10 à 11,000 têtes : c'est au mois de juin que les arrivages sont les
plus considérables.

Revenons aux modes de régime des vacheries les plus spécialement
adoptés dans le rayon de Paris.

Dans les grandes fermes les plus éloignées des centres de consommation, la destination d'une vacherie est spécialement de transformer en lait
ou en fumier certains produits qu'on ne peut vendre en nature, tels que
pailles, menues pailles, regain sur pied, fourrages médiocres; près des
grandes villes, où tout peut se vendre, et d'où on peut ramener des fumiers;
souvent la vacherie est supprimée; l'alimentation de la vache à la ferme est
donc moins riche que chez le laitier ou le nourrisseur proprement dit. On
suit fréquemment la deuxième méthode indiquée plus haut; on achète
des vaches d'un prix moyen; on leur fait faire des veaux qu'on engraisse,
ou on vend soit le lait en nature, soit le beurre qu'on en retire; les bonnes
laitières sont conservées jusqu'à ce qu'elles soient usées; on se défait des
médiocres.

Le régime de ces fermes est la stabulation à peu près continue; il n'y a
d'exception que pour la dépaissance de quelques regains de prairies naturelles ou artificielles.

Le régime d'été consiste en fourrages verts, qui se succèdent de manière à ce que l'animal n'en manque jamais; dès le 15 avril, on fauche des navets en fleurs, des seigles, des escourgeons, de l'hivernage; quelques cultivateurs continuent par le maïs en vert, les deuxièmes coupes de trèfle, etc.

Le régime d'hiver a lieu de novembre en mai : il se compose de menues pailles de froment, paille d'avoine, regain ou trèfle, racines ou pulpes, si une usine est dans les environs; cette dernière substance est peu estimée pour la production du lait, surtout quand elle a contracté une certaine acidité; le son et les recoupes sont ajoutés pour la vache laitière. La ration d'une vache de 500 kilogrammes, poids vif, est environ de :

Racines	25 kilog. équivalant en foin à	6 kilog.
Regain	5	5
Paille d'avoine	6	2
Son	1	2

Ces proportions varient cependant; on peut évaluer la ration en foin à 2 1/2 ou 3 p. o/o du poids de l'animal.

Il est peu d'étables où une comptabilité régulière permette de constater le rendement en lait par vache; on ne peut indiquer que des moyennes plus ou moins rapprochées de la vérité. Une étable composée de 20 vaches flamandes donne habituellement 16 à 18 veaux par année. Les saillies manquées, les avortements, les parts difficiles, les maladies, réduisent presque toujours le nombre des vaches traites dans la proportion de 12 à 15 p. o/o; il reste donc 17 vaches traites.

On peut admettre que chaque vache donnera en moyenne, fraîche vêlée, 10 litres [1] *minimum*, 22 *maximum*. Le produit diminue progressivement jusqu'au nouveau vêlage: on la trait un mois ou six semaines avant cette époque.

La progression décroissante du lait est loin d'être régulière; mais, si nous adoptons une échelle, résultat d'observations exactes faites à l'école de Grignon, et qui ne doivent pas s'éloigner de beaucoup de la marche générale de la lactation, on arriverait au produit suivant :

----

[1] Les vaches donnant 30 litres de lait sont tout à fait exceptionnelles.

1er mois	16,0 litres	×	30	=	480 litres.
2e	14,5				435
3e	13,0				390
4e	12,0				360
5e	11,0				330
6e	10,5				315
7e	9,0				270
8e	8,0				240
9e	5,5				165
10e	5,0				150
11e	4,0				60
					3,195

C'est une moyenne de 10 litres par jour de traite[1], ou, pour toute l'année, 8l,4. Comparé au poids de l'animal, le produit journalier en lait serait de 1,7 p. o/o, et son rapport avec la nourriture réduite en foin de 55 p. o/o environ. Nous ne donnons tous ces chiffres que comme des approximations et pour engager les agriculteurs agronomes qui sont à même de le faire, à recueillir des faits plus positifs. Le chiffre de 8 litres pour les fermes où les vaches ne sont alimentées qu'avec les pailles ou les fourrages médiocres des fermes est trop élevé, nous pensons qu'on peut réduire à 5 litres le rendement journalier moyen, ou 1,825 litres pour toute l'année.

Le troisième système de régime des vaches laitières, qui consiste à ne conserver que les meilleurs donneuses en les soumettant à un régime alimentaire abondant, provoquant la sécrétion du lait ou celle de la graisse quand la première se ralentit, est celui des laitiers les plus rapprochés des grands centres de consommation. Il est depuis longtemps adopté dans les vacheries de Paris et de la banlieue, et c'est sans doute de cette méthode intensive d'alimentation qu'ils ont pris le nom de *nourrisseurs*. Les laitiers des environs de Valenciennes sont connus sous le nom de *noreliers*, mot qui répond évidemment à la même signification. Quelques fermes rapprochées de Paris, telles que celles de MM. Pluchet et Dailly, à Trappes, ont adopté un système à peu près analogue. Les avantages de ce régime,

' A Grignon, on a compté une moyenne annuelle de 11 litres par vache traite et 8,39 litres pour toute une étable. Ces chiffres résultent des jaugeages mensuels faits par les élèves de l'école.

sont, 1° d'obtenir de l'animal et des aliments qu'on lui donne le *maximum* de produit; 2° de le maintenir toujours dans un état convenable, de manière qu'il puisse, en cas d'accident, être abattu sans trop grande perte. Les inconvénients sont d'exiger un capital plus élevé, et de soumettre les animaux à un régime forcé, qui agit quelquefois défavorablement sur leur santé.

Il ne reste aujourd'hui qu'un petit nombre de nourrisseurs dans l'enceinte de Paris, et la police municipale ne permet pas d'établissements nouveaux. Dans la banlieue de Paris, il en existe encore un assez grand nombre qui cultivent quelques pièces de terre pour fournir leurs étables de vert et de racines.

Le nombre des vaches du département de la Seine était de 16,000 en 1840; il ne dépasse pas 10 à 11,000 aujourd'hui.

Les 2/3 de ces animaux sont de race ou sous-race flamande; 1/3 de race normande; ce sont, pour la plupart, des bêtes d'élite, qui s'achètent ordinairement sur les marchés de *la Chapelle, la Maison Blanche* (barrière Fontainebleau) et des *Batignolles;* 6 à 7,000 vaches environ sont amenées sur ces marchés[1]; le prix moyen, qui n'était il y a quelques années que 200 à 300 francs, a dépassé 400 francs en 1855 et 1856.

La base de la nourriture des vaches des nourrisseurs consiste en fourrages verts pendant l'été, racines et regain de luzerne pendant l'hiver: la paille d'avoine fait partie de l'affourragement. Les issues de mouture, son et recoupettes entrent également pour une quantité assez importante dans l'alimentation, une vache de 500 kilogrammes reçoit par jour :

Regain........	5 kilog. évalués...................	0ʳ 35ᶜ
Paille d'avoine..	4.............................	0 16
Remoulage.. ..	5.............................	0 75
Racines........	20............................	0 20
		1 76[2]

Cette ration, réduite en foin, représenterait au moins 4 p. 0/0 du poids

[1] Les principaux marchands sont MM. Le Bègue, Prudhomme, Fleury, Duchesne.
[2] Cette moyenne s'est élevée dans ces dernières années.

de l'animal vivant; avec ce régime, les vaches bien tenues, quand elles ont
été achetées fraîches vêlées, donnent en moyenne 12 litres de lait la première année, 6 à 8, la seconde; mais, dans cette deuxième période, elles
font de la graisse, et leur poids s'élève de 500 à 700 kilogrammes.

Le commerce du lait en nature étant la spéculation principale à laquelle donne lieu l'entretien de l'espèce bovine dans le rayon de Paris,
nous devons lui consacrer un peu plus de développement. Le grand centre
de consommation qu'il approvisionne lui donne d'ailleurs une importance
exceptionnelle.

§ 2.

LAITERIE ET COMMERCE DU LAIT.

Vente du lait en nature. — La production du lait pour Paris a été longtemps restreinte à un rayon limité autour de cette capitale. Il y a vingt
ans la plus grande partie du lait consommé n'arrivait que d'une distance de 25 à 30 kilomètres; Paris et sa banlieue possédaient en outre
un grand nombre de vacheries; le commerce du lait se faisait par l'intermédiaire de petits laitiers, dits ramasseurs, réunissant péniblement 150 à
200 litres de lait, qu'ils amenaient la nuit dans des charrettes, dont le
cheval marchait au pas. Vers 1840, il se forma plusieurs entreprises de
transport de lait par voitures conduites au train de poste, qui recueillaient
le lait jusqu'à 50 à 60 kilomètres de Paris et au delà; l'établissement des
chemins de fer permit de reculer cette limite. Dès 1845, le chemin de fer
d'Orléans transportait du lait recueilli dans la Beauce à plus de 80 kilomètres de Paris. Aujourd'hui ces transports sont organisés sur une plus
grande échelle.

M. le préfet de police a eu l'obligeance, sur l'invitation de S. Exc. M. le
ministre de l'agriculture, du commerce et des travaux publics, de faire
relever par MM. les commissaires préposés aux chemins de fer, et par l'octroi de Paris, les quantités de lait qui entrent journellement dans cette
capitale. Nous reproduisons ici les chiffres de cette enquête, que nous aurions pu restreindre aux provenances de la région habitée par la race flamande, mais que nous préférons donner complète, pour ne pas tronquer ce
travail intéressant.

Le lait est aujourd'hui fourni à Paris : 1° par des nourrisseurs établis en dedans des barrières; 2° par des nourrisseurs de la banlieue et par des laitiers recueillant dans un rayon de 20 à 25 kilomètres le lait qu'ils débitent eux-mêmes pour la plupart; 3° par des cultivateurs ou des entrepreneurs qui amènent le lait à des gares des chemins de fer, et le font transporter par cette voie à Paris, pour le distribuer ensuite dans les différents quartiers. Le lait fourni par les laiteries *intra muros* ne forme aujourd'hui qu'un appoint insignifiant dans la masse; le nombre des vaches de ces laitiers, qui était de 3,000 en 1845, ne dépasse pas aujourd'hui 1,500, et le lait produit n'excède pas par jour 12,000 à 15,000 litres.

La quantité de lait entrée dans Paris, en l'espace de vingt-quatre heures, par les barrières, a été vérifiée à deux époques différentes en 1855, au mois de mars et au mois d'août. Voici le relevé des chiffres fournis par l'octroi.

Si nous partageons les barrières en deux séries séparées par la Seine, l'une au nord, l'autre au sud, le lait entré dans Paris par chacune de ces séries se répartit ainsi :

	MARS.	AOÛT.
Barrières. { du nord	63,041 lit.	49,525 lit.
{ du sud	61,030	34,335
	124,080	103,860

La moyenne journalière, en prenant ces deux vérifications pour base, serait donc de 113,970 litres.

Quant aux chemins de fer, voici le résumé des états fournis. Nous donnons avec détail les arrivages par le chemin de fer du Nord et les autres en masse.

Chemin du Nord (6 février 1856). — Les expéditions se font au nom de huit entrepreneurs, dont le plus important, M. Petit, envoie 24,000 litres. Les autres expédient de 6 à 8,000 litres. Les centres d'expédition sont au nombre de douze, dont le plus éloigné est Saint-Just, 96 kilomètres de Paris.

Pontoise	26,861 litres.
Boran	1,126
Auvers	2,594
Pont-Sainte-Maxence	1,222
Clermont	16,186
Saint-Just	3,720
Beaumont	9,100
Précy	810
Creil	530
Verberie	50
Ailly-sur-Noye	440
L'Isle-Adam	1,218
Total	96,757 litres.

Chemin de l'Ouest. — Les expéditeurs sont seulement au nombre de sept. MM. Lefèvre et Bournibus expédient seuls environ 30,000 litres de lait; viennent ensuite MM. Poueltre 11,000, Arnoult 8,000, etc. Le 7 février 1856, il est arrivé par ce chemin de fer, à la gare de Saint-Lazare, expédiés de neuf stations dont la plus éloignée est Beuil, 81 kilomètres de Paris, 59,164 litres, et à la gare de Mont-Parnasse, de sept stations, dont la Loupe, à 177 kilomètres de Paris, est la dernière, 10,558, en tout 69,522 litres.

Chemin d'Orléans. — Les expéditeurs sont nombreux; il n'en est pas qui dépasse 2,800 à 3,000 litres. Les principaux sont MM. Prévost et Désiré, à Étampes, Vinot et Lecomte, à Bouray, Tarlet à Monerville. La station d'expédition la plus éloignée est Beaugency, à 148 kilomètres de Paris. Arrivage du 7 février 1856 : 34,185 litres.

Chemin de Lyon. — La station expéditrice la plus éloignée est Montereau, à 79 kilomètres de Paris. Le 7 février 1856, il a été expédié 15,759 litres de lait.

Chemin de l'Est. — Station expéditrice la plus éloignée, Vitry-la-Ville, à 188 kilomètres de Paris. Arrivage du 7 février : 1,610 litres.

En résumé, si, en prenant pour base les chiffres ci-dessus, on essayait d'en déduire la quantité de lait fournie chaque jour à la capitale, on obtiendrait les résultats suivants :

Arrivages par le chemin de fer de l'Ouest...... 69,722^l		
————————————— du Nord....... 66,957		
————————————— d'Orléans...... 34,185	188,233 litres.
————————————— de Lyon....... 15,759	
————————————— de l'Est........ 11,610	
Arrivages par voitures particulières................... 113,970	
Produit par les vacheries *intra muros*................. 15,000	
Total........... 317,203	

Il entrerait ainsi annuellement à Paris 119,429,095 litres de lait. M. Husson, le savant auteur du Livre des consommations de Paris, dont nous n'avons connu le travail que lorsque les éléments du nôtre étaient recueillis, est arrivé au chiffre de 109,291,000 litres, un peu inférieur, mais cette différence s'expliquerait par la date un peu plus ancienne des documents sur lesquels il s'appuie; l'augmentation seule du chiffre des arrivages annuels des chemins de fer, constatés pour 1855, comparés à ceux de 1854, pris pour base des calculs de M. Husson, suffirait pour combler la différence de nos deux évaluations.

Nous avons indiqué, par une ligne tracée sur notre carte, les points extrêmes où s'arrêtent les expéditions du lait pour Paris.

Le laitier en gros qui expédie sur Paris fait recueillir (*ramasser* suivant le terme consacré) le lait chez les cultivateurs, et le réunit dans un centre de réception d'où il est transporté au chemin de fer et de là dirigé sur Paris; arrivé à Paris, il est distribué chez les crémiers et les laitiers détaillants. Le lait voyage sur les chemins de fer dans des waggons spéciaux, dont la fig. 57 indique la disposition. Ces waggons sont ordinairement à

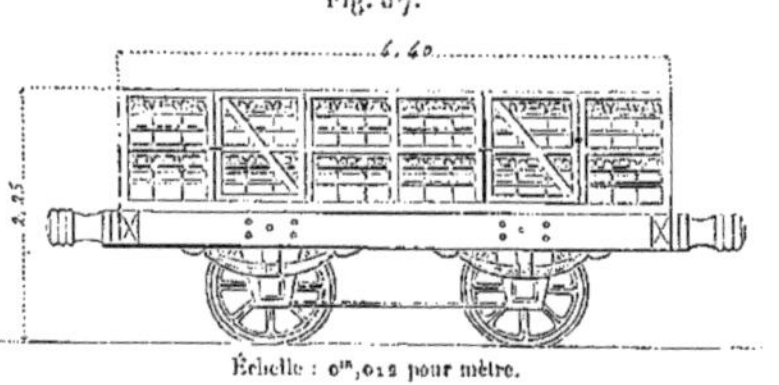

Fig. 57.

Échelle : 0^m,012 pour mètre.

double plancher; le chemin de fer de l'Ouest en a même établi à trois planchers. Ces planchers sont à claire-voie, ainsi que les côtés mêmes des waggons; ils ont deux portes correspondant à deux passages par lesquels on peut placer les boîtes dans les compartiments du milieu et des deux extrémités; on peut encore remplir les passages soit d'un seul, soit de deux étages de boîtes, en ajoutant, dans ce dernier cas, un faux plancher. Le lait est renfermé dans des boîtes en fer étamé, dont la capacité et le volume sont combinés pour l'arrimage le plus convenable dans les waggons. Sur le chemin du Nord, les waggons, longs de 4,^{m}40 sur 2^m.50 de large, peuvent recevoir 10 rangs de 16 boîtes contenant chacune 25 litres de lait, soit 4,000 litres par waggon; quelquefois, en un point du waggon et au-dessus des boîtes, est disposée une guérite pour le laitier.

La boîte à lait, fig. 58, A, est en fer battu étamé, trois cercles de fer la consolident, l'ouverture est parfaitement calibrée au tour, ainsi que le couvercle, qui est fermé hermétiquement. Ce couvercle, vu en dessus, fig. 58, C, et en coupe B, forme une petite boîte cylindrique ouverte à sa partie supérieure où est soudée une petite lame de fer d, qui sert de poignée. Ce couvercle est attaché à la boîte à l'aide d'une chaînette e. On ajoute quelquefois un moraillon pour recevoir un cadenas, afin que des agents infidèles ne soustraient pas du lait dans le transport. Il est facile, avec ce système de couvercles, d'appliquer le plombage des boîtes proposé pour constater la provenance dans le cas où le lait aurait été fraudé par le vendeur de première main.

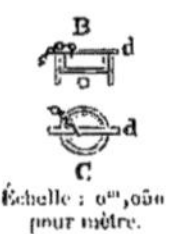

Fig. 58.

Échelle : 0^m,04 pour mètre.

L'expédition du lait demande d'assez grandes précautions, principalement en été. Il est important d'abord que le lait soit *refroidi* avant d'être enfermé dans les boîtes, autrement il *tourne* promptement; cet accident se produit rapidement aussi sous l'influence d'une température élevée ou chargée d'électricité.

Beaucoup de moyens ont été essayés pour arriver à prévenir l'altération du lait. MM. Mabru et Buffenoir ont proposé un système de bouchage qui permet de remplir les bouteilles en entier, et empêche l'introduction de l'air; mais, dans les bouteilles ainsi remplies, il ne peut se produire cette agitation du liquide qui empêche la crème de se séparer. Les deux moyens de conservation les plus efficaces sont d'abaisser autant que possible la température du liquide pendant le transport, ou de le soumettre préalablement à une espèce d'ébullition. Dans ce but, les gros laitiers établissent de grands bains-maries, chauffés à la vapeur, par lesquels le lait passe avant d'être expédié; ce procédé n'est, du reste, mis en usage que dans les chaleurs. Quelques-uns emploient des quantités considérables de glace pour refroidir le lait avant l'expédition. On se sert quelquefois, dans ce but, de couvercles qui se prolongent en un cylindre *a*, fig. 59, descendant au centre de la masse liquide contenue dans la boîte. Ce cylindre est rempli de glace. Un moyen plus simple est de faire passer rapidement le lait sur de la glace ou sur un plan incliné formé d'une feuille métallique superposée à une couche de glace. On se sert encore, pour neutraliser le principe acide qui se forme dans la fermentation du lait, de *bicarbonate de soude* (1 gramme à 1 gramme et demi par litre; quelques personnes, dit un chimiste distingué, M. Chevallier, blâment cette méthode; nous croyons qu'il n'y a rien à craindre pour la salubrité quand on emploie du bicarbonate de soude, et non de potasse, comme le font quelques laitiers qu'on trompe sur la nature du liquide *conservateur*. Malgré ces précautions, les fortes maisons de laiterie éprouvent encore des pertes. Suivant M. Chevallier, qui a fait quelques recherches à cet égard, il résulterait de comptes tenus avec soin que, pendant huit mois de l'année, on vend 95 p. o/o du lait provenant des arrivages; que, pendant quatre mois (ceux où la température est plus élevée, et où les fruits rouges abondants font concurrence à la consommation du lait), la moyenne de la vente est seulement de 80 p. o/o des arrivages. En été, les laits qui ne sont pas vendus de suite s'altèrent, et sont alors versés dans des maisons spéciales pour être convertis en fromage, en séparant la crème qui surnage. Cette conversion a lieu avec une perte de 30 à 35 p. o/o. Quand le lait se trouve à Paris, dans les lieux de production, la perte est seulement de 10 à 15 p. o/o. On fabrique principalement avec ces laits de petits fromages ronds, dits du *Mont-d'Or*, dont nous parlerons plus loin.

Fig. 59.

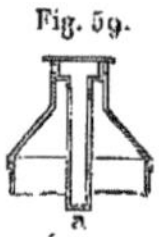

Échelle :
0m,050
pour mètre.

Le prix moyen du lait vendu au laitier, à 40 kilomètres de Paris, est de 12 centimes le litre; à 60 kilomètres, 11 centimes; au delà, 10 centimes; quelquefois le prix est plus élevé l'hiver. Le prix de transport par le chemin de fer est, d'après les tarifs, de 1 à 2 centimes, mais les gros laitiers ont des tarifs convenus. Ceux-ci supportent encore les frais de transport du centre de réception au chemin de fer, et de la gare de Paris chez les crémiers; l'ensemble de toutes ces dépenses peut s'élever à 5 centimes le litre.

Le lait venu par les chemins de fer est revendu en gros par les entrepreneurs aux crémiers de 16 à 18 centimes le litre. Les laitiers les plus rapprochés de Paris, qui vont livrer eux-mêmes aux crémiers ou aux grands établissements, obtiennent jusqu'à 20 centimes.

La vente en détail se fait à des prix très-variés:

Le lait amené par les chemins de fer	20 à 25 cent.
Le lait des vacheries de Paris et des environs	25 à 30
Le même trait sur place	40 à 50

Sous le nom de *crème*, les crémiers ou les laitiers débitent des mélanges plus ou moins crémeux, variant beaucoup de qualité et de prix. Ordinairement ce n'est que du lait additionné d'un peu de crème levée sur le lait ordinaire. Le prix est de 1 franc environ le litre; la crème à peu près pure, nommée *crème double*, se paye chez les crémiers de 1 fr. 50 cent. à 2 francs le litre.

Il est remarquable qu'au milieu du renchérissement qui s'est opéré depuis quelques années sur les denrées animales, le lait seul est resté à peu près au même prix; à Paris même, ce prix, par suite de la concurrence du lait amené par les chemins de fer, a baissé. L'administration des hospices de Paris, qui payait avant 1830 jusqu'à 25 centimes le litre, n'a payé que 18^c,43 de 1838 à 1849; depuis, ce chiffre, après être descendu même à 14^c,33, est remonté, dans ces trois dernières années, à une moyenne plus en rapport avec les conditions de la production. Voici les prix moyens d'adjudication de 1849 à 1856. On doit faire observer que les prix *maxima* et *minima* d'adjudication ont varié, en 1855, de 13 à 17 centimes, et, en 1856, de 16 à 18 centimes.

En 1849.. 18°,55
En 1850.. 16 ,13
En 1851.. 16 ,11
En 1852.. 16 ,10
En 1853.. 14 ,33
En 1854.. 14 ,49
En 1855.. 15 ,00
En 1856.. 17 ,50

Le lait fourni doit être pur, marquer au moins 30° au lactodensimètre, contenir 30 grammes de beurre par litre de lait, soumis à l'opération d'un battage de vingt minutes après l'ébullition; au crémomètre, il doit fournir 9 p. o/o de son volume en crème.

Le lait étant une denrée des plus faciles à falsifier, on ne peut se dissimuler qu'elle est fréquemment l'objet de fraudes dont l'addition d'eau et la soustraction d'une partie de la crème sont les plus ordinaires. Il est fort difficile de reconnaître d'une manière rigoureuse l'addition d'eau ou la soustraction de crème opérées sur le lait, d'abord parce que le lait est une substance qui, à son état naturel même, présente de grandes différences dans les éléments qui la composent. Si nous prenons, par exemple, la richesse en beurre, l'une des conditions essentielles de la qualité du lait, nous voyons cette richesse varier du simple au double, suivant la vache qui l'a donné, la nourriture de l'animal, l'âge du lait. Ensuite, il faut reconnaître que les moyens de contrôle inventés jusqu'ici ne peuvent donner qu'une exactitude incomplète, à moins qu'on ne les rapproche de l'analyse chimique.

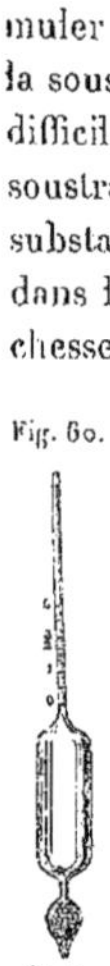

Cependant plusieurs appareils d'essai peuvent fournir des appréciations plus ou moins rapprochées de la vérité. Les plus employés aujourd'hui, sont le *lactodensimètre*, de Quevesne, et les *galactomètres* de Chevalier et de Cadet Devaux, espèces de *pèse-lait* destinés à déterminer la densité du liquide. Ce dernier, le plus répandu, parce qu'il est le plus ancien, est cependant moins exact que les deux premiers; cet instrument est en métal ou en verre, comme celui représenté par la figure 60. Si, étant plongé dans le lait, il ne s'enfonce pas au delà du n° 1 de l'échelle, le lait est supposé

pur [1]; à 2 degrés, le lait est présumé contenir 1/4 d'eau; à 3 degrés, 2/3 :
à 4 degrés, moitié. Le liquide essayé doit être ramené à la température
de 15 degrés centigrades. Plus la partie de l'échelle entre 1 et o reste dé-
couverte, plus le lait est supposé contenir de crème. Malheureusement il
est un cas de fraude assez fréquent que ce lactomètre est impuissant à
découvrir, c'est celui où, le lait ayant été préalablement écrémé, on
y aurait ajouté une certaine quantité d'eau; privé d'une partie de sa
crème, le lait devient plus lourd, mais une certaine addition d'eau le
rapproche de la densité du lait pur. Pour remédier à cette cause d'erreur,
M. Quevenne a essayé de contrôler les indications du poids du lait par
l'appréciation de la quantité de crème contenue dans le lait. Son pèse-lait
est également un aréomètre, mais avec une échelle densimétrique, c'est-à-
dire que l'échelle répond au poids en grammes d'un litre du liquide qu'on
essaye, moyennant, toutefois, qu'on ajoute par la pensée le chiffre 1000 à
celui de l'échelle; ainsi un lait qui marquerait 25 degrés au lactodensimètre, pèserait 1025 grammes le litre. Le lactodensimètre de Quevenne
a l'avantage de posséder une double échelle à degrés beaucoup plus rapprochés servant à déterminer la densité soit du lait pur, soit du lait
écrémé; l'auteur l'accompagne, en outre, de tables de concordance, avec
lesquelles on peut corriger les différences assez grandes que la température
apporte dans les résultats de l'essai. Enfin, il a joint à son lactodensimètre
une éprouvette graduée destinée à servir de crémomètre. Nous croyons
inutile de décrire le pèse-lait de M. Chevalier, qui a beaucoup d'analogie
avec le précédent.

Le crémomètre de Quevenne n'est autre chose que l'ancien galactomètre
de Valcourt : c'est une éprouvette à pied marquée d'un trait à une certaine
hauteur; en dessous de ce trait commence une échelle de cinquante divisions ou degrés. Le crémomètre étant rempli jusqu'au trait du lait à essayer,
on le laisse pendant vingt-quatre heures dans un endroit d'une température
moyenne; la crème monte et s'accumule à la partie supérieure. La hauteur
de la colonne qu'elle forme au-dessus du lait est mesurée par l'échelle;
cette hauteur varie entre 10 et 16; au-dessus de 8 elle indique un lait mélangé

[1] La densité du lait pur varie, suivant Quevenne, de 1,029 à 1,033, suivant Becquerel et
Vernois, de 1,028 à 1,040.

d'eau. L'emploi de cet instrument complète les indications du pèse-lait, en constatant la richesse en crème, qui ne peut pas toujours se déduire d'une manière rigoureuse de l'essai au pèse-lait; mais ce crémomètre ne fournit encore, dans quelques cas, que des données peu précises, le volume de la crème n'étant pas toujours en rapport avec sa richesse en beurre. Le lait bouilli, vendu à certaines époques par les laitiers, donne, en effet, une crème qui occupe beaucoup moins de volume que celle du lait qui n'a pas subi cette préparation.

M. Marchand, pharmacien à Caen, a inventé un petit appareil fort simple, avec lequel on peut obtenir très-rapidement la richesse en beurre d'un lait donné; cet appareil, nommé par l'auteur *butyromètre,* consiste en un simple tube de o^m,o11 de diamètre intérieur, long de o^m,4o, fermé à l'une de ses extrémités, et divisé en trois parties, dont la première (la partie supérieure) est graduée. A l'aide de l'action combinée d'un alcali caustique et d'un mélange d'alcool et d'éther, on sépare la partie butyreuse, qui se réunit dans la partie graduée du tube; on peut en déterminer ainsi la quantité; une instruction jointe à l'appareil explique les détails du procédé. Les manipulations que nécessite ce procédé ne sont pas toutefois sans quelques difficultés, et n'arrivent pas toujours à un résultat satisfaisant, si nous devons en croire M. Reveil, qui a particulièrement étudié la question d'essai du lait.

Le *lactoscope* de M. Donné est d'une application beaucoup plus simple :

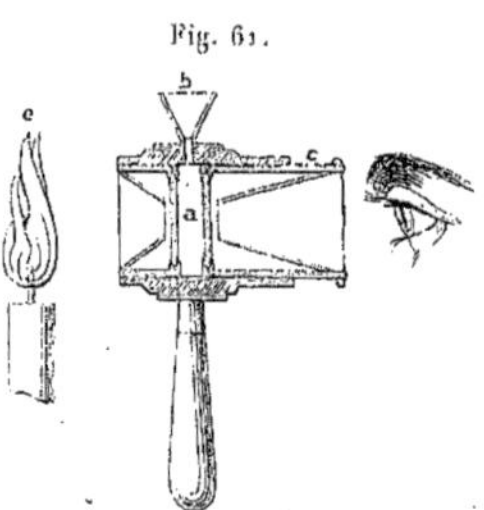

c'est une espèce de lunette, fig. 61, entre les verres de laquelle on interpose une petite couche du lait à essayer. L'opacité plus ou moins grande du liquide, qui est, jusqu'à un certain point, en rapport avec sa richesse en principes solides, devient la base d'appréciation de sa valeur.

Par le petit entonnoir *b,* on introduit un peu de lait (2 grammes environ) dans l'espace *a* limité par deux verres, dont l'un, enchâssé à l'extrémité du tube *c,* peut se rapprocher ou s'éloigner du premier quand on tourne à droite ou à gauche ce tube muni d'un pas de vis très-fin. L'observateur se place dans un endroit obscur, dispose la lumière d'une bougie en *e*, applique l'œil à l'extrémité du tube *c*, et tourne légèrement ce tube jusqu'à ce qu'il aperçoive la lumière. Une échelle graduée au contour extérieur du tube *c* indique le degré auquel ce résultat a été obtenu; une table de concordance fait connaître la richesse du lait en rapport avec ce degré. Ce petit appareil exige certaines précautions dans son application, et n'est pas d'une exactitude rigoureuse; mais il fournit un moyen rapide d'appréciation d'un lait écrémé et étendu d'eau. M. Bouchardat l'emploie concurremment avec le lacto-densimètre[1].

Cette digression sur les falsifications du lait est peut-être déjà trop longue; mais nous ne nous y sommes livré que dans l'intérêt des producteurs du lait, afin de leur faire connaître les appareils d'essai les plus répandus, et pour rappeler que, dans la guerre faite aujourd'hui aux fraudeurs de lait, avec une rigueur que nous sommes loin de blâmer, les agents préposés à l'essai de cette denrée, apportée dans les villes par le cultivateur, doivent, dans l'usage des appareils d'essai mis entre leurs mains, apporter une circonspection d'autant plus grande, que les indications de ces appareils ne sont pas infaillibles. Si les rigueurs qui frappent le cultivateur n'étaient pas toujours méritées, elles n'auraient d'autre résultat que d'éloigner le fermier d'une industrie déjà peu lucrative, et de faire augmenter le prix de la denrée en diminuant les arrivages.

Quoique la vente du lait en nature paraisse, au premier abord, être le parti le plus avantageux que le cultivateur puisse tirer de sa vacherie dans le rayon de Paris, cependant la baisse de cette denrée depuis les nombreux arrivages des chemins de fer, les prix peu élevés payés par les laitiers, les faillites faites par quelques-uns, les condamnations rigoureuses encourues par plusieurs fournisseurs de lait pour des altérations qu'ils ne peuvent souvent éviter, forcés qu'ils sont de se confier à des agents quelquefois infidèles; toutes ces causes éloignent un certain nombre de fermiers du rayon de Paris de se livrer à cette industrie, et ils continuent soit la fabrication du fromage et du beurre, soit l'engraissement des veaux.

[1] Voir l'*Instruction pour l'essai et l'analyse du lait*, par M. Bouchardat, 1856.

La petite culture, d'un autre côté, pour les mêmes motifs, mais encore parce qu'elle débite elle-même ses fromages frais et le beurre qu'elle fabrique dans les nombreux centres de population du département de la Seine, Seine-et-Marne et Seine-et-Oise, préfère encore, sur beaucoup de points, faire subir cette transformation à son laitage.

Il se fait donc encore dans le rayon de Paris une quantité considérable de beurre et de fromage. Le beurre, ordinairement médiocre, est absorbé par la consommation locale; nous n'en parlerons pas.

Les barattes de tout genre sont employées dans le rayon de Paris; celle à pilon est encore en usage dans beaucoup de petites exploitations, mais les fermes ont adopté, pour la plupart, la petite baratte dite *Valcourt*, qui consiste en un récipient cylindrique en zinc dans lequel tournent des ailettes placées sur un axe horizontal. La baratte Lavoisy, qui ne diffère de celle-ci que par quelques détails, et particulièrement par un engrenage donnant plus de vitesse à l'axe, s'est beaucoup répandue depuis le concours de Londres, où elle a obtenu le 1ᵉʳ prix. Dans nos derniers concours, la baratte Fouju a disputé le premier rang à celle dite *atmosphérique*, que nous avons précédemment décrite. Cette baratte, adoptée aujourd'hui par quelques exploitations importantes, nous a paru bien fonctionner, sur la crème particulièrement. Elle consiste en une boîte à huit pans, supportée par un bâti, fig. 61 *bis*. Cette baratte reçoit un mouvement de rotation par la manivelle C, dont l'axe la traverse; sur cet axe est fixée une planchette mince B découpée en languettes douées d'une certaine élasticité, et qui fouettent la

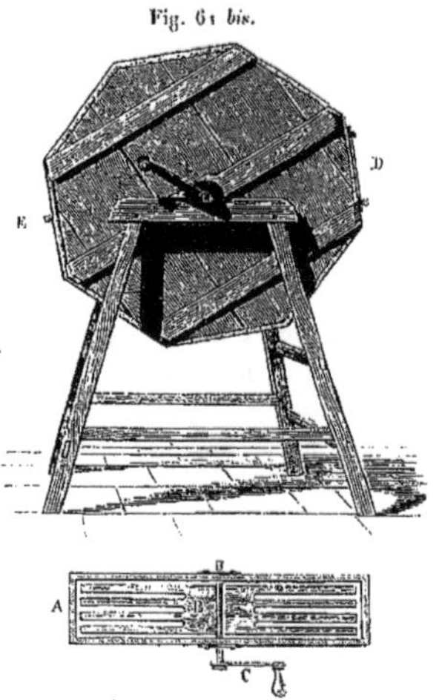

Fig. 61 *bis*.

Échelle : 0ᵐ,100 pour mètre.

crème en même temps que celle-ci, projetée d'un angle à l'autre de la baratte A, reçoit un mouvement assez violent; la crème s'introduit par l'ouverture D, et le petit lait est soutiré par la bonde E.

Les produits de la fromagerie donnent lieu à un commerce beaucoup plus étendu que celui du beurre. On peut diviser les fromages en deux espèces : les uns livrés frais à la consommation sans avoir subi de fermentation, tels que fromages à la crème et fromages à la pie, les autres plus ou moins affinés ou devant passer par l'affinage.

Les premiers se fabriquent principalement dans les petites vallées fraîches et herbeuses de Seine-et-Oise, vers Montfort, Montlhéry, Longjumeau et jusque dans Seine-et-Marne, Coulommiers, et l'Oise, Compiègne. Une partie de ces fromages est consommée à l'état frais ou réservée pour l'affinage.

Les fromages de Viry avaient autrefois une certaine réputation; aujourd'hui ceux qu'on vend sous ce nom, de même que les fromages à la crème dits *suisses*, sont faits par les crémiers. MM. Gervais et Lenglet en fournissent la plus grande quantité à la consommation; ils ont près de Paris des vacheries qui alimentent leur commerce. Ces fromages ont beaucoup d'analogie, pour le goût et la forme, avec les bondons frais de Neufchâtel, et se font à peu près de la même manière; on décrira cette méthode à l'occasion de la race normande dominante dans le canton de Neufchâtel; nous insisterons donc peu sur ces fromages, dont la fabrication se rattache beaucoup plus, d'ailleurs, à l'industrie crémière des villes qu'à celle des laiteries rurales.

A l'extrémité nord du rayon de Paris, dans l'Oise et sur les bords de la Somme, on fait une quantité assez considérable de fromages à pâte molle, connus dans le commerce sous différents noms. Le fromage de Rollo ou de Montdidier a une certaine réputation dans la Picardie. Rollo est un village près de cette dernière ville, petit centre de prairies, qui nourrit beaucoup de vaches. Le fromage qui porte le nom de ce village a la forme d'une section de cylindre portant 4 à 5 centimètres de hauteur et 6 à 7 centimètres de diamètre; son poids dépasse peu 450 grammes; il rappelle par son goût les bons fromages demi-gras de Maroilles. Son prix, en gros, est de 30 à 40 centimes, mais, à Paris, il s'élève à 75 centimes. Dans l'Oise, le fromage le plus en réputation est celui dit de Compiègne, fromage excellent quand il est gras et bien affiné, rivalisant avec le Camenberg. Il est rond; son épaisseur est de 3 centimètres environ, sur un diamètre de 1o centimètres, et son poids, affiné, de 3 hectogrammes environ; son prix se rapproche de celui du précédent. M. d'Huicques, de Senlis, a exposé au concours universel agricole de 1856, sous le nom de fromage de Macquelines, un produit qui a quelque analogie avec les fromages de Compiègne.

Depuis quelques années, la fabrication d'une autre espèce de fromage. appelé fromage du *Mont-d'Or,* quoiqu'il n'ait d'autre rapport avec le vrai Mont-d'Or des environs de Lyon que la forme, a pris un très-grand développement dans une partie de l'arrondissement de Beauvais, vers Méru principalement. La nécessité, pour quelques gros laitiers, d'employer des laits invendus, a été en partie l'origine de cette fabrication. Voici comment M. Rouget, à la ferme du bois du Fecq, près Beauvais, fait ces fromages.

Le lait, ordinairement écrémé après sept ou huit heures de traite, est chauffé à une température de 35 à 4o degrés et mis en présure; on se sert de présure liquide qui se vend toute préparée. Le caillé est ensuite enlevé avec une passoire, espèce de tamis dans lequel, à l'aide d'une légère pression, il se débarrasse de la plus grande partie du petit lait; il est ensuite tassé à la main dans une petite forme en zinc percée de trous. Cette forme a 12 centimètres de diamètre et 5 centimètres environ de hauteur; elle est calculée de manière à recevoir le caillé de 2 litres de lait; sur la forme remplie au-dessus des bords, on pose une planchette. qu'on charge d'un poids ou simplement d'une brique. Après douze ou quinze heures d'égouttage sur une table à rainures semblable à celle de la figure 47 ci-dessus, on sort le fromage en renversant le moule sur la table; on le sale des deux côtés; la même opération est renouvelée le lendemain; puis, après avoir lavé le fromage dans du petit lait, on le descend à la cave, où il se raffermit et jaunit. Les 1oo fromages pèsent environ 15 kilogrammes, et se vendent de 2o à 25 francs. D'après M. Husson, il se vend annuellement à Paris 655,ooo fromages du Mont-d'Or, 62,ooo de Compiègne, et 1,5oo de Rollo[1].

[1] Il n'arrive que très-peu de ces fromages sur la halle de Paris; on peut attribuer en partie cette

Il nous reste à dire un mot d'un fromage du rayon de Paris, dont la réputation est européenne, c'est le *fromage de Brie* (Seine-et-Marne). Les principaux centres de cette fabrication, qui tend, du reste, plutôt à diminuer qu'à s'accroître, sont, d'abord, dans l'arrondissement de Meaux, les vallées du Grand et du Petit Morin et la plaine à terres fraîches qui les sépare, les cantons de Crécy, la Ferté-sous-Jouarre; dans l'arrondissement de Coulommiers, Rozoy et la Ferté-Gaucher. Vers Nangis, Tournan, Mormant, et, sur quelques autres points des arrondissements de Melun et de Provins, on fait encore quelques fromages, mais l'engraissement des veaux et la vente du lait pour Paris diminuent l'importance de cette fabrication, surtout dans les grandes fermes.

La vache flamande se partage la Brie avec la vache normande; cette dernière l'emporte en nombre vers Brie et Tournan; la race flamande et la picarde dominent, au contraire, vers Meaux. Les marchands cherchent également à introduire en Brie la vache hollando-belge, qui déjà envahit le Nord. C'est aux foires de Pomponne, de Montéty, Meaux, Lagny, Blandy, Coulommiers, Dammartin, que se font les transactions les plus importantes sur l'espèce bovine. Les fermiers achètent encore sur les marchés de Saint-Denis ou directement aux marchands que nous avons nommés précédemment.

Le régime des vaches est celui des environs de Paris, décrit plus haut; d'avril au mois de novembre, elles reçoivent à l'étable des fourrages verts, seigle, vesce d'hiver mélangée de seigle ou bisaille, trèfle, etc. L'hiver on donne des regains de luzerne ou de pré, du trèfle, du son et des remoulages, peu de racines, excepté dans les bonnes fermes où la culture des plantes sarclées tend à se propager.

Les laiteries sont, en général, bien disposées, beaucoup, demi-souterraines et dallées. On a fréquemment une laiterie d'été et une d'hiver; cette dernière est quelquefois en communication avec l'étable même, qui lui fournit sans frais une température convenable. On pourrait chauffer la laiterie d'été avec un fourneau, mais le gaz du charbon est,

absence au tarif du droit d'abri qui se paye à la douzaine (20 centimes), et est le même pour les plus grands fromages comme pour les plus petits, de manière que douze fromages de Brie valant 5o francs ne payent pas plus que douze Mont-d'Or de 3 ou 4 francs.

dit-on, nuisible à la fabrication. Le plus grand danger pour les laiteries d'été est l'envahissement des mouches; on s'en préserve, jusqu'à un certain point, en maintenant dans la laiterie une température fraîche et humide et une demi-obscurité, en mettant des toiles métalliques aux ouvertures, en faisant précéder la porte de la laiterie d'un couloir obscur; il est des fermes beaucoup plus infestées que d'autres par ces parasites incommodes. Quelques fermières auraient, dit-on, des procédés, qu'elles tiennent secrets, du reste, pour les écarter de la laiterie.

Certaines localités humides et basses, sujettes aux brouillards, sont peu favorables à la confection des fromages, qui prennent le *jaune;* au lieu de devenir bleus, ils passent à un jaune citron, couleur due à une espèce de moisissure qui donne au fromage une odeur et une saveur détestables.

Il existe une très-grande différence dans les fromages de Brie, différence qui tient d'abord à la nature du lait plus ou moins riche naturellement ou plus ou moins appauvri par l'écrémage. L'époque de la fabrication, les soins dont elle a été entourée, la nourriture des vaches, exercent, d'un autre côté, une grande influence sur la qualité. Les fromages d'automne, appelés encore *fromages de saison* ou de *regain*, sont les plus estimés; ce qui doit sans doute être attribué autant à la pâture des regains de trèfle et luzerne laissés aux vaches qu'à la température plus uniforme et moins élevée, qui permet d'éviter les mouches et leurs vers, et de mieux régler la fermentation.

Les fromages sont de trois qualités : 1° les fromages gras ou *fins* du commerce, parmi lesquels on distingue encore les fromages ordinaires et les fromages de choix. Ces derniers ne se rencontrent parfaits que chez un petit nombre de producteurs; 2° les fromages demi-gras, et 3° les fromages maigres, qui passent de l'un à l'autre par des nuances insensibles.

Sous le rapport de la forme et du volume, les fromages se divisent en fromages de grand moule, qui mesurent de 36 à 40 centimètres de diamètre, et petit moule, de 25 à 30 centimètres seulement; on en fait moins de ces derniers. Ce sont principalement des fromages demi-gras ou maigres fournis par la petite culture; Montlhéry, Montfort (Seine-et-Oise), Linas, envoient également des fromages de cette espèce.

Fabrication. — Le lait, à la sortie du pis, est *coulé* à travers une passoire (vue en élévation, fig. 62, et en plan, fig. 63) dans des vases

Fig. 62.

Fig. 63.

Échelle : o^m,o5o pour mètre.

Fig. 64.

Échelle : o^m,o5o pour mètre.

Fig. 65.

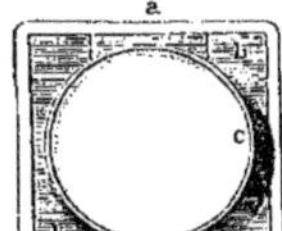

a.

c

Fig. 66

d

b c

Échelle : o^m,o5o pour mètre.

Fig. 67.

b

Échelle : o^m,o5o pour mètre.

contenant 16 à 18 litres, assez hauts et un peu ven-
trus, afin que la crème monte moins facilement
(fig. 64). Le lait est mis en présure encore chaud.
De cette opération dépend en grande partie la réussite; il faut, pour obtenir une pâte homogène, que
le caillé se forme assez vite. On prétend qu'un lait
trop butyreux *prend* trop lentement; pour éviter cet
inconvénient, on mêle quelquefois à la traite du
soir celle du matin, qu'on écrème. Une température de 20 à 25 degrés facilite la coagulation, on
couvre le pot dans le même but; une heure après
le lait est pris. Pour faire le fromage, on dispose sur
une planchette de hêtre de o^m,5o de côté, et o^m,o2
d'épaisseur (vue en plan, fig. 65, *a*, et en éléva-
tion, fig. 66, *a*), un *cajet b*, fig. 65, représenté isolé,
fig. 67 : c'est une petite natte de jonc sur laquelle
on place le moule *c*, cercle de o^m,33 ou o^m,4o de
diamètre sur o^m,o8 de hauteur, ordinairement en
feuillet de grisard. On divise alors le caillé avec une
espèce d'écumoire sans manche, dite *crémette*, fig. 68,
afin de faire sortir le petit lait, et, avec la même
crémette, on enlève ce caillé par petites portions,
pour en emplir le moule. Quelques personnes pres-
sent le caillé au fond du vase avec la main, et dé-
cantent le *serum*; mais on prétend que le fromage
obtenu par ce procédé est moins délicat. Le moule
étant rempli, on ajoute une hausse ou *éclisse* : c'est
un petit feuillet de hêtre de 3, 4 à 5 centimètres de
large, fig. 66, *d*, qu'on courbe de manière à ce qu'il
ait le diamètre du moule, et qu'on arrête au moyen
d'une grosse épingle; on met de nouveau du caillé
jusqu'à ce que l'éclisse soit remplie; on laisse en-
suite égoutter le fromage. Quand on veut faire le fromage plus épais, on

16.

ajoute une deuxième éclisse, mais immédiatement; le moule et les éclisses

Fig. 68.

Échelle : 0^m,050 pour mètre.

doivent être remplis d'une seule fois pour éviter toute solution de continuité dans la pâte. A mesure que le fromage égoutte, le caillé baisse; au bout de six à huit heures, il est tombé au niveau des bords du moule, on retire alors l'éclisse. Il faut, pour un fromage grand moule de 0^m,40 de diamètre sur 0^m,20 de hauteur, 18 à 20 litres de lait.

La *caséine* est devenue suffisamment consistante, il s'est opéré aussi du retrait sur les parties latérales, de manière qu'on enlève facilement le moule, et, pour achever de faire égoutter, on superpose les fromages

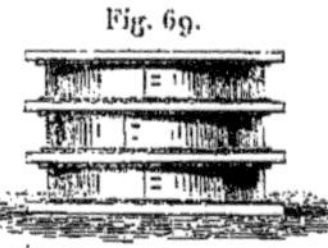

Fig. 69.

Échelle : 0^m,050 pour mètre.

afin qu'ils occupent moins de place, comme l'indique la figure 69. On procède alors à la *toilette* du fromage : on enlève les bavures des bords, on gratte les inégalités; cela fait, on le sale en le frottant des deux côtés avec du sel blanc très-fin; quelquefois, quand il n'est pas suffisamment ferme, on le maintient à l'aide d'une éclisse ou d'un petit cercle de zinc d'environ 5 centimètres de hauteur. Le fromage se trouve alors réduit à cette épaisseur, qui diminue encore jusqu'à la vente[1]; on le retourne tous les deux jours. Pour faciliter ces manutentions, le cajet sur lequel le fromage repose, et

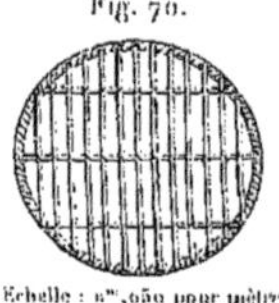

Fig. 70.

Échelle : 0^m,050 pour mètre.

qu'on change chaque jour, est placé lui-même sur une *volette*, claie ronde en osier, fig. 70. Après une semaine ou deux de séjour dans la laiterie, le fromage est ordinairement porté au séchoir; c'est une chambre bien aérée, garnie de tablettes sur lesquelles sont déposés les fromages, presque toujours avec cajet et volette; on les retourne encore tous les jours pendant un mois, un peu moins fréquemment ensuite. Dès les premiers temps le fromage se couvre d'une moisissure veloutée, blanchâtre

---

[1] Certains fromages de Brie ne portent plus que 2 centimètres d'épaisseur quand on les débite. Il n'y a pas une très-grande uniformité dans les dimensions et le poids : le diamètre des grands moules varie de 30 à 40 centimètres; l'épaisseur, de 2 à 4 centimètres au plus. Quelques fabricants font des fromages plus épais, qui pèsent jusqu'à 5 kilogrammes et sont destinés à l'exportation.

d'abord, qui passe ensuite au bleu avec points rouges, et forme sur le fromage une pellicule qu'on se garde d'enlever; au bout de six semaines de fabrication, le fromage est bon à vendre au marché, mais il n'a pas encore subi l'affinage qui doit donner à la pâte cet aspect moelleux et fondu qui fait le mérite du fromage de Brie.

L'affinage se fait ordinairement chez le débitant par le séjour dans une cave ou un lieu suffisamment humide, à une température de 10 à 12 degrés; quelquefois, dans les fermes, on affine les fromages en les stratifiant avec de la menue paille d'avoine, dans un tonneau, qu'on place dans un endroit d'une température et d'une humidité moyenne et régulière, une cave, un cellier. Les fromages ainsi traités prennent beaucoup de finesse, l'excès d'humidité est absorbé par la paille, et on évite le contact des mouches.

Le fromage grand moule, lorsqu'on le porte au marché, pèse environ $2^k,50$; le petit moule, $1^k,60$. La vente se fait ordinairement à la dizaine; en 1856, année où les prix doivent être considérés comme élevés, la cote moyenne, sur le marché de Paris, s'établit ainsi qu'il suit pour la dizaine, grand moule :

<blockquote>
1re qualité, choix, de........ 28^f à 40^f, moyenne......... 34^f
2e qualité, choix, de........ 18 à 28, moyenne......... 23
3e qualité, choix, de........ 12 à 18, moyenne......... 15
</blockquote>

D'après ces cours, le prix des 100 kilogrammes ressortirait, pour la 1re qualité, à 136 francs; pour la 2e qualité, à 92 francs; pour la 3e qualité, à 60 francs. Il se vend, sur les marchés de Meaux, Lagny, Crécy, à des marchands dits *coquetiers*, beaucoup de fromages, qui se transportent dans tout le rayon.

Le fromage de Brie jouit d'une réputation européenne; il s'en exporte en Angleterre, et on cite une fermière qui vendait ses fromages 20 francs la pièce pour la cour d'Angleterre.

Nous avons décrit le procédé de fabrication à peu près exclusivement employé; il y a cependant quelques modifications de détail appliquées dans certaines fermes. Les principaux producteurs qui fréquentent principalement le marché de Meaux, sont MM. Armand et Boulingre de

Coulombs, Bernier de May, Jamas de Marcy, Lefrançois de Vaudray, Aubry et Minouflet de Trilport, Heurtot de Signy-Signets, Jamas et Bailly de Moiras, Raoult de Pierrelevée, etc. Leur fabrication est de 4 à 7 douzaines par semaine. Parmi les fournisseurs qui envoient à la halle de Paris les produits les plus estimés, on cite MM. Charpentier de Magny-le-Hongre, Gibert de Bailly, Loiseau du Haut-Mesnil, Salvet de Jouarre, Heurtaut de Mondichet, Boucher de Courtolon près la Ferté-Gaucher, Hardy et Juy près Rozoy, Gilet de Thieux, Deligny de Puisieux, L'Hôte de Chante-merle, Clain fils de Monthion, etc., tous dans le département de Seine-et-Marne, et MM. Gibert de Saint-Ouen près Betz, Corbie de Silly-le-Long, Piont d'Étavigny (Oise). Autrefois, dans des exploitations des environs de Meaux, on affinait les fromages; les coulures étaient recueillies et vendues en petits pots sous le nom de fromages de Meaux; cette industrie est à peu près abandonnée.

Il se fait encore, aux environs de Coulommiers, des fromages d'un moule beaucoup plus petit (13 centimètres de diamètre sur 3 centimètres d'é-paisseur). Ces fromages, dont le lait a gardé toute sa crème, additionnée quelquefois encore d'une autre portion enlevée sur d'autre lait, se con-somme tout frais ou affiné. Le procédé de fabrication de ces fromages diffère de celui du Brie ordinaire et se rapproche de la façon de Neuf-châtel; le caillé est rassemblé légèrement pressé et malaxé avant d'être mis en moule. Le prix, à Paris, en détail, est de 1 fr. 10 c. à 1 fr. 30 c.; son poids dépasse 0^k,55.

SECTION IV.

DONNÉES ÉCONOMIQUES.

Nous réunissons ici quelques évaluations approximatives du prix de revient de la production du lait et de ses transformations dans les diffé-rents groupes de la région à bestiaux flamands.

§ 1.

PAYS FLAMAND.

Nous avons dit que le produit en lait d'une bonne vache flamande pou-

vait être de 3,000 litres[1], qu'on doit porter à son crédit; il faut ajouter
1 veau, qu'on n'évaluera qu'à 20 francs, et le fumier d'hiver équivalant
à peu près à 3,000 kilogrammes, à 6 francs les 1,000 kilogrammes.

Au débit de l'animal, il faut compter :

```
8o ares de pâture à 1 franc l'are.......................  8o^f
Hivernage : 15o jours; 15oo kilogrammes de foin ou l'équivalent,
   à 6o francs les 1,000 kilogr.; paille et litière, 1 ooo^k à 3o...  120
Service et frais généraux............................   2o
Intérêts et risques..................................   4o
                                                       ———
                                                       26o
Si on défalque veau et fumier........................   33
                                                       ———
Il reste..............................................  227
```

représentant le prix de revient du lait.

C'est environ 7^c,3 par litre sur place, ou un bénéfice de 88 francs par
vache, si on vend le lait 10 centimes le litre, prix ordinaire.

On admet en Flandre que, dans le barattage du lait, 3o litres fournissent
1 kilogramme de beurre (il en faut 34 à 36 dans les premiers mois du
vêlage, 24 à 28 dans les derniers). On obtient, en outre, 25o litres environ de lait de beurre.

```
Les 3,000 litres de lait donneraient donc 100 kilogrammes
   de beurre, à 2 fr. 25 cent.......................  225^f oo^c
2,5oo litres de lait de beurre, à 2^c,5 le litre...........   62 5o
                                                           ————
                                                           287 5o
              Déduire le prix du lait.......  222 oo
                                                           ————
   Reste, frais de fabrication..............   65 5o
                                                           ————
```

[1] Ce produit n'est obtenu que dans les bonnes fermes à pâtures riches. Nous ne pensons pas
que la moyenne des exploitations ordinaires, par suite de la médiocrité des pâturages trop ombragés, dépasse 2,200 litres pour toutes les vaches laitières du troupeau. Nous conservons dans le
calcul le chiffre de 3,000 litres comme moyenne normale que la bonne culture flamande doit
atteindre. Les dépenses sont, d'ailleurs, proportionnées au produit, et le chiffre définitif du prix
de revient que nous présentons se rapproche beaucoup de la réalité.

§ 2.

ARRONDISSEMENT D'AVESNES.

Dans l'arrondissement d'Avesnes, où le beurre se fait en agissant sur la
crème et en réservant le lait écrémé pour la fabrication du fromage, on
trouverait les chiffres suivants :

> Crème : 12 p. o/o ou 360 litres donnant 1 kilogramme de
>   beurre par 4 litres, ou 90 kilogrammes de beurre à 2ᶠ 25ᶜ. 202ᶠ 00ᶜ
> Lait de beurre, 65 p. o/o ou environ 200 litres à 2,5 . . . .   5 00
> Fromage : 187 kilogrammes; à raison de 14 kilogrammes
>   pour 100 litres de lait écrémé, au prix de 60 fr. les 100 kil. 112 20
> 1,500 litres de petit lait à 1 centime. 15 00
>   ———————
>   334 20

Si on déduit 222 francs de lait, il reste, pour le profit de la fabrication du beurre et du fromage, 112 fr. 20 cent.

En résumé, dans la simple production brute, le lait ressort à 7ᶜ,3 le
litre; dans la fabrication du beurre avec vente du lait baratté, on en obtient
9ᶜ,58, et, en joignant à la fabrication du beurre celle du fromage, le lait
rapporterait brut environ 11ᶜ,14.

§ 3.

LITTORAL ARTOIS ET PICARDIE.

Nous avons dit que, dans cette partie de la région à bestiaux flamands,
la production laitière n'avait qu'une importance secondaire et toute locale.
Nous n'insisterons donc pas sur les conditions économiques de cette production, conditions fort variées, du reste. Nous passons de suite au rayon
de Paris, où l'industrie laitière et fromagère, plus développée et plus
spéciale, peut être plus aisément appréciée dans ses rapports économiques. Les chiffres que nous trouvons pour quelques points les plus éloignés du rayon s'appliquent, d'ailleurs, jusqu'à un certain point, au groupe
artésien-picard.

§ 4.

RAYON DE PARIS.

—

A. Vente du lait en nature.

Sous le régime des vacheries de grandes fermes, considérées seulement comme moyen de convertir en fumier des produits peu vendables, le prix de revient du lait peut, en général, se raisonner ainsi. Nous supposons les vaches achetées au prix moyen de 36o francs :

DÉPENSE.

Nourriture et litière : 4,ooo kilogrammes de foin ou l'équivalent
à 5o francs les 1,ooo kilogrammes, 1,2oo kilogrammes de
paille à 3o francs les 1,ooo kilogrammes.............. 236
Intérêts et risques................................... 36
Service et frais généraux............................. 3o

              TOTAUX.............. 3o2

PRODUIT.

Fumier : 1,ooo kilogrammes à 6 centimes................. 6o
Lait : 2,2oo litres...................................... Mémoire

Si on déduit des 3o2 francs de dépense 6o francs de fumier, il reste 242 francs à répartir entre 2,2oo litres de lait, qui établissent le prix de revient à 1o centimes environ. Dans ces conditions, le fermier qui livre à peu près à ce prix au laitier rentre seulement dans ses avances, mais il a vendu à sa vacherie des denrées que le marché aurait difficilement acceptées.

Si le fermier achète des vaches laitières à leur premier veau, et qu'il les revende après deux ou trois ans, il évite l'amortissement et peut faire un bénéfice sur la vente. Le prix de revient du lait peut descendre ainsi à 8 centimes.

Pour la petite culture, le prix de revient se raisonne différemment. A l'aide de la pâture à la corde, de l'herbe arrachée dans les champs, la vache se trouve à peu près nourrie l'été; elle ne coûte que le temps et les soins; son lait, toujours plus abondant que celui de la vache de ferme, est vendu directement aux consommateurs par la laitière. Tout cela établit pour elle des conditions spéciales : la vache devient un placement de son travail.

Le nourrisseur de Paris ou de la banlieue est dans des conditions exceptionnelles; pour lui la spéculation s'établit à peu près ainsi : sur deux années, pendant lesquelles il garde la vache achetée, pour en tirer le lait, l'engraisser et la revendre à la boucherie :

DÉPENSE.

1re année. Achat de la vache	400ᶠ
——— Nourriture	628
——— Intérêts et risques	60
——— Frais généraux	50
2ᵉ année. Même dépense, moins le prix d'achat	738
Total	**1,876**

RECETTE.

Pour 2 ans : 5,400 litres de lait à 30 centimes	1,620
——— Fumier	80
Vente de la vache grasse pesant 350 kilogr. à 1 fr. 20 cent	420
	2,120
Si on déduit la dépense	1,876
Il reste : profit	244

Soit 122 francs par an et par vache, ce qui ne constitue pas une rémunération très-élevée; mais le nourrisseur vend quelquefois le lait trait sur place plus cher que nous ne l'avons évalué; il réunit encore à sa vacherie un troupeau d'ânesses dont le lait est débité à un prix beaucoup plus élevé.

B. Fabrication du beurre et du fromage.

Fromage de Brie, fromage gras. — On obtient de 100 litres de lait environ 13 kilogrammes de fromage gras ou 10 kilogrammes de fromage maigre; mais, dans ce dernier cas, on a retiré environ 3 kilogrammes de beurre. Le prix moyen du fromage gras vendu en gros, depuis deux ans, a varié de 18 à 45 francs la dizaine, suivant la qualité, soit 31 fr. 50 cent. ou 1 fr. 25 cent. environ le kilogramme, le fromage pesant 2 kilog. 50 à peu près. D'après ces formules, le prix de revient du fromage fabriqué ressort ainsi, pour 2,400 litres de lait que nous supposons être le produit de la vache flamande au régime ordinaire de ferme en Brie :

```
Fromage gras, 312 kilogrammes à 1 fr. 25 cent............  390ᶠ
Petit lait.................................................   25
                                                           ———
                                                           415
A déduire le lait du prix de revient......................  301
                                                           ———
Reste pour solder les frais de fabrication et profit.......  115
                                                           ———
```

Le fromage maigre ou demi-gras donne à peu près les mêmes résultats en argent, mais l'habileté du vendeur peut sensiblement les modifier, la qualité étant fort variable. On peut admettre les chiffres suivants :

```
Fromage, 240 kilogrammes à 80 centimes....................  202ᶠ
Beurre, 72 kilogrammes à 2 fr. 25 cent....................  162
Lait de beurre et petit lait..............................   40
                                                           ———
                                                           404
                                                           ———
```

Les fromages frais, vendus sous le nom de fromages à la pie plus ou moins gras, donnent plus de profit, mais c'est une fabrication qui ne se fait qu'à proximité des lieux de consommation et par les petits cultivateurs qui vendent eux-mêmes; il faudrait tenir compte des frais de déplacement du vendeur. Suivant qu'ils sont plus ou moins crémeux, les fromages frais prennent une valeur très-différente : ainsi le fromage maigre à la pie se vend à peine 50 centimes le kilogramme, le gras dépasse 1 fr. Les petits fromages, plus crémeux encore, dits de Véry ou suisses, arrivent à 2 francs le kilogramme en détail. On comprend que le petit cultivateur laitier puisse obtenir ainsi de sa vache un produit beaucoup plus élevé.

SECTION VI.

ENGRAISSEMENT DES VEAUX.

Le grand avantage de l'engraissement des veaux est de rendre plus facile le transport du lait, produit encombrant et promptement altérable. En effet, un veau de deux mois et demi, pesant 110 kilogrammes, représente 800 à 1,000 kilogrammes de lait qui ont servi à l'engraisser. On conçoit donc que, lorsque le prix de la viande du veau est suffisamment élevé, beaucoup de cultivateurs se livrent à cette spéculation, qui ne demande pas les soins minutieux de la fabrication du fromage ou du beurre. Mais, quand la proximité des centres de consommation permet un transport plus facile, et assure au lait en nature un prix avantageux, on préfère la vente immédiate de ce produit brut. C'est ainsi que la zone d'engraissement des veaux recule à mesure que s'agrandit le cercle d'approvisionnement du lait en nature. Dans Seine-et-Oise, par exemple, Pontoise avait une réputation pour ses veaux gras: cette industrie a disparu à peu près complétement aujourd'hui de ce canton, qui expédie son lait à Paris. Poissy, Triel, Meulan, Mantes, quoique fournissant encore quelques veaux gras, voient également cette spéculation s'éloigner de leurs fermes. La Beauce, le Gâtinais, la Sologne d'un côté, de l'autre, la Brie et beaucoup de grandes fermes de l'Oise, de l'Aisne et de la Somme, ont repris ou conservé cette industrie [1].

Dans le département du Nord, l'engraissement des veaux se pratique sur quelques points. Les cantons de Pontamarcq et de Saint-Amand fournissent à la boucherie des grandes villes du département des veaux très-fins. Les veaux des environs d'Errin et de Bellaing, vers Somain, viennent en se-

[1] Quoique ce paragraphe soit spécialement consacré à la partie flamande de la région, nous parlerons ici de l'engraissement des veaux dans toute la région elle-même, pour n'y pas revenir.

conde ligne, et ceux de Curgies sont les moins estimés. Il existe quelques différences entre les procédés d'engraissement du Nord et ceux du rayon de Paris.

La plupart des veaux engraissés sont achetés dans ce but; dans le rayon de Paris, les principaux marchés sont ceux de Houdan, Mantes, Nangis, Beauvais, Bray-sur-Seine, Nemours, etc. Un veau qui a la tête forte, le mufle bien arrondi, les oreilles fines, les épaules, les reins, les fesses bien fournies, la poitrine large, le brechet descendu, le ventre assez ample, la queue mince, la peau souple et le poil soyeux, les articulations larges, etc., qui en même temps montre une certaine vivacité, prend ordinairement bien la graisse; on repousse au contraire le veau efflanqué, mince de formes, long de membres, étroit de poitrine. On prétend, dans le Gâtinais, que les mâles engraissent plus facilement. Dans le Nord, ce sont, dit-on, les vêles qui réussissent le mieux, et que la boucherie estime le plus.

Sur le marché de Templeuve, où se vendent la plupart des veaux en-

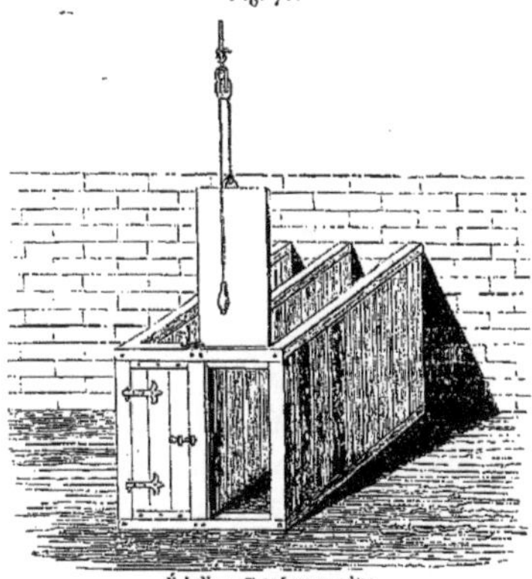

Fig. 71.

Échelle : 0ᵐ,095 pour mètre.

graissés dans la plaine de Pontamarcq, le marchand garantit en partie les risques de perte.

Dans le Nord, les veaux d'engrais sont ordinairement enfermés dans des boxes, fig. 71, de 0ᵐ,50 de large sur 1ᵐ,65 de profondeur, où l'animal ne peut se retourner; il reste dans cette boxe jusqu'à la fin de l'engraissement; chaque jour on ajoute de la litière nouvelle; on ne sort le fumier que toutes les trois ou quatre semaines, et seulement à la fin de l'engraissement en hiver, à moins que le jeune animal n'ait la diarrhée. Ces boxes sont ordinairement fermées par une porte à charnières, comme celle de la première boxe de la figure 71. Quelquefois on fait lever comme une trappe à l'aide d'un contre-poids, la porte engagée dans deux coulisses. Ces boxes ne sont pas fixées à demeure à la muraille ; on peut les placer dans telle partie de l'étable qu'on désire. Le veau reçoit trois fois par jour du lait pur dont la température doit être toujours celle du lait fraîchement trait ; on mêle quelquefois au lait un peu de graine de lin ou des farineux, mais la viande est moins blanche. Certains engraisseurs leur font boire des décoctions de tête de pavot dans du lait, ce qui les assoupit et les dispose mieux, suivant eux, à prendre la graisse.

Dans le rayon de Paris, le veau n'est pas ordinairement mis en boxe, et, dans beaucoup d'étables, en Beauce et en Gâtinais surtout, on le fait teter au lieu de le faire boire au seau ; ce dernier système a sans doute quelques inconvénients. Le lait destiné au jeune animal peut être trop refroidi ; le baquet peut n'être pas très-propre, la bave qui s'écoule de la bouche du veau se mêle à ce lait et dégoûte l'animal. On ajoute que les veaux qui boivent sont plus fréquemment malades que ceux qui tettent ; cette dernière observation aurait besoin d'être confirmée par des faits bien observés. Les partisans de l'engraissement au baquet répondent que l'allaitement au pis, là où il n'est pas usité, dans le Nord, par exemple, dérange l'économie du service ; comme le veau doit teter souvent plusieurs vaches, il faut des précautions pour habituer les mères supplémentaires à se laisser approcher du veau. Il faut achever de traire à la main si le veau n'a pas suffisamment épuisé la mamelle. Il résulte toujours, d'ailleurs, de ce procédé un déplacement du veau qui s'accorde mal avec l'engraissement en boxe. Avec l'allaitement on ne peut enfin régler convenablement la nourriture, mêler des farineux au lait.

Dans le Nord, comme dans le rayon de Paris, on reconnaît que la nourriture des vaches exerce une influence marquée sur l'engraissement. Les veaux qui reçoivent exclusivement le lait de vaches nourries à la pulpe, au tourteau ou féverolles, contractent plus fréquemment des indispositions ; la chair du jeune animal est moins délicate, sa graisse plus huileuse. La betterave en nature, associée au regain de trèfle, à l'hivernage, est considérée comme une nourriture des meilleures pour la vache nourrice.

On sait que les contrées dont les veaux *tombent blancs*, suivant l'expression consacrée par la boucherie, sont ordinairement celles à pâtures fraîches.

Dans l'intervalle de l'allaitement, le veau porte une muselière, espèce
de petit panier, fig. 72, attaché sur la nuque, ce qui ne lui
permet pas de teter les autres veaux, de manger sa litière, ou de
lécher les murs.

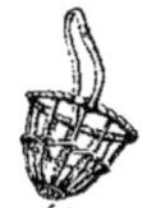

Fig. 72.

Échelle :
o^m,050
pour mètre.

La durée de l'engraissement varie de deux à trois mois, quelquefois même on le fait durer quatre mois. Il est de principe de
faire boire et teter le veau jusqu'à satiété. On débute par 7 à
8 litres de lait par jour, et on arrive jusqu'à 20 litres. Dans des
engraissements de concours, on a vu des veaux consommer jusqu'à 30 litres
par jour. C'est surtout des deux ou trois premières semaines que dépend la
bonne réussite; il est important pour l'engraisseur de ne pas *manquer son
veau,* suivant le terme consacré; aussi la ménagère qui s'occupe principalement de cette industrie redouble de soins et de propreté pour conserver
le jeune animal en santé et en appétit. Le lait doit être donné suffisamment tiède; les baquets toujours lavés et quelquefois *échaudés.*

Les engraisseurs qui ne tiennent pas à donner à leurs veaux une finesse
que le boucher ne paye pas toujours (dans le Nord surtout), ajoutent au
lait, dont ils diminuent la ration, quelques farines et de la graine de lin
bouillie, des œufs également à la fin de l'engraissement.

Le veau pesant, à sa naissance, 35 à 45 kilogrammes, peut être porté, à
deux mois et demi, à 100 kilogrammes poids vif, et 60 kilogrammes poids
net. C'est un accroissement moyen par jour d'environ 1 kilogramme de
poids vif, et 0^k,60 de viande.

Un fait très-remarquable, et qui témoigne du progrès de l'engraissement
des veaux, est l'accroissement énorme et toujours progressif dans le poids
moyen des veaux livrés à la consommation. Ce poids, qui, sur les marchés d'approvisionnement de Paris, n'était que de 45 kilogrammes en
1822, est de 64^k,80 en 1855.

La moyenne du poids brut des veaux amenés sur les marchés de Paris
est de 90 kilogrammes, rendant en poids net environ 62 p. 0/0. A Lille,
suivant M. Loiset, à qui on doit un travail remarquable sur la consommation de cette ville, le poids moyen des veaux gras varie dans les limites de
65 à 250 kilogrammes; la moyenne serait de 100 kilogrammes. D'après un
relevé de rendement des veaux primés au concours de Lille, la moyenne

du poids des veaux gras, dont l'âge variait de trois à quatre mois, était de 163 kilogrammes avec un rendement de 65ᵏ,40 p. o/o, rendement qui s'est élevé jusqu'à 75 p. o/o [1].

Dans les premières semaines de l'engraissement, le veau prend de la taille, de la largeur et de l'épaisseur; plus tard, la graisse se forme en dedans; enfin elle se manifeste au dehors par son accumulation sur certains points de la surface du corps, et constitue ce qu'on appelle, chez le veau comme chez le bœuf, les *maniements*.

Les maniements qui apparaissent ordinairement les premiers sont les *abords*, à la base de la queue; le *dessous*, l'avant-lait, ou plutôt les mamelles chez les femelles, et les *aiguillettes* chez les mâles, prennent ensuite un développement progressif. On nomme aiguillettes deux petits cordons graisseux oblongs, qui se forment de chaque côté à la base du fourreau; les *travers* ou l'*aloyau*, ont également leur signification, comme bonne conformation et bon engraissement. Les *œillères*, le *contre-cœur*, la *pointe de poitrine* ou *bréchet* se manifestent ordinairement les derniers; ils sont, pour l'engraisseur, l'indice que l'animal profitera peu d'un engraissement plus prolongé. Il est, en effet, un point où, dans l'intérêt bien entendu de la spéculation, il est important d'arrêter l'engraissement, c'est celui où la nourriture n'ajoute plus à l'animal une valeur équivalente aux dépenses qu'elle exige.

Mais, si les maniements indiquent l'état de graisse, il est d'autres signes non moins essentiels à étudier, qui révèlent la finesse et la blancheur de la viande [2]: le poil devient terne; il perd sa direction naturelle pour en prendre une opposée; il se hérisse et se laisse arracher sans efforts; la muqueuse de la bouche et des lèvres a cette pâleur du blanc mat de la cire vierge, pâleur qui se montre particulièrement sur la sclérotique, vulgairement le

---

[1] Quelques veaux primés dans les concours de Poissy pesaient de 350 à 400 kilogrammes poids vif, à l'âge déclaré de 100 à 120 jours. En admettant les déclarations comme vraies, l'accroissement journalier du veau se serait élevé, en moyenne, à 3ᵏ5 ; on a constaté des rendements de 79 o/o. C'est des arrondissements de Pontoise et Mantes, cantons de Magny, Bonnières, Limay, et des villages de Brocourt, Lainville, Sagy. Arthies, Vienne, etc., qu'arrivent la plupart de ces veaux de concours, empruntés tous, du reste, à la race Cotentine.

[2] M. de Lafond a bien décrit ces signes dans un remarquable travail sur les veaux du Gâtinais.

blanc de l'œil; toutes les parties du corps démunies de poil participent de cet état.

La spéculation d'engraissement du veau peut se raisonner ainsi dans le département du Nord :

PRODUIT.

Vente du veau pesant net 62 kilogr. à 1 fr. 50 cent..... 93^f
Fumier (approximativement)..................... 7
                                                        —— 100^f

DÉPENSE À DÉDUIRE.

Achat du veau................................ 15
Frais généraux et risques..................... 15
                                                        —— 30

                                                        70

Il reste 58 fr. 80 cent., représentant le prix du lait employé pendant un engraissement de 75 jours, et dont la quantité ne peut pas être moindre que 600 litres, en ajoutant même quelques farineux.

Le lait se trouve ainsi payé à peine 10 centimes le litre.

Nous avons vu dans le tableau statistique, page 11, que, sur les 702,000 vaches de la région, 600,000 font des veaux, dont 336,000 à 400,000 sont livrés à la consommation; mais ce n'est que la plus faible partie qui est soumise à un engraissement complet.

Sur les 120,000 veaux environ qui paraissent sur les marchés d'approvisionnement du rayon de Paris, on peut admettre que 60,000 sont fournis par la région.

En admettant qu'un nombre à peu près identique s'écoule sur les marchés des villes du Nord, du Pas-de-Calais, de la Somme, des Ardennes, de l'Oise, le reste, ou 216,000 environ, passe dans la consommation sans engraissement préalable.

Les départements qui fournissent principalement les veaux aux marchés d'approvisionnement de Paris sont ceux de Seine-et-Oise, d'Eure-et-Loir, du Loiret, de Seine-et-Marne, de l'Oise, de la Marne et de l'Eure.

Voici les provenances de chacun de ces départements à trente-cinq ans de distance, 1820 à 1855. Nous y joignons quelques autres départements, dont les envois ont varié d'importance à différentes époques :

DÉPARTEMENTS.	1820.	1834.	1850.	1855.
Pas-de-Calais	*n*	2,260	330	*n*
Oise	4,889	12,751	3,952	45
Marne	*n*	*n*	304	10,003
Seine	67	2,707	187	539
Seine-et-Marne	9,754	7,989	15,073	20,775
Seine-et-Oise	44,104	49,729	38,176	26,426
Eure	9,673	13,441	15,870	23,404
Seine-Inférieure	2,340	2,823	1,451	*n*
Eure-et-Loir	5,494	6,826	23,469	21,849
Loiret	*n*	7,681	15,286	9,269
Nord	*n*	*n*	380	*n*
Indre-et-Loire	*n*	*n*	768	*n*
Loir-et-Cher	3,704	*n*	*n*	*n*
Total des arrivages[1]	81,228	105,639	120,485	116,321

Ce tableau indique, jusqu'à un certain point, les déplacements qu'a subis l'industrie de l'engraissement des veaux. Seine-et-Oise, qui avait expédié plus de 49,000 veaux en 1834 (et jusqu'à 54,000 en 1836), réduit son chiffre à 26,000 en 1855; il devrait être de plus de 60,000, s'il était resté dans la proportion du chiffre de 1836, les provenances totales s'étant accrues de 1/8; et il est probable qu'en raison des marchés de transit de ce département, une partie de ces veaux appartient réellement aux départements voisins. Le Pas-de-Calais ainsi que l'Oise disparaissent à peu près du marché, la boucherie de ces départements absorbant sans doute la production locale. La Normandie est stationnaire, mais

---

[1] Ces chiffres ne totalisent pas seulement ceux du tableau, mais l'ensemble des arrivages en veaux sur le marché d'approvisionnement de Paris. On ne doit pas considérer comme très-rigoureux les chiffres attribués à chaque département, la provenance exacte étant fort difficile à préciser. La diminution du nombre des veaux abattus en 1855 s'explique par le plus grand développement qu'a pris l'élevage en présence du prix élevé des animaux adultes.

Seine-et-Marne a doublé. Le Loiret, après avoir commencé, vers 1825, par quelques envois, qui se sont élevés jusqu'à 17,000 têtes en 1848, retombe à 9,000 en 1856; Eure-et-Loir a plus que triplé ses fournitures; mais le fait le plus remarquable est l'apparition de la Marne, qui, après avoir débuté, en 1847, par l'envoi de quelques centaines de veaux, en expédie 10,000 aujourd'hui. L'Aube en fournit aussi à Paris 1,800 à 2,000.

Une partie de ces modifications peut être attribuée aux chemins de fer, qui ont fourni à certains départements des moyens de transport plus faciles.

Les chemins de fer ont encore, au point de vue humanitaire, apporté quelques améliorations dans le transport de ces jeunes animaux : en abrégeant le voyage ils abrégent le jeûne forcé auquel ils sont soumis; mais ceux-ci trouvent encore dans les waggons une position moins pénible que celle à laquelle ils étaient condamnés dans ces voitures où ils gisaient garrottés, et la tête pendante et oscillant à chaque cahot. Aujourd'hui ils sont libres dans les waggons qui les transportent; mais il y aurait peut-être quelques précautions d'installation à prendre pour qu'ils n'y fussent pas entassés de manière qu'alors que l'un d'eux vient à se coucher, ou à tomber, il soit exposé à être foulé aux pieds par ses voisins; cet inconvénient éloigne quelques marchands de l'emploi du chemin de fer, qui, jusqu'ici, sur la ligne du Nord surtout, transporte très-peu de veaux.

Nous signalerons encore à la société protectrice des animaux, qui déjà intercède en faveur de cette intéressante portion de l'espèce bovine, un mode barbare de suspension auquel nous avons vu, dans un abattoir, soumettre le veau avant de l'égorger. Deux incisions sont pratiquées près du sabot, entre le tendon fléchisseur et l'os; une courroie passée dans cette ouverture sert à suspendre l'animal qui, du reste, est immédiatement sacrifié. Hâtons-nous de dire cependant que l'abattoir dont il s'agit n'est pas dans la région qui nous occupe, et nous pensons, du reste, qu'il suffit, pour le faire cesser, de signaler cet usage aussi contraire à l'humanité qu'à l'intérêt même du boucher, car il détériore évidemment la partie ainsi mutilée.

Pour ne pas scinder ce qui concerne les conditions de la boucherie du Nord, à laquelle nous consacrons la fin du chapitre de l'engraissement, nous renvoyons à ce paragraphe les détails de ces procédés. Disons seulement, dès à présent, que, dans le Nord, le veau est moins exclusivement une viande de luxe, et entre plus largement dans la consommation courante des viandes de boucherie, dont il représente le cinquième environ, tandis qu'il en fait à peine le dixième à Paris. On peut, sans doute, expliquer par ce fait la différence de qualité facile à remarquer entre les veaux consommés à Paris et ceux abattus dans le Nord. La valeur vénale suit cette différence; ainsi l'écart entre les deux espèces de viandes, qui, à Paris, est de 20 centimes par kilogramme, est à peine de 10 centimes à Lille.

CHAPITRE V.

La race flamande pure ne fournit pas, à proprement parler, de bœufs de travail ; le Pas-de-Calais et la Somme possèdent quelques taureaux flamands châtrés ou non châtrés employés au travail des sucreries ; mais c'est surtout la sous-race maroillaise qui livre au commerce un certain nombre de bouvillons qu'on retrouve dans quelques exploitations du Nord, à côté des bœufs du Hainaut belge, qui ont avec eux une certaine analogie de formes, comme on l'a dit plus haut[1].

L'emploi du bœuf de travail, à peu près abandonné dans la région, a pris quelque extension depuis l'établissement des sucreries, qui trouvent dans leurs pulpes de betteraves un moyen économique d'alimentation de ces animaux.

La substitution du bœuf au cheval pour le travail, qui s'était opérée d'abord dans presque toutes les sucreries, paraît moins se généraliser depuis quelques années ; ce temps d'arrêt peut être attribué à plusieurs causes ; mais il en est une que nous devons particulièrement signaler ici, parce que son influence désastreuse s'est étendue à toutes les branches de la spéculation bovine, c'est le développement de la *péripneumonie épizootique* dans le nord de la France. Des sucreries, qui d'abord avaient adopté l'usage

---

[1] La vignette en tête de ce chapitre représente un tombereau flamand attelé de deux bœufs. l'un, maroillais, l'autre, monstois ; la robe mouchetée de ce dernier permet de le reconnaître.

des bœufs, y ont renoncé dans la crainte de se voir brusquement privées de leurs attelages par cette terrible maladie.

. La péripneumonie apparut la première fois dans le département du Nord vers 1822. Ce fut aux environs d'Avesnes qu'elle sévit d'abord; en 1829 elle se montra dans l'arrondissement de Lille; sa propagation a toujours été en progrès jusqu'en 1831 et 1832 [1]; à partir de cette dernière époque jusqu'en 1836, elle est demeurée stationnaire. Depuis lors elle sembla s'amoindrir; mais, vers le printemps de l'année 1844, elle reprit une énergie nouvelle; elle continue à sévir avec une grande intensité. Certaines circonstances hygiéniques, dit M. Loiset, paraissent avoir favorisé son développement. Ces circonstances se rencontrent particulièrement dans les geniévreries où on se livre à l'engraissement, dans les sucreries indigènes, dans les laiteries, enfin dans les établissements où la stabulation est permanente, le régime abondant et succulent, où les habitations des animaux sont basses, peu aérées et mal tenues. Le mal s'est répandu dans les sucreries et dans les grandes vacheries du Pas-de-Calais, de la Somme, de l'Oise. Les étables des nourrisseurs de Paris ont été envahies à peu près à la même époque que le département du Nord; les vaches de la Flandre paraissent avoir importé la maladie. D'après une enquête, malheureusement restée imcomplète, faite dans le département du Nord, la péripneumonie aurait, pendant le cours de dix-neuf années, où elle a sévi avec plus ou moins de rigueur, frappé plus de 200,000 têtes.

L'*inoculation*, comme moyen préservatif de la péripneumonie épizootique, a été appliquée dès son apparition dans les départements du Nord et du Pas-de-Calais; il ne nous appartient pas d'apprécier l'efficacité de ce préservatif, nous constatons seulement ici un fait. M. Huart et M. Mannechet, habiles vétérinaires, le premier à Valenciennes, le second à Arras, paraissent en avoir obtenu de bons résultats; on nous a cité, dans l'arrondissement de Lille, des cas assez nombreux favorables à ce procédé; beaucoup de personnes ne le repoussent que par des considérations particulières, telles que la crainte de voir le lait diminuer momentanément, ou l'animal éprouver quelque mutilation, telle que la chute partielle de la queue.

---

[1] Mémoire de M. Loiset sur la péripneumonie.

La maladie aphtongulaire, vulgairement appelée *cocote*, quoique ne présentant pas pour les animaux les mêmes dangers, est cependant devenue, depuis quelques années, la cause de pertes assez considérables pour les propriétaires, soit en tarissant le lait, en arrêtant l'engraissement, ou en privant momentanément l'exploitation du travail des attelages. En 1855 et 1856, cette affection a sévi avec une intensité tout exceptionnelle.

Les assurances de bestiaux ont pris, jusqu'ici, peu de développement dans le Nord; quelques-unes se sont formées cependant : on peut citer une assurance mutuelle à Maroilles, qui n'est encore qu'à son début. Il faudrait évidemment, pour que de telles institutions eussent de l'avenir, qu'elles s'appuyassent sur la moralité d'une sage direction.

Les institutions de crédit pour faciliter au cultivateur l'acquisition de bestiaux sont également à peu près inconnues dans le Nord; l'aisance assez générale du fermier lui permet de se passer du cheptel indispensable au métayage du centre.

Nul doute cependant que le cheptel, pratiqué par des individus ou des associations, ne pût rendre quelques services à l'agriculture, à la condition toutefois de n'être pas une exploitation plus ou moins usuraire de l'agriculture elle-même.

L'entretien et le régime des bœufs de travail varient dans les sucreries suivant le caractère plus ou moins rural de celles-ci. Les fabricants cultivateurs tantôt achètent des bouvillons qu'ils élèvent, façonnent au travail et engraissent après s'en être servis plus ou moins longtemps, tantôt, et c'est le cas le plus fréquent, ils se procurent des bœufs adultes de trois à cinq ans, déjà faits au travail. Dans ce dernier cas, deux systèmes sont suivis. Premier système : on achète à l'automne, on fait travailler l'animal en plein, puis, la campagne finie, on l'engraisse, en conservant quelquefois cependant les meilleurs travailleurs, qu'on use. Second système : on achète soit à l'entrée de l'hiver, où les prix sont plus doux, soit à la fin du printemps, des bœufs qu'on prépare par un travail modéré; on les ménage également pendant la campagne, de manière qu'ils sont livrés de bonne heure à la boucherie, sans passer par un engraissement trop dispendieux.

Les fabricants non cultivateurs suivent ordinairement le premier système, achètent leurs bœufs à l'entrée de la campagne, nourrissent bien

et font travailler fortement, puis les revendent maigres aussitôt la campagne
terminée, ou les engraissent, si cette destination de leurs pulpes est plus
avantageuse. La presque totalité des bœufs de travail est importée de la
Belgique ou de nos départements du centre, et particulièrement du Morvan
et du Charollais. Parmi les bœufs amenés de la Franche-Comté dans le
Nord, un petit nombre seulement est livré au travail.

On ne peut citer que très-peu d'exemples de l'application de la vache,
soit à la charrue, soit au trait.

Beaucoup de fabricants de sucre, des arrondissements de Lille et de
Valenciennes surtout, achètent de jeunes bouvillons dans l'arrondissement
d'Avesnes, mais principalement dans les environs de Mons, Florennes,
Namur. A deux ans ces jeunes animaux, mis au travail, prennent un développement rapide; leur taille s'élève, leurs membres se développent;
ils deviennent d'excellentes bêtes de trait; on les désigne sous le nom
de bœufs *tirants*, bœufs monstois, florennais. M. A. Delinselle, à Denain,
élève des bouvillons qui ne reçoivent, jusqu'à 8 mois, au lieu de lait,
qu'un breuvage de graine de lin et de son bouillis, puis ensuite de la
pulpe et du foin; attelés à deux ans, ces bœufs pèsent 550 kilogrammes
et mesurent 1^m,50.

Dans le département du Nord, les étables des bœufs de travail sont
d'une disposition plus simple que celles des vaches; elles n'ont pas de

Fig. 73.

Échelle : 0^m,050 pour mètre.

stalles, et pour la plupart pas de
râteliers. La disposition indiquée
fig. 73 existe dans beaucoup de
sucreries; le bord extérieur de la
mangeoire *a* en madriers de chêne,
de 4 à 5 centimètres d'épaisseur,
est porté sur un petit mur d'appui
en briques, et maintenu par des
chevalets que consolident des boulons fixés dans le mur. Le fond et
le côté postérieur de la mangeoire
sont en briques revêtues de ciment

romain; une espèce d'échelette *d*, dont les roulons sont écartés de 0^m,40 environ, est fixée sur la mangeoire, de manière cependant à être levée à volonté; ces róulons empêchent que l'animal n'écarte la paille hachée mêlée à la pulpe, ou ne tire le fourrage hors de la mangeoire pour le jeter sous ses pieds. Le sol est pavé en briques de champ, ou quelquefois il est seulement en craie battue.

Beaucoup de fabricants de sucre ont adopté la méthode de laisser les litières sous les animaux deux ou trois semaines et plus. M. de Crombecque, de Lens, a introduit cet usage un des premiers; il mêle des terres sèches aux pailles litières. A Denain, M. Baillet emploie au même usage des cendres de houille, très-bon absorbant pour les urines, et qui devient un excellent engrais quand il en est imprégné. Cette accumulation des litières nécessite dans les étables des dispositions que nous reproduisons dans la figure 74. La place qu'occupent les bœufs est creusée de 0^m,30 ; la mangeoire, qui, dans ce système, doit pouvoir être élevée ou descendue à volonté, est formée de trois madriers reliés ensemble par des boulons; elle est posée d'abord sur un petit mur de briques, mais, à mesure que les litières montent, on élève la mangeoire et on pose en dessous des madriers *c*, qu'on met d'abord de plat, puis de champ. Quelques personnes emploient, pour arriver au même but, de fortes crémaillères, qui soutiennent la mangeoire à des hauteurs qu'on peut faire varier; mais le système des madriers est plus simple; il a, d'ailleurs, l'avantage de combler le vide qui, par l'autre méthode, reste toujours en partie sous la mangeoire. Une petite voiture peut circuler dans l'étable sur le passage *a*, pour enlever les fumiers qui sont ordinairement conduits directement dans les champs. Un petit mur *b* consolide le passage qui est pavé en briques de champ. La figure 74 donne encore la coupe d'un bâtiment d'étable fort simple, construit chez M. Gouvion

Fig. 74.

Echelle : 0^m,008 pour mètre.

de Roy, à Denain : les murs en briques, d'une faible épaisseur, 0^m,33 en-

viron, soutiennent une toiture très-légère, couverte en pannes; les
fermes sont simplement formées de deux planches madriers de sapin *c c*,
de 0^m,20 de large sur 0^m,10 d'épaisseur,
écartées de 0^m,40, fig. 75, posant sur les
murs par l'intermédiaire d'une petite sa-
blière *d*; une planche *i*, clouée sur ces
deux madriers, sert d'entrait; tous les
4 mètres un tirant en fer *e* consolide les
murs; on cloue sur ces fermes des lattes
destinées à recevoir les pannes, et, à l'intérieur, des voliges forment plafond, si on

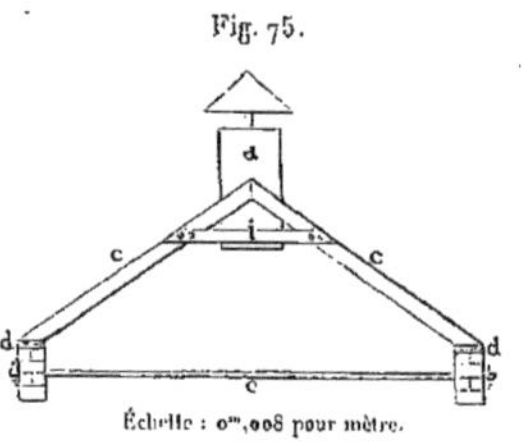

Fig. 75.

Échelle : 0^m,008 pour mètre.

le juge convenable. Des cheminées ventilateurs, également fort simples,
existent de trois en trois mètres; elles consistent en deux planches *a, a*,
fig. 75, clouées au sommet et à la face intérieure *c c* de chaque ferme,
et en deux autres planches de même hauteur, fixées sur les bords des
premières. On peut disposer un petit toit formé d'une plaque de zinc
tenue par deux pattes, au-dessus de l'ouverture, et assez haut pour
que l'air circule en dessous. Dans une autre ferme du Nord, nous avons
remarqué une autre cheminée ventilateur à persiennes, comme les ventilateurs anglais, fig. 76. Quatre montants,
également cloués sur les chevrons, supportent un toit en zinc, et reçoivent un
rang de persiennes de chaque côté. Le
système se complète par des ouvertures
ménagées à la partie inférieure des étables,
ouvertures se fermant à volonté et par
lesquelles entre l'air du dehors, tandis que

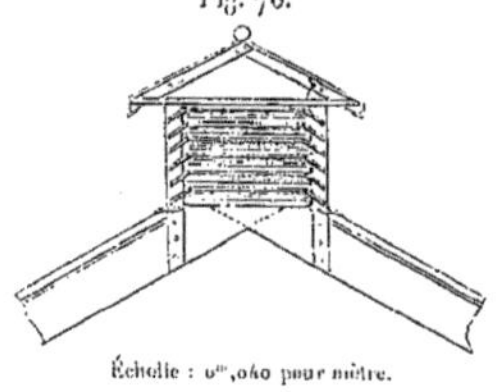

Fig. 76.

Échelle : 0^m,040 pour mètre.

l'air vicié du dedans, plus dilaté, s'élève et s'échappe par les cheminées.

Voici le régime le plus habituel des bœufs de travail dans les sucreries
du Nord.

En été, à trois heures du matin, premier repas : 15 à 20 kilogrammes
de pulpe, mêlée de 5 à 6 kilogrammes de menue paille ou paille hachée.
On ajoute 2^k,50 de foin d'hivernage ou de trèfle, le plus souvent hachés
et associés de même à la pulpe.

Les bœufs reçoivent rarement un pansement. L'étrille ou la carde, ne sont employées qu'exceptionnellement.

A cinq heures, départ pour le travail; halte à huit heures; rentrée à l'étable à onze heures.

Deuxième repas : foin, $2^k,5o$, abreuvement à l'étable ou au dehors; puis 1 kilog. de tourteau ou une quantité équivalente de féverolles concassées.

A une heure, départ pour le travail, qui dure jusqu'à sept heures, interrompu par une petite halte à quatre heures et demie.

Troisième repas le soir : même ration que le matin.

Les animaux reçoivent, en outre, 4 à 5 kilogrammes de litière.

En hiver, le premier repas a lieu à cinq heures. Le travail commence à six heures, et dure jusqu'à onze heures. La deuxième attelée commence à une heure, finit à cinq ou six; du reste, les travaux de transport auxquels les bœufs sont consacrés sont souvent peu modifiés par la durée du jour.

L'alimentation est la même : on supprime quelquefois le tourteau quand le travail est peu actif; on augmente la ration dans le cas contraire. En général, la pulpe de betterave ou de distillerie, à la dose de 3o à 45 kilogrammes associés à 5 kilogrammes de fourrage et autant de paille hachés, avec une addition d'un kilogramme de tourteau, forment la ration journalière des bœufs de sucrerie et de distillerie, dont le poids vif est en moyenne de 7oo kilogrammes; réduite en foin, cette ration serait d'environ 3 p. 1oo du poids vif.

Chez M. de Crombecque, à Lens, dans la ferme de M. Crespel, dans celles de Bresles, à Guizancourt, chez M. Sauvaige Frétin, et dans d'autres sucreries, on donne un mélange de pulpe et de paille hachée, saupoudrés de tourteau et légèrement fermentés; nous en parlerons plus bas.

Les bœufs sont ordinairement ferrés des huit onglons quand ils vont sur la route, quelquefois d'un seul onglon de chaque pied quand ils sont employés dans la ferme.

On rencontre dans les sucreries à peu près tous les modes d'attelages du bœuf usités dans les localités d'où les bœufs sont importés : le joug du Morvan ou bourguignon [1], celui de la Franche-Comté, le joug de cou dit

---

[1] Deux bœufs, dans la vignette en tête de ce chapitre, sont attelés à ce joug, et les deux bœufs de la vignette de la fin du chapitre portent le joug simple, fig. 77 et 78.

sauterelle, usité au Mesnil-sur-Firmin, et dont l'habile directeur, M. Bazin,

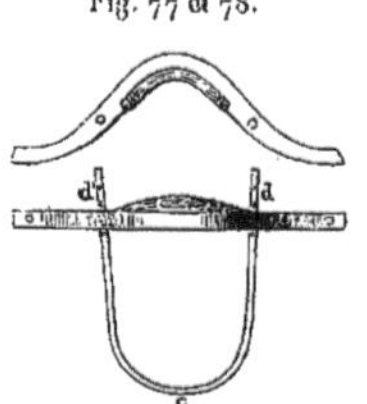

Fig. 77 et 78.

Échelle : o^m,o5o pour mètre.

a bien voulu nous remettre un croquis. Ce joug, vu en élévation fig. 77, et en plan fig. 78, se pose à la partie antérieure du garrot; la verge de fer *c* embrasse le cou de l'animal, et forme comme une embouchure de collier qu'on diminue ou qu'on augmente en élevant ou abais-

sant la verge; celle-ci s'arrête au moyen de chevilles posées dans les trous *d*, *d*. Ce joug simple laisse plus de liberté à l'animal, mais il manque de fixité et est peu favorable à l'application de la force. Un faux collier, semblable à ceux employés dans le Midi, avec des jougs doubles de même forme, remédierait à cet inconvénient. Ce joug coûte 4 francs environ.

Le joug bourguignon, fig. 79, est double; il se recommande par son

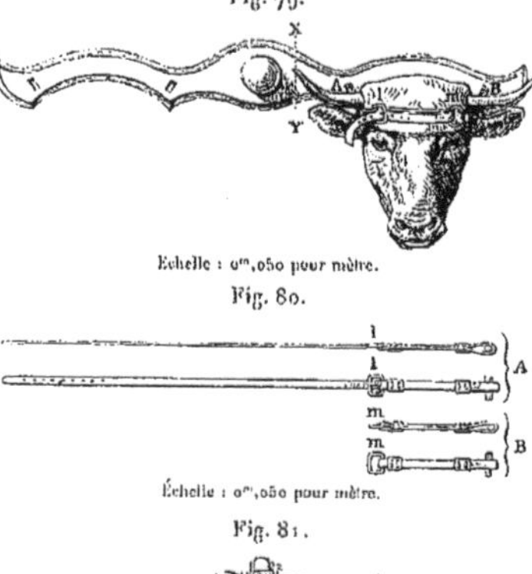

Fig. 79.

Échelle : o^m,o5o pour mètre.

Fig. 80.

Échelle : o^m,o5o pour mètre.

Fig. 81.

Échelle : o^m,o5o pour mètre.

mode d'attache plus commode que celui des jougs ordinaires. Deux courroies A B, fig. 80, sont fixées en arrière du joug au moyen de deux petits billots, comme ceux d'un collier; la courroie B est terminée par un anneau *m*. La courroie A porte, vers son milieu, une boucle enchappée *l*. Le joug s'applique sur la nuque préalablement garnie d'un coussin qui se rabat sur le front, comme on le voit dans la figure 79. On passe le sanglon *b* dans l'anneau *m*, on le ramène dans la boucle, et on serre sur le coussin qui protége

le front. Le prix de ce joug est de 10 à 11 fr. Un petit timonet *m*, fig. 81, s'engage dans l'œil du joug *n*, dont la figure 79 présente la coupe par la ligne x, y; il jouit d'une certaine mobilité et porte à son extrémité un crochet où vient se fixer la chaîne de tirage. Cependant le joug n'est employé qu'exceptionnellement; le collier est adopté à peu près partout dans le Nord; on prétend qu'avec le joug les bœufs ont moins de solidité sur le sol souvent humide et glissant de la Flandre, leur pas est moins agile. Le collier du bœuf est le collier flamand ordinaire, dont on a un peu

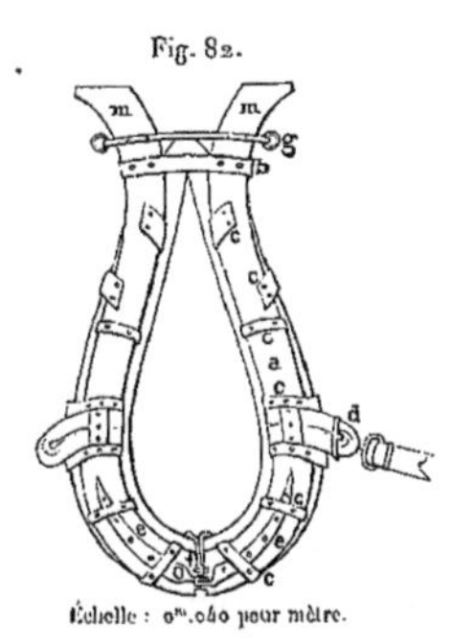

Fig. 82.

Échelle : 0^m.040 pour mètre.

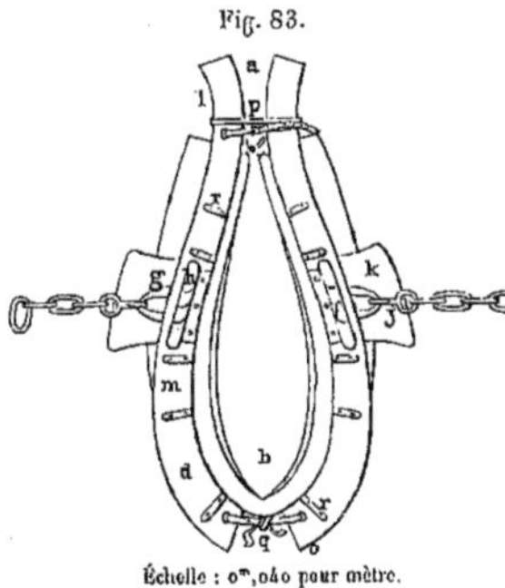

Fig. 83.

Échelle : 0^m.040 pour mètre.

allongé l'embouchure en l'élargissant à la partie inférieure. Cette embouchure mesure 1 mètre environ de hauteur.

Les deux attelles *m m*, fig. 82, sont assemblées au collier par plusieurs attaches ou boutons *c c*, et par une *couplière b*, vers le sommet; des anneaux *g* sont destinés au passage des guides. Le collier, coupé par le bas, s'attache au moyen de deux croissants portant, à leur extrémité inférieure, l'un un œil *o*, et l'autre un piton *f*, qui s'engage dans cet œil. Les traits, en cuir ou en chaîne, viennent s'attacher, comme on le voit dans la figure, aux billots en cuir *d*.

Le prix d'un collier tout garni est de 18 à 20 francs.

Nous rapprochons de ce collier celui employé dans une autre partie de la région, à l'École impériale de Grignon. A la différence du collier flamand, il s'ouvre à sa partie supérieure; il est maintenu fermé au moyen d'une courroie à boucle *p*, fig. 83. Les diverses parties du collier sont : *a* la tête, *f* les boîtes, *g* l'anneau, *h* le biquet ou billotin, *j* le crochet du trait, *k* les pièces ou garde-billot, *l* la mentonnière des attelles, *m* le corps, *n* la mortaise où passe l'anneau *g*, *o* la mentonnière du bas, *q* les couplières du bas, *r* les attaches. Les traits en corde sont attachés par des billots. Ces traits sont soutenus par le surdos et un sanglon en l'absence de croupières. Le reste du harnachement se rapproche de celui de la Flandre, à l'exception toutefois de la bride caveçon employée dans beaucoup de sucreries du Nord, et que nous allons décrire.

Les bœufs se conduisent à la guide comme le cheval. Le bœuf apprend assez vite ce qu'on exige de lui par l'action de la guide; mais le mors est remplacé par un espèce de caveçon, fig. 84, qui est posé sur le chanfrein de l'animal; c'est une lame de fer *a* cintrée légèrement, dentelée sur les bords, qui vient s'accrocher par chacune de ses extrémités à une branche *b*, qui, à sa partie supérieure, s'attache à une monture de bride *c*, et sa partie inférieure reçoit la guide par l'intermédiaire d'un bout de chaîne et d'un anneau à touret *d*. On comprend que, dans l'action de la guide, la branche agit comme un levier du deuxième genre, et presse le caveçon sur le chanfrein de l'animal.

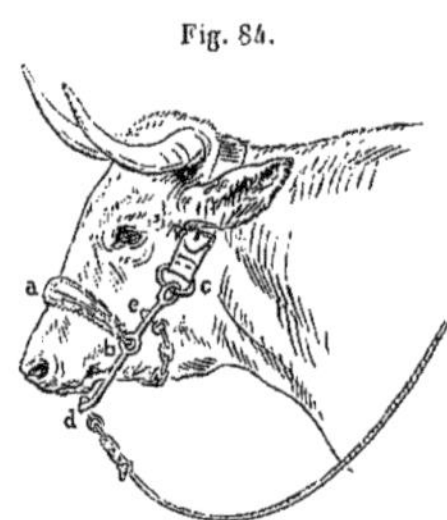

Fig. 84.

Échelle : 0^m,060 pour mètre.

Les bêtes belges et maroillaises ont un pas très-allongé; au chariot elles suivent les chevaux. Les cultivateurs de l'arrondissement de Valenciennes conservent encore le souvenir d'une espèce de course où deux bœufs de cette espèce figuraient comme acteurs; un espace de 9 kilomètres a été parcouru par eux en 54 minutes. Une charrue de deux ou trois bœufs laboure de 30 à 40 ares par jour. Au chariot, quatre bœufs traînent facilement 6,000 kilogrammes, mais on préfère employer à la herse ou au trait les animaux qu'on n'a pas toujours le temps de dresser.

Les éléments du compte de revient du travail du bœuf se modifient nécessairement suivant les trois principaux régimes que nous avons indiqués plus haut : régime du travail exclusif, régime de l'élevage combiné avec le travail; enfin régime de travail et d'engraissement simultané. Dans le premier système, d'après la comptabilité des établissements bien tenus, le compte du bœuf de travail pourrait se raisonner ainsi :

Valeur de l'animal, 4oo francs intérêts à 5 p. o/o............ 20^f
Amortissement et risques, 5 p. o/o............... 20
Nourriture et litière, 1 fr. 20 cent. par jour............... 438
Harnais, intérêts, entretien, ferrure.................... 3o
Soins (conduite non comprise)....................... 5o
Frais généraux, logement, vétérinaire, etc................ 3o

Total.................. 588

Produit : fumier, 12,000 kilogrammes à 6 francs le 1,000.... 72

Reste................. 516

Le travail des bœufs n'excédant pas, en moyenne, 200 journées de dix heures, le prix de revient serait environ de 24 centimes par heure de travail effectif.

Dans le système d'élevage combiné avec le travail, les intérêts, les frais d'entretien, de harnais, etc., diminuent, l'amortissement disparaît, l'animal, au contraire, acquiert une plus-value, mais la somme du travail est moins considérable.

Dans l'hypothèse d'un travail modéré s'associant à un engraissement préparé pendant la période même du travail, on perd sur la somme du travail, mais on gagne sur l'amortissement et la plus-value; on conçoit que les calculs et les résultats se modifient à l'infini suivant les circonstances. Dans le reste de la région le nombre des bœufs diminue avec celui des sucreries. Cependant le département de l'Aisne possède encore, d'après la dernière statistique, 4,700 bœufs, dont 3,000 dans les seuls arrondissements de Vervins et de Château-Thierry. Ces deux arrondissements sont à peu près dépourvus de sucreries; mais, dans le premier, existent des herbages étendus, et ses bœufs sont presque exclusivement à l'engrais: le second a toujours entretenu quelques bœufs de travail maroillais ou champenois, principalement dans les cantons de La Fère et Ville-en-Tardenois; mais le nombre en diminue chaque jour; il en est de même du Laonnois, qui comptait 2,000 bœufs en 1840, et n'en a plus que 800 aujourd'hui d'après la statistique. Les cantons à sucreries ou distilleries de Saint-Quentin et Soissons ont conservé les mêmes chiffres. Dans le Pas-de-Calais, la culture de l'arrondissement d'Arras emploie environ 400 bœufs, celle de Saint-Pol et de Béthune réunies, la moitié; la Somme n'en attelle qu'un nombre insignifiant. Sur les 800 à 900 bœufs que la statistique assigne au département de l'Oise, 700 environ sont dans les sucreries des arrondissements de Compiègne et de Beauvais, qui utilisent également, sans les châtrer, un certain nombre de taureaux de réforme flamands et normands, qui s'achètent à un prix inférieur à celui des bœufs. Le naturel assez doux de ces animaux permet de les dresser assez facilement. L'espèce bovine n'est que très-exceptionnellement appliquée au travail dans Seine-et-Oise et Seine-et-Marne; quelques attelages de bœufs y ont cependant pénétré avec les sucreries et les distilleries. M. Pluchet, dans son usine de Trappes, en emploie plusieurs couples qu'il attelle au joug bourguignon. Le régime des étables, chez cet habile cultivateur, se rapproche de celui que nous avons décrit, avec cette modification cependant, qu'en été les animaux sont nourris de fourrages verts au lieu de pulpe, alternat que nous croyons utile à l'hygiène de ces animaux.

CHAPITRE VI.

ENGRAISSEMENT.

La destination dernière des sujets de la race flamande, comme celle de l'espèce bovine tout entière, est la boucherie; mais leur existence ne vient se terminer à l'abattoir qu'après avoir passé par des phases diverses. Sur 470,000 veaux qui naissent chaque année dans la région, 350,000 (les deux tiers avons-nous dit) sont sacrifiés après quelques mois; le reste, formé de 100,000 femelles environ et de 25,000 mâles, est élevé; les mâles reproducteurs dépassent rarement trois ans sans tomber sous la masse du boucher. Les bœufs flamands, en très-petit nombre, sont abattus à peu près au même âge, sans avoir travaillé; quelques-uns seulement, de sous-race maroillaise, passent par le travail et atteignent six à sept ans.

Des femelles, une petite fraction s'abat avant d'être livrée à la production, et compose, avec les jeunes bœufs dont on vient de parler, le contingent de l'*engraissement précoce*.

Le plus grand nombre fournit des laitières qui font quatre ou cinq veaux, puis sont engraissées, soit dans le pays, soit dans les parties de la région où elles ont été exportées.

Il y aurait donc ainsi quatre catégories d'animaux d'engrais, sans compter les veaux : 1° les bœufs précoces et les génisses; 2° les taureaux;

3° les bœufs de travail; 4° les vaches à lait. Mais la première est si peu considérable, qu'elle ne compte que comme appendice à l'engraissement général. Les taureaux, également peu nombreux, rentrent dans la troisième classe. Dans un autre ordre d'idées, l'engraissement appartient à trois régimes différents: le régime de la pâture, celui de l'étable, et le régime mixte, dans lequel les deux autres sont plus ou moins associés.

Nous suivrons, comme nous l'avons fait jusqu'ici, l'engraissement des sujets de la race flamande dans les divers groupes de la région où ils sont disséminés, groupes que nous pouvons réunir en deux grandes divisions: 1° la Flandre, l'Artois et la Picardie; 2° le rayon de Paris.

SECTION I.

GROUPE FLAMAND LITTORAL ET GROUPE ARTÉSIEN-PICARD.

---

§ 1.

ENGRAISSEMENT HERBAGER OU D'EMBOUCHE.

Nous avons déjà indiqué les principaux centres d'engraissement herbager, le premier dans le pays flamand, le second dans l'arrondissement d'Avesnes et sur la lisière de l'Aisne. Dans le reste de la région il n'existe plus que quelques points isolés parmi lesquels le Marquenterre seul a quelque importance; mais nous ne ferons que l'indiquer en passant. Les bestiaux qu'on y engraisse appartiennent presque exclusivement à la race normande.

A. Pays flamand.

Les pâtures grasses sont principalement dans les watteringues ou sur la lisière du pays de bois. On peut citer parmi les plus riches celles qui entourent Bergues et Dunkerque, et s'étendent sur les communes de Coudekerque, Coudekerque-Branche, Armbouts-Cappel, Quœdypre, Steene, Broukerque, etc. L'engraissement porte principalement sur les vaches; cependant on remarque, sur les pâtures des environs de Bergues, dont une partie est louée à des bouchers et à des marchands de bestiaux, un certain nombre de bœufs; ces bœufs, dont la statistique porte le nombre de 4 à 500, sont, pour la plus grande partie, des bœufs importés, belges, monstois, comtois, etc.; quelques-uns seulement, soumis à l'engraissement précoce, la plupart en vue des concours de boucherie, appartiennent à la race flamande; c'est un engraissement exceptionnel, dont nous dirons un mot plus loin.

Dans les environs d'Hazebrouck, de Merville, et sur les gazons des glacis des fortifications de Lille ou dans sa banlieue, on engraisse encore, mais dans des proportions moins considérables.

L'aménagement de la pâture grasse varie suivant la nature de l'herbage, la saison, la spéculation même des possesseurs de la pâture. L'engraissement ne suit donc pas toujours une marche uniforme, prenant l'animal à l'état maigre pour le conduire au *fin-gras*. Les animaux mis à l'herbage sont plus ou moins *en chair*, et, comme ils n'ont pas une égale aptitude à prendre la graisse, ils arrivent plus tôt ou plus tard à un état convenable. Le point de graisse auquel l'animal est livré à la boucherie n'est pas non plus constant; les besoins de la spéculation, la hausse ou la baisse des cours, influent sur cette condition. Habituellement, la vache qui sort d'un bon régime d'hiver, mise à l'herbage au mois d'avril, peut être grasse à la fin de juillet; depuis cette époque jusqu'en novembre, le pâturage est réservé aux bêtes d'un engraissement plus difficile ou arrivées plus tard; enfin, on place fréquemment, vers la fin de l'été, dans la pâture, des vaches qu'on achève à l'étable, ce qui rentre dans l'engraissement mixte indiqué précédemment.

Enfin, les bêtes soumises à l'engraissement précoce reviennent souvent deux années de suite sur le même pâturage.

Il est donc difficile de déterminer d'une manière bien précise le poids de viande qu'un herbage peut donner par hectare; on admet cependant que, dans les bonnes pâtures des environs de Dunkerque, une vache peut arriver de 450 à 600 kilogrammes de poids vif en absorbant pendant cinq mois l'herbe de 40 à 50 ares.

B. Arrondissement d'Avesnes.

On engraisse, dans les pâtures de cette partie du Nord et de l'Aisne dont Avesnes est en quelque sorte le centre, un bétail nombreux composé de bœufs et de vaches. Les petits herbagers, qui souvent sont à la fois éleveurs et fromagers, engraissent principalement des vaches; les propriétaires d'herbages plus étendus y placent des bœufs achetés au dehors.

Les vaches engraissées dans les cantons de Maroilles, Landrecies, Berlaimont, sont, pour la plupart, des bêtes du pays, cependant on y importe beaucoup de vaches hollando-belges et quelques normandes destinées à la boucherie; ce qui a pu faire supposer à quelques écrivains que la bête maroillaise était le produit d'une alliance normande.

Il est plus facile de se procurer la vache que le bœuf d'engrais; celle-ci n'est même souvent qu'une réforme de l'étable: le prix en est moins élevé, elle est moins délicate que le bœuf, mais, par contre, l'engraissement peut être contrarié par un reste de lactation difficile à tarir[1], et par des ardeurs utérines. La vache grasse se vend, d'ailleurs, un prix moins élevé que le bœuf. Ces diverses raisons déterminent le choix de l'herbager.

La plus grande partie des bœufs qui s'engraissent sur les herbages d'Avesnes, du Nouvion, de la Capelle, etc., sont achetés dans la Haute-Saône et le Doubs (Franche-Comté).

Nous devons à l'obligeance de M. Grappe, habile éleveur de Charmoilles, près Vesoul, un état approximatif des bœufs comtois exportés dans le Nord et l'Aisne pendant ces dernières années. Nous mettons ce document sous les yeux de nos lecteurs; ils y trouveront en même temps les noms de quelques-uns de nos principaux herbagers de cette partie de la France. Quoique le Nord demande aujourd'hui à d'autres départements une partie de ses bœufs d'engrais, cependant ses importations de la Franche-Comté même ont pris un accroissement sensible, car les achats des Fla-

---

[1] Différents moyens sont employés dans le pays pour faire tarir les vaches qu'on veut engraisser; on leur fait une saignée, ou on leur administre un purgatif, quelquefois on leur lave les mamelles avec du vinaigre, on leur en fait avaler une petite dose. Lorsque la vache n'est pas taurelière ou stérile, on la fait quelquefois emplir: l'état de gestation est favorable à l'engraissement.

mands, qui, d'après les calculs de M. Grappe, n'étaient, de 1851 à 1853, que de 4 à 5,000 têtes, montent à 7,658 en 1855, et à 7,668 en 1856[1]. Quelques herbagers, qui font l'engraissement sur une grande échelle, vont acheter eux-mêmes leurs bœufs sur place; mais la plupart se les procurent par l'intermédiaire de marchands ou de commissionnaires, dont quelques-uns, tels que MM. Douvain d'Hirson et de la Capelle, Carette du Nouvion, Carlier de Beugnies, ramènent jusqu'à 600 têtes. Beaucoup de ces bœufs sont achetés par commission pour des herbagers qui payent simplement un droit de courtage de 3 à 5 francs par bœuf et les frais de l'animal. Ces frais, pour un trajet d'environ 400 kilomètres, s'élèvent à 18 ou 22 francs par tête, suivant l'importance des bandes. Les cantons herbagers de l'Aisne, de la Capelle, du Nouvion, d'Hirson, prennent, dans l'engraissement des bœufs comtois, une part plus considérable que l'arrondissement d'Avesnes, et, sur les 7,000 bœufs achetés en Comté, 4,000 peut-être le sont par des habitants de l'Aisne.

Ces bœufs, qui viennent pour la plupart des foires de Villersexel, Vesoul, Montbazon, Clerval-sur-Doubs, l'Ile-sur-Doubs, Montjustin, etc., sont en général de race comtoise-suisse. La race comtoise femeline, supérieure pour l'engraissement précoce et rapide, est moins recherchée par les engraisseurs, qui reprochent aux bœufs de cette race d'être plus délicats, de prendre relativement moins de poids au pâturage, de tomber *moins lourds;* la boucherie ne paye pas d'ailleurs suffisamment la finesse de la viande; cependant, les engraisseurs ont recours aux femelins lorsqu'ils veulent obtenir un engraissement plus rapide.

Les reproches que l'on fait aux bœufs femelins cesseraient évidemment, si le goût plus délicat du consommateur accordait à la viande de cette race une préférence que sa finesse justifie; ce serait un moyen de conserver un de nos meilleurs types de boucherie, qui, par l'abandon de l'acheteur, finira peut-être par se fondre complétement dans le type comtois suisse.

---

[1] Voici les chiffres que nous communique M. Grappe :

1851	5,463	1854	7,121
1852	5,442	1855	7,508
1853	5,297	1856	7,678

La vignette qui termine le chapitre VI représente des bœufs comtois au pâturage.

ANIMAUX DOMESTIQUES DE LA FRANCE.

ÉTAT COMPARATIF DU NOMBRE DE BOEUFS

EXPORTÉS DE LA FRANCHE-COMTÉ, EN 1855 ET 1856, PAR LES MARCHANDS ET HERBAGERS (DITS FLAMANDS).

DANS LES DÉPARTEMENTS DE L'AISNE, DU NORD ET AUTRES LIEUX.

NUMÉROS D'ORDRE.	NOMS ET PRÉNOMS.	DOMICILE.	DÉPARTEMENTS.	NOMBRE DE BOEUFS exportés en 1855.	NOMBRE DE BOEUFS exportés en 1856.
1	Béant............	La Capelle.	Aisne.	266	410
2	Beurel...........	Saint-Michel.	Idem.	100	100
3	Berni............	Fourmies.	Nord.	"	20
4	Carlier..........	Beugnies.	Idem.	450	510
5	Carette..........	Nouvion.	Aisne.	650	650
6	Caudron.........	Idem.	Idem.	307	300
7	Champion........	Idem.	Idem.	200	420
8	Divry............	Bohain.	Nord.	80	120
9	Dégoit...........	Guise.	Aisne.	48	48
10	Denain..........	Trélon.	Nord.	60	60
11	Douvain (César)...	Hirson.	Aisne.	650	630
12	Douvain (Xavier)...	Idem.	Idem.	550	530
13	Douvain (Damasse).	La Capelle.	Idem.	400	620
14	Delan...........	Maubeuge.	Nord.	40	40
15	Dieulot..........	Vervins.	Aisne.	40	40
16	Elié.............	Beugnies.	Nord.	120	230
17	Fostier..........	Idem.	Idem.	"	60
18	Foine...........	Avesnes.	Idem.	450	480
19	Garola	Joinville.	H^{te}-Marne.	40	60
20	Gilliard (Cabaret)..	Etrœungt.	Nord.	300	300
21	Gilliard (Turquin)..	Guise.	Aisne.	56	56
22	Guillin (Balasse)...	Etrœungt.	Nord.	450	410
23	Guillin (Désiré)....	Idem.	Idem.	250	200
24	Hazard, père......	Felleries.	Idem.	120	60
25	Jonsthon.........	Metz.	Moselle.	100	40
26	Leclercq.........	Lille.	Nord.	355	358
27	Loquenenx.......	Valenciennes.	Idem.	100	100
28	Magis...........	Solre-le-Chât^u.	Idem.	70	70
29	Maillard.........	Etrœungt.	Idem.	60	60
30	Mairesse.........	Beugnies.	Idem.	120	40
31	Poulet...........	Etrœungt.	Idem.	40	40
32	Soury...........	Bohain.	Idem.	26	26
33	Vitard...........	Laon.	Aisne.	"	40
34	Leclerc (Baudoin)..	Reims.	Marne.	300	300
35	Renard..........	Montigny.	H^{te}-Marne.	250	250
	Plusieurs autres venus en 1855............			460	"
	TOTAUX.............			7,508	7,678

OBSERVATIONS.

FOIRES PRINCIPALES.

	Nombre de boeufs.
ARRONDISSEMENT DE VESOUL.	
Sont sortis de Vesoul......	1,200
———————— de Monthazon....	800
———————— de Montjustin....	600
———————— de Faverney.....	200
———————— de Bioz.........	150
Total........	2,950
ARRONDISSEMENT DE LURE.	
Sont sortis de Villersexel.....	1,200
———————— de Lure.........	200
———————— de Grange-le-Bourg	100
Total........	1,500
ARROND^t. DE BAUME-LES-DAMES.	
Sont sortis de Clerval-sur-le-Donbs........	800
———————— de l'Isle.........	700
———————— de Vercel........	500
———————— de Bouclans......	200
———————— de Rigney.......	150
Total........	2,350
FOIRES DIVERSES.	
Sont sortis de Besançon.....	200
———————— de Belfort.......	150
———————— des autres petites foires........	528
Total........	878
Total général.......	7,678

BALANCE.

En 1855 ont été exportés :
7,508 boeufs à 340^f l'un... 2,552,720^f

En 1856 ont été exportés :
7,678 boeufs à 350^f l'un... 2,687,300

Excédant de 1856 sur 1855. 134,580

Les chemins de fer ont permis aux engraisseurs du Nord d'étendre leurs achats sur un plus long rayon. On voit maintenant dans les herbages, quoique en petit nombre encore, des manceaux, des normands, des charollais. Les bœufs normands sont estimés, mais leur prix élevé permet rarement de les importer; ces bœufs, supportant mieux les intempéries, peuvent être mis plus tôt à la pâture; d'un autre côté ils s'*écartent* mieux dans le pâturage que les comtois, toujours disposés à rester en troupe. On reproche aux manceaux et aux manceaux-bretons de prendre, au pâturage, de la taille et du volume et plus lentement de la graisse. Tous les bœufs sont d'ailleurs soumis, dans l'herbage, à un engraissement à peu près uniforme; achetés dans le mois d'avril, ils entrent dans le pâturage à la fin du même mois ou au commencement de mai. Quelques herbagers partagent les pâtures de manière à faire passer successivement les animaux par l'une des divisions, laissant à l'herbe le temps de repousser. Ainsi, M. Caudron a divisé un herbage de 81 hectares en neuf parts de 9 hectares chacune; trois parts sont affectées à une bande de bœufs qui sont changés tous les jours; de manière que l'herbe a deux ou trois jours pour repousser; on peut mettre facilement de cette manière quatre à six bœufs par hectare, ce qui ferait, en dernière analyse, plus d'un bœuf et demi par hectare. De bons herbages peuvent engraisser deux bœufs, qui arrivent de 350 à 450 kilogrammes de viande; mais on compte en moyenne 70 à 80 ares par bœuf. Les bœufs sont vendus assez ordinairement d'avance à des bouchers qui peuvent s'en livrer pendant le cours de la saison, à mesure qu'ils viennent en état; les derniers sont enlevés en novembre. On fait quelquefois une seconde mise à mi-saison, soit de bœufs en chair, qui achèvent de s'engraisser, soit de bœufs maigres qu'on finit à l'étable. Le climat, plus rude que sur le littoral, ne permet pas d'appliquer la méthode normande des *mises d'hiver,* au moyen de laquelle on obtient ces bœufs dits trembleurs livrés à la boucherie les premiers de la saison. Les herbages sont exclusivement réservés à l'espèce bovine, on n'y voit pas de chevaux ni de moutons; les vaches et les génisses sont séparées des bœufs; on réserve les meilleurs herbages à ces derniers. La vache laitière exige une pâture moins grasse, mais aussi abondante. Quoiqu'il ait été avancé par des écrivains agricoles que la vache laitière consomme deux fois plus de nourriture que la bête d'engrais, on n'admet pas dans le Nord une différence aussi grande : 70 à 80 ares pour la laitière, 50 ares pour la vache d'embouche. Quelques éleveurs, pour hâter l'engraissement, donnent un peu de tourteau quand l'animal est bien en chair. Une saignée est pratiquée accidentellement au commencement et à la fin de l'engraissement.

Les bœufs, dans l'herbage, n'exigent d'autre soin que celui de les changer de pâture ; un petit abreuvoir, dans chaque enclos, est mis à leur disposition ; il se trouve çà et là un poteau auquel ils se frottent. On les visite chaque jour pour vérifier s'ils sont en bonne santé ; quand l'animal s'isole, qu'il ne s'étire pas les membres lorsqu'on le fait lever, qu'il ne mange pas ou broute à peine, le gardien doit y voir autant de symptômes qui appellent un examen plus attentif de la bête. On enlève assez ordinairement les fientes qui salissent la pâture et produisent ces touffes dédaignées par les animaux. M. Caudron du Nouvion fait exécuter cet enlèvement d'une manière régulière et qui nous a paru fort intelligente.

Tout le monde sait que le bétail en pâture affectionne spécialement quelques places de l'herbage qu'il rase de beaucoup plus près, tandis qu'il en dédaigne d'autres où l'herbe croît, durcit et forme des touffes appelées *refus*, qu'on est quelquefois obligé de faucher ; les places souillées par les excréments de l'animal sont surtout l'objet de cette répugnance. Plus on laisse séjourner les excréments sur le sol, plus l'herbe, très-vigoureuse d'ailleurs, contracte cette saveur qui repousse l'animal. Pour parer à cet inconvénient, voici le procédé suivi par M. Caudron. Dans ses herbages, une femme est continuellement occupée à ramasser, à l'aide d'une brouette, les crottins des

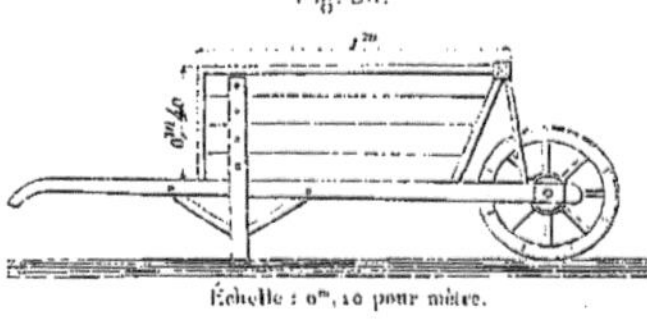

Fig. 85.

animaux, et les met en petits tas, de distance en distance, sur l'herbage même ; lorsque cet herbage a été suffisamment brouté, un ouvrier y conduit un tonneau porté sur une voiture dont les roues légères sont à larges jantes ; ce tonneau, plein d'eau, peut contenir 6 hectolitres ; un autre ouvrier suit traînant une brouette à coffre, fig. 85, bien étanche, de la contenance de

2 hectolitres environ; ce dernier ouvrier prend à la pelle des crottins aux tas indiqués plus haut, les met dans la brouette, approche celle-ci sous le robinet placé à l'extrémité postérieure du tombereau, et l'emplit en même temps qu'il délaye la matière avec le rabot, fig. 86; la brouette remplie, il l'avance près des places où l'herbe a été rasée par la dent de l'animal, et, avec l'écope, fig. 87, il répand sur ces places le purin préparé en ayant soin de n'en pas jeter sur les touffes d'herbe plus élevées.

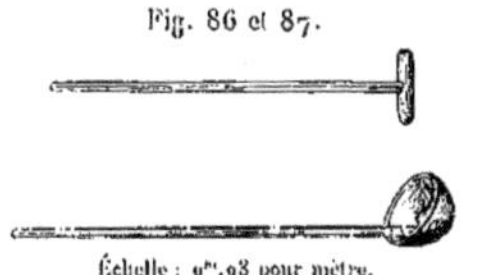

Fig. 86 et 87.

Échelle : 0^m,08 pour mètre.

Les conséquences de cette opération sont faciles à prévoir : l'animal, lorsqu'il revient sur les endroits ainsi arrosés, ne touche plus à l'herbe récemment souillée; il attaque les touffes qu'il refusait auparavant, et laisse à l'herbe qu'il avait broutée de trop près le temps de repousser.

Une femme suffit pour ramasser journellement les fientes sur 8 à 9 hectares où paissent 50 à 60 bœufs. Deux hommes avec un cheval peuvent apporter l'eau et répandre le purin sur 1 hectare par jour. Par cette méthode, les herbages reçoivent en même temps une fumure annuelle.

Au moyen de ce système, M. Caudron n'éprouve pas le besoin d'introduire la faux dans ses herbages, si ce n'est pour couper l'herbe de quelques encoignures et bordures où les animaux ne vont pas, et qu'il donne en vert à l'étable.

§ 2.

ENGRAISSEMENT À L'ÉTABLE.

Depuis l'établissement de la sucrerie de betteraves et de la distillerie de grains, aujourd'hui remplacée en grande partie par celle de la betterave, l'engraissement à l'étable a pris, dans le Nord, un très-grand développement : l'augmentation du bétail d'engrais paraît cependant s'être portée plus encore sur les vaches que sur les bœufs. Dans la statistique de 1853, le chiffre des bœufs est un peu moins élevé que celui de la statistique de 1840. Cette différence peut tenir à celle des bases du recensement; mais nous pensons que les existences des deux époques doivent se rapprocher beaucoup pour le nombre. En réalité, la quantité des bœufs engraissés doit être plus élevée que celle indiquée par la statistique; une portion considérable, étant abattue dans le courant de l'année, ne figure pas au moment du recensement. Nous croyons donc qu'on engraisse annuellement, dans le seul département du Nord, plus de 8,000 bœufs, et au moins 40,000 vaches. La moitié, peut-être, est engraissée à l'étable. Le Pas-de-Calais, la Somme, font également beaucoup de vaches et quelques bœufs gras, mais plus exclusivement à l'étable.

A. Étables d'engraissement.

Les étables d'engraissement construites depuis quelques années, dans les sucreries principalement, sont, pour la plupart, bien disposées; elles diffèrent peu de celles des bêtes de travail; on les place cependant, autant que possible, dans un endroit retiré et tranquille; on leur donne moins de hauteur et moins de jour, conditions favorables à l'engraissement.

L'étable que nous avons décrite, fig. 74, 75 et 76, pourrait, avec un peu moins d'élévation sous le plafond, être affectée à l'engraissement; il en est de même de celle de la ferme de Beaumont appartenant à M. Brame, que nous n'avons fait qu'indiquer en parlant des étables laitières parmi lesquelles on doit la classer, mais dont nous allons reproduire ici le dessin, qui nous est arrivé un peu tardivement.

Cette étable, dont la figure 88 représente une coupe en travers, renferme 25 vaches et 4 taureaux placés dans une division séparée. Le plancher bas est en béton : la partie où sont les animaux présente une légère pente, qui vient se terminer en *b* au rebord d'un seuil élevé

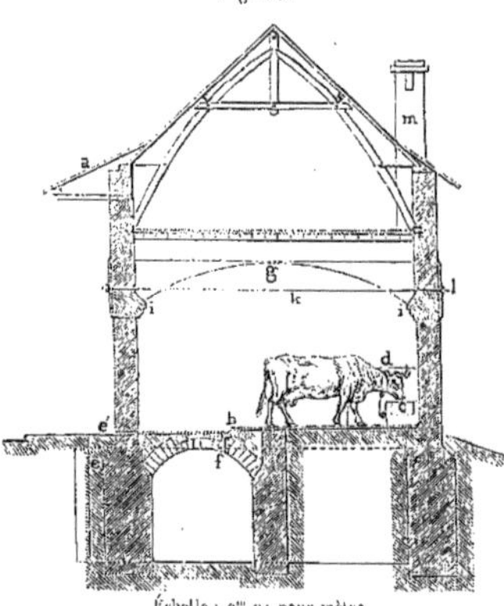

Fig. 88.

Échelle : 0^m,01 pour mètre.

de 0^m,11 au-dessus d'un passage de 1 mètre. Le long de ce rebord en

grès, règne un petit caniveau peu profond en pierre bleue destiné à
recevoir les urines qui s'écoulent dans une fosse *f*, qui se prolonge sous
toute l'étable; un regard *e*, avec lequel la fosse communique, permet d'établir au dehors en *d* une pompe pour la vider. Chaque animal a sa stalle
séparée de la stalle voisine par une pierre de Tournay et garnie d'une
auge double *c* de même matière. Il n'existe pas de rateliers; les portes et
les fenêtres, au nombre de 13, seraient sans doute trop nombreuses dans
une ferme ordinaire, où une part aussi large ne doit pas être faite au luxe.
Un système d'aération, très-complet d'ailleurs, a été établi au moyen de
carneaux pratiqués dans les murailles, s'ouvrant à volonté, au dehors,
pour amener l'air frais à la partie inférieure de l'étable, tandis que des

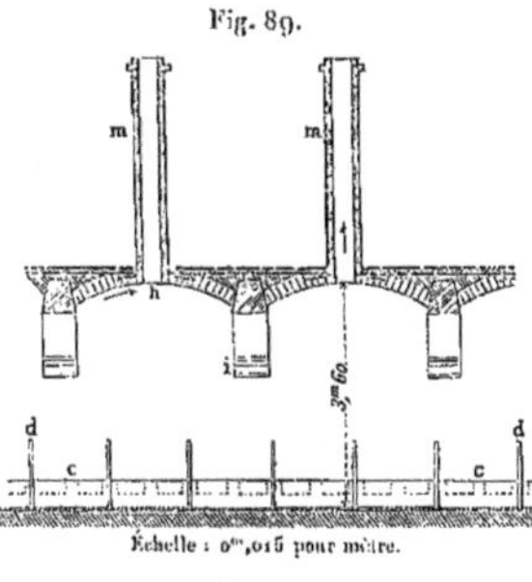

Fig. 89.

Échelle : 0^m,015 pour mètre.

cheminées d'appel *m m*, qu'on voit dans
la figure 89 (coupe en long d'une partie de cette même étable), enlèvent l'air
vicié. Nous avons vu, en Angleterre et
même en France, employer un moyen
d'aération qui nous a été rappelé par
la forme même des fenêtres de l'étable,
et que nous décrivons ici; ces fenêtres,
dont la figure 90 offre la forme générale et la grandeur, sont fermées en bas
par un volet, et à la partie supérieure
règne une imposte. Dans le système
anglais, au lieu de fermer la partie inférieure par un seul volet, on en adapte
deux, dont l'un glisse sur l'autre; ces
volets sont percés d'ouvertures verti-
cales *a, a, a,* alternant avec une partie
pleine de même largeur. En poussant
le volet supérieur, à droite ou à gauche,

Fig. 90.

Échelle : 0^m,01 pour mètre.

la partie pleine se trouve en face, soit du vide, soit du plein de l'autre
châssis, et ferme ses ouvertures ou les laisse béantes.

Le plancher haut de l'étable est formé de voûtes en briques d'un modèle fort élégant *h*, fig. 89, qui s'appuient sur des arceaux en pierre *i*, *g*,

fig. 88. Un tirant en fer k, arrêté au dehors par des ancres l, maintient l'écartement des murs. Le trottoir qui règne autour du bâtiment est couvert par l'avance a du toit. La construction de cette étable, ainsi que celle de la ferme entière, fait honneur à M. Leclerc, habile architecte de Lille, qui en a été chargé.

Les étables de M. de Mesmay, ancien directeur de la ferme-école de Templeuve, spécialement consacrées à l'engraissement, présentent quelques détails de construction intéressants à étudier : elles sont divisées en plusieurs compartiments.

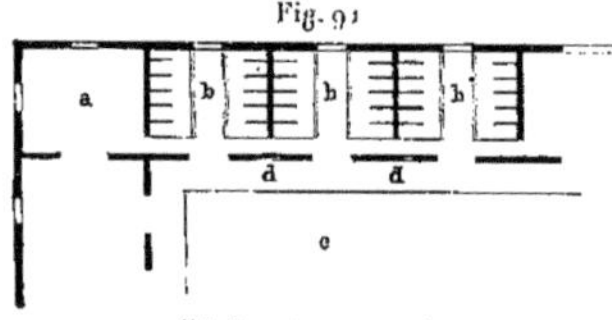

Fig. 91

Échelle : 0 m.001 pour mètre.

figure 91, séparés par des cloisons et pouvant communiquer ensemble au moyen d'un long corridor o, ou bien être isolés les uns des autres par des portes établies en face des cloisons. Le service se fait, pour chaque étable, par une porte donnant dans la cour et ouvrant sur un large trottoir en briques $d\ d$, qui règne en avant des bâtiments et les sépare de la cour à fumier c. Le passage o communique également avec une pièce a dans laquelle se préparent les aliments; on a placé dans cette pièce un hache-paille, un coupe-racines, un concasseur; un petit magasin est à côté.

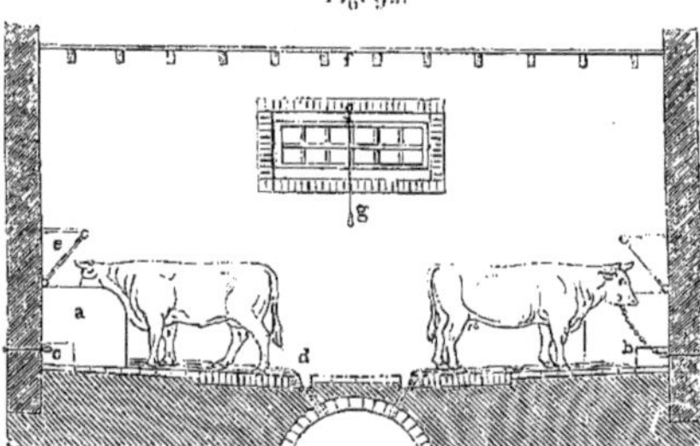

Fig. 92.

Échelle : 0 m.01 pour mètre.

La figure 92 représente, sur une plus grande échelle, l'une de ces étables. Elle est double; les têtes des animaux sont tournées vers la muraille; les stalles, au nombre de huit, de chaque côté, ont 1 m,50 de large et sont séparées entre elles par une de ces plaques en pierre de Tournay, dont on a déjà parlé. Chacune est garnie d'une auge *b* de même matière, dont la contenance est de soixante litres environ; ces auges se vendent 4 francs sur place à Tournay; au-dessus règne un râtelier en fer *e*, de 0^m,80 de hauteur, dont les roulons, d'un centimètre de diamètre environ, sont écartés, entre eux, de 15 à 20. Les animaux sont attachés à un anneau fixé à l'extrémité d'une tige de fer *c*, qui traverse la cloison de briques et porte un anneau semblable de l'autre côté, où existe une étable pareille. Cette disposition donne plus de solidité qu'un scellement, qu'elle épargne d'ailleurs. Les auges sont appuyées de chaque côté des séparations pour faciliter le service, ainsi qu'on l'expliquera plus loin; le sol est pavé en briques de champ appliquées sur de la chaux hydraulique, qu'on coule également entre les joints. De chaque côté d'un passage médian, de 1^m,20 de large, sont deux

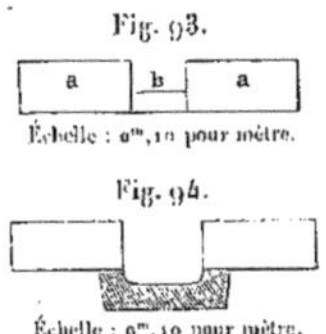

Fig. 93.

Échelle : 0^m,10 pour mètre.

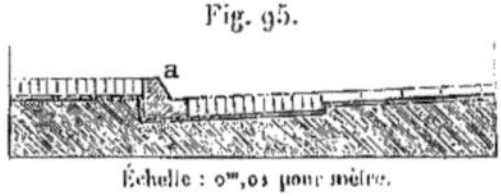

Fig. 94.

Échelle : 0^m,10 pour mètre.

rigoles faites, soit avec trois briques (deux de champ et une de plat, fig. 93) jointoyées en chaux hydraulique, soit avec briques de champ et un fond évidé de pierre de Tournay, fig. 94. Dans quelques étables, cette rigole est supprimée; on élève le passage de 10 centimètres au-dessus de l'emplacement des vaches, dont la pente vient aboutir à la bordure en pierre du passage lui-même, qui arrête les urines et soutient la litière.

Fig. 95.

La figure 95 donne une idée de cette disposition; *a* est la bordure en pierre ou en grès. On évite, par ce système, les rigoles, dans lesquelles peut quelquefois s'engager le pied des animaux; le sol est pavé en briques, posées de plat en avant de la mangeoire, et, de champ, dans les autres parties de l'étable. Dans l'étable de Templeuve, les urines descendent à l'extrémité de la rigole dans une citerne voûtée *m* qui règne dans la longueur de l'étable; cette citerne, qui porte 2 mètres sous la clef de la voûte, se vide au-dehors par un regard *n*, au moyen d'une pompe mobile. Le plancher haut, élevé de 4 mètres, est en planches sur solives goudronnées. Dans une autre étable de M. Mesmay, nous avons remarqué de petites voûtes en briques portées sur des sommiers de fer en T au lieu de solives.

Échelle : 0^m,05 pour mètre.

Les figures 96 et 97 feront comprendre les détails de cette espèce de

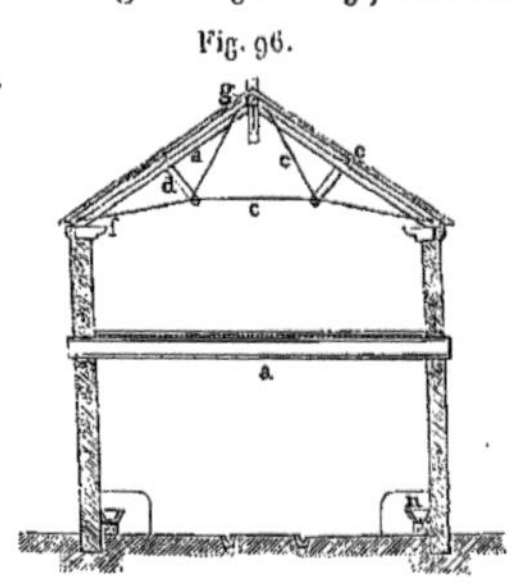

Fig. 96.

voûte qui, dans les incendies, a un avantage évident sur les planchers ordinaires ; *a, a*, sont les extrémités des sommiers ou solives en fer, fig. 98 ; quelquefois un tirant en fer de 4 centimètres de diamètre s'agrafe aux sommiers, qu'il traverse à angle droit ; il est retenu au dehors par une ancre ou une large rondelle de fonte, et consolide en même temps les murs de pignon.

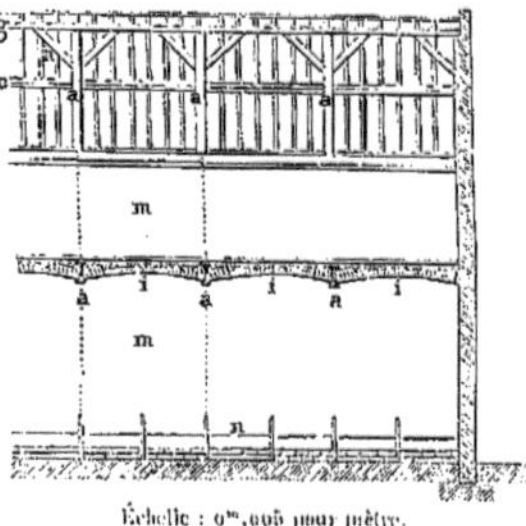

Fig. 97.

D'après un devis dressé par M. Caloine, architecte distingué de Lille, devis inséré dans les publications du comice de cette ville, ce mode de plancher reviendrait à 12 p. o/o de moins qu'un plancher ordinaire.

Le même architecte applique à la construction des bâtiments ruraux un système de charpente, partie en fer, partie en bois, qui nous paraît joindre, à l'avantage de l'économie, celui de laisser plus d'espace sous les combles pour les

Échelle : 0ᵐ,005 pour mètre.

affourragements, et de diminuer, jusqu'à un certain point, les chances d'incendie.

Les figures 96 et 97 donnent la coupe en long et en travers d'un

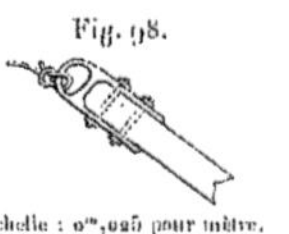

Fig. 98.

bâtiment de 6ᵐ,70 de large dans œuvre, construit d'après ce système avec voûtes et sommiers en fer. La charpente, partie en fer rond de 12 millimètres, partie en bois d'orme ou de sapin, se compose de

Échelle : 0ᵐ,025 pour mètre.

2 arbalétriers *a* (on n'indique qu'un des côtés, tous deux étant symétriques), assemblés avec un poinçon *d* et consolidés, dans leur milieu, par une jambette *d* représentée avec plus de détails dans la figure 98 et un

système de tirants en fer *c*. Sur les arbalétriers sont posées les pannes *e*,
e, et les chevrons. Ces tirants s'agrafent, au moyen d'un écrou qui les termine, aux extrémités des arbalétriers; ils passent dans l'armature en fonte,
fig. 98, que portent les jambettes. Dans la coupe en long de la fig. 97,
on voit le faîtage *g* qui reçoit les contrefiches *h* des poinçons. Lorsque le
bâtiment est plus large, les sommiers sont placés dans le sens opposé,
appuyés sur des murs de refend; alors un tirant en fer traverse ces sommiers, auxquels il s'agrafe, et réunit les deux murs de côté.

Il serait facile d'exécuter cette charpente tout en fer, en remplaçant, par
des arbalétriers en fonte, les arbalétriers en bois. Ce système se rapproche
beaucoup, en effet, des charpentes qu'on peut voir dans les gares des chemins de fer.

Le prix d'une travée du bâtiment qu'on vient de décrire, de 6^m,70 de
large dans œuvre, sur 2^m,50 de long, reviendrait, d'après le devis de
l'architecte, à 602 francs. C'est environ 35 francs par mètre superficiel de
terrain bâti. En portant
la longueur à 1 mètre de
plus, on pourrait établir,
dans un bâtiment de ce
genre, une étable à deux
rangs avec un grenier au-
dessus. On y logerait une
bête par 1^m,20 de lon-
gueur; ceci donnerait par
tête environ 4 mètres su-
perficiels à 35 francs, soit,
pour logement de l'animal
et du fourrage qui lui est
nécessaire, environ 140 fr.

M. Bazin, directeur de
la ferme-école du Mesnil-
Saint-Firmin, a fait construire, à peu de frais, une

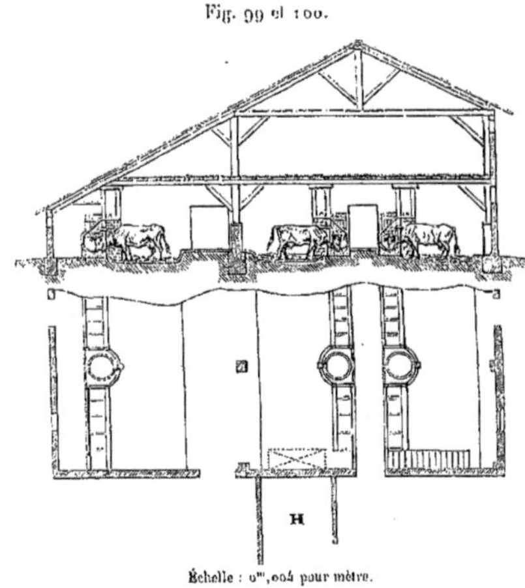

Fig. 99 et 100.

Échelle : 0^m,004 pour mètre.

vaste étable d'engrais, dont les figures 99, 100 et 101 reproduisent les

dispositions. Les figures 99 et 100 donnent l'élévation et le plan de
l'étable, la figure 101, la coupe en élévation de deux rangs d'animaux
sur une échelle un peu plus grande. Cette étable consistait primitivement
dans un grand bâtiment dont elle occupait le rez-de-chaussée; un grenier
à fourrages régnait au-dessus; depuis, on l'a augmentée par une espèce
d'appentis qui se lie au bâtiment principal. On pourrait évidemment faire
la même construction de l'autre côté : on aurait une étable de 21 mètres
de large sur 30 mètres de long, couvrant ainsi une surface de 600 mètres
environ et pouvant contenir plus de 80 têtes. Nous ne pensons pas que
ce bâtiment, bien établi, coûtât plus de 9,000 francs, soit 15 à 20 francs
le mètre superficiel : ce serait environ 110 francs par animal logé avec
sa provision d'hiver. Nous n'indiquons cette étable que comme construction
économique; en présence des dangers de la péripneumonie, il y a peut-
être quelque inconvénient à réunir ainsi un grand nombre d'animaux;
mais le service peut se faire avec économie.

Nous décrivons seulement la partie principale de l'étable, l'appentis annexe ne faisant que répéter l'un des rangs d'animaux. Le bâtiment n'est,
en quelque sorte, qu'un vaste hangard avec grenier, le tout en charpente
avec murs en briques de 0^{m},22 pour en clore les côtés et le pignon; les
pièces principales de la charpente sont en chêne, le reste en bois blanc; la
couverture est en pannes, espèce de tuile légère particulière aux départements du Nord. Voici la disposition intérieure : des deux côtés d'un
passage auquel donne entrée une porte qui communique avec le magasin

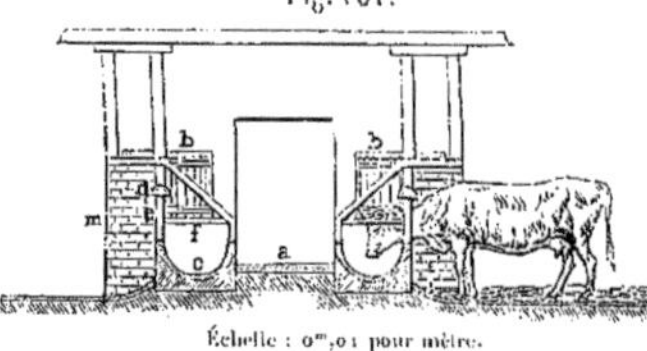

Fig. 101.

Échelle : 0^{m},01 pour mètre.

à fourrages h, règnent deux
rangs de mangeoires sans râteliers; l'auge c, fig. 101, en ciment romain, est garnie, sur le
devant, d'une grille dont les barreaux s'assemblent avec une
main courante ou sommier d,
analogue à celle des étables de
M. le marquis de Vallenglard; en outre, des barres séparatives, posées sur
la mangeoire, empêchent l'animal d'empiéter sur la part de son voisin.
Tous les quatre mètres (de milieu en milieu) sont placés des baquets b, où

se déposent les aliments hachés ou liquides; peut-être ces dépôts sont-ils trop multipliés. Une petite construction circulaire en briques *m* reçoit ces baquets. L'emplacement des animaux un peu creusé permet de laisser amasser les litières pendant plusieurs semaines, méthode depuis longtemps adoptée au Mesnil. On peut, à l'aide des portes charretières, introduire une voiture pour l'enlèvement des fumiers, qui sont conduits directement dans les champs.

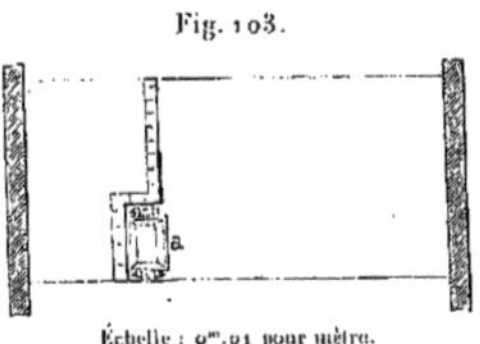

Fig. 102.

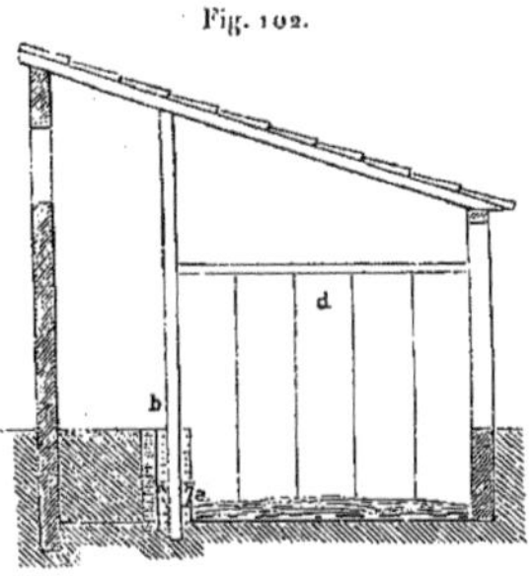

Fig. 103.

Échelle : o^m,o1 pour mètre.

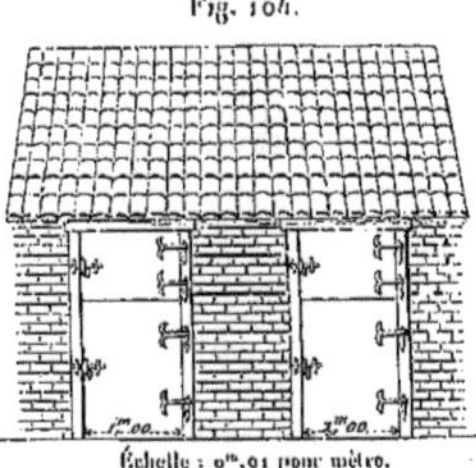

Fig. 104.

Échelle : o^m,o1 pour mètre.

Quelques engraisseurs, parmi lesquels je citerai M. de Crombecque, à Lens; M. Sauvaige-Fretin, à Gouy, près le Catelet; M. Hette, à Bresles, ont adopté pour l'engraissement l'usage des *boxes*, système anglais de Warne.

Une de ces boxes est représentée en coupe, fig. 102, et en plan, fig. 103; la figure 104 donne, en outre, l'élévation de plusieurs boxes vues par-devant.

Le sol sur lequel repose l'animal est de o^m,5o en contrebas du seuil de la boxe; on fait descendre la bête destinée à l'engrais en posant deux ou trois bottes de paille au bas du seuil. La boxe mesure 2 mètres dans sa largeur et 3 mètres de la porte à la mangeoire.

Deux petits murs de briques soutiennent les terres en avant et en arrière; deux cloisons en planches *d* séparent les animaux.

Un couloir *c*, par lequel on distribue la nourriture, règne devant les boxes; la mangeoire mobile est supportée par les deux montants *b;* des chevilles, implantées dans des trous percés à des hauteurs différentes, permettent d'élever cette mangeoire à mesure que le fumier s'accumule sous les pieds des animaux; dans le mur qui fait face à la porte, est une petite croisée fermée par une persienne rustique.

Les portes d'entrée, étant coupées en deux vantaux, laissent à l'engraisseur la facilité d'examiner les animaux en ouvrant seulement la partie supérieure.

L'animal est laissé libre dans sa boxe, où il peut tourner et se placer à volonté; chaque jour on ajoute un peu de litière en répartissant les parties souillées dans les points que les déjections ne peuvent atteindre. Par suite de la pression constante des pieds de l'animal, le fumier se décompose sans laisser échapper d'émanations sensibles; une fermentation lente et une humidité suffisante lui conservent tous ses principes. 2 mois et demi à 3 mois suffisent pour l'engraissement cellulaire.

Les personnes qui ont employé ces boxes paraissent en être satisfaites sous le double rapport de la promptitude de l'engraissement, de la bonne confection du fumier; une expérience plus prolongée nous apprendra si ce régime ne laisse rien à désirer pour l'hygiène.

B. Aliments et régime.

Dans le Nord, l'engraissement à l'étable se faisant en grande partie dans les sucreries, ou dans les laiteries voisines des villes, les résidus de sucreries, distilleries et brasseries, ainsi que les tourteaux de graines oléagineuses, en font la base principale; les farineux n'arrivent guère qu'en seconde ligne, et le foin ne joue qu'un rôle accessoire.

La pulpe de betterave forme la masse la plus importante dans les matériaux de l'engraissement. Depuis le développement de la distillation de cette racine, la pulpe de distillerie a pris sa place à côté de celle de la sucrerie; mais il existe entre elles des différences : la pulpe de sucrerie varie de valeur nutritive suivant le système d'extraction du jus; la pulpe pressée, sans lavage préalable, est la plus riche, la pulpe de macération, soit à l'état de pulpe, soit à celle de *cossettes*, est inférieure. M. Meurein, chimiste distingué de Lille, a essayé de déterminer théoriquement la valeur de pulpes provenant de différents procédés employés pour l'extraction du sucre ou de l'alcool, en prenant les matières azotées pour base de son appréciation. Il a trouvé que, pour qu'un animal nourri avec des pulpes de betteraves provenant de ces divers systèmes incorporât une quantité de principes nutritifs égale à celle contenue dans 100 kilog. de pulpe de presse, il faudrait lui donner :

137^k de pulpe hachée et macérée à chaud; procédé Champonnois.
145 de pulpe râpée, lavée et pressée.
190 de pulpe hachée et distillée; procédé Le Play.
329 de pulpe macérée; procédé Dubrunfaut.

En donnant à la pulpe normale des presses une valeur de 15 francs les 1,000 kilog., le prix des autres serait seulement : pulpes Champonnois, 10 fr. 87 cent.; pulpe râpée, lavée et pressée 10 fr. 30 cent.; pulpe Le Play, 7 fr. 87 cent.; pulpe procédé Dubrunfaut, 4 fr. 54 cent.

Ces données, purement scientifiques, ne s'accordent pas toujours avec les évaluations pratiques. Ainsi les pulpes du procédé Le Play sont préconisées par quelques cultivateurs; celles Champonnois sont placées par d'autres au premier rang; mais la supériorité de la pulpe ordinaire de presse non lavée est incontestable : celle-ci forme la masse des pulpes employées. Ces pulpes se conservent dans des fosses ou silos de diverses formes; quelquefois on creuse sous un hangar une grande fosse maçonnée de 1^m,50 à 2 mètres de profondeur, qu'on subdivise en compartiments de 2 mètres de large séparés par de petits murs de brique. Ces compartiments, étant remplis, sont recouverts d'un plancher qui permet d'utiliser le

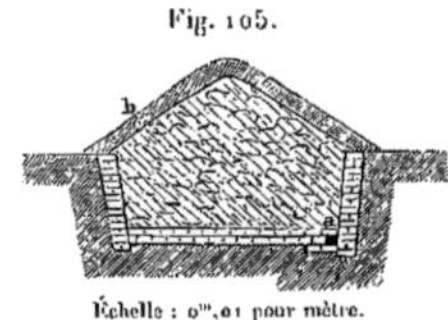

Fig. 105.

Échelle : 0^m,01 pour mètre.

hangar; chaque compartiment est vidé successivement. Nous avons vu des fosses de ce genre chez M. Martine, d'Aubigny. M. de Mesmay met ses pulpes dans des silos dont nous donnons la coupe, fig. 105. Un petit drain, placé sur l'un des côtés vers lequel est dirigée la pente du fond, peut recevoir l'excès d'humidité; la pulpe entassée est couverte de terre; on la retire du silo, en la coupant successivement par tranches à la bêche.

Les vinasses de distillerie de betterave n'ont été employées à la nourriture que dans les usines Champonnois, où elles se mêlent toujours, dans une certaine proportion, à la pulpe. Celles des distilleries, opérant sur des jus provenant de pulpe pressée, ont une assez grande valeur nutritive théorique; mais le ferment, les acides, les sels de cuivre qu'elles contiennent, et d'autres causes encore, ont empêché les nourrisseurs d'en faire usage; les vinasses ou *drèches* des genièvreries étaient, au contraire, très-employées avant la suspension de cette industrie. On distille encore aujourd'hui en quantité assez considérable le riz et le dary, dont la drèche est très-bonne, quand la saccharification ne s'est pas faite à l'aide de l'acide sulfurique. M. Bernard, de Lille, avait essayé de substituer l'acide chlorhydrique à cet acide, et de saturer par la soude; il donnait aux animaux des drèches ainsi traitées; mais aujourd'hui l'emploi du malt d'orge, permis par l'administration, restituera ces drèches à l'alimentation du bétail, on les paye de 3o à 5o centimes l'hectolitre; enlevées dans de grands tonneaux. elles sont amenées toutes chaudes à proximité de l'étable; et, à l'aide d'une gouttière en bois, on les fait couler directement dans les auges. Une légère pente donnée à ces auges rassemble à l'une des extrémités le superflu laissé par les animaux.

Il est difficile de se faire une idée de la masse énorme de matières alimentaires que les sucreries et les distilleries de betteraves mettent aujourd'hui à la disposition de l'engraisseur, dans nos départements du Nord. Des documents fournis par l'administration des contributions indirectes et des douanes, il résulte qu'il existait, au 1er janvier 1857, 294 fabriques de sucre indigène. Il faut en distraire environ 1o, qui se livrent aujourd'hui exclusivement à la distillation; il reste donc 284 sucreries en activité. Ce nombre n'était que de 274 en 1855 : c'est un accroissement de 1o établissements, accroissement qui eût été beaucoup plus considérable sans la concurrence de la distillation. C'est surtout dans la Picardie et le rayon de Paris que s'élèvent les établissements nouveaux.

De ces 294 sucreries, 285 appartiennent à la région dont nous étudions la race bovine; on en compte 131 dans le Nord, 52 dans le Pas-de-Calais, 48 dans l'Aisne, 3o dans la Somme, 2o dans l'Oise, 3 dans Seine-et-Oise, 1 dans la Seine. La carte annexe indique les points de la région où les sucreries et les distilleries sont les plus multipliées. Les départements du Cher, de la Marne, des Ardennes, de la Meurthe, de la Moselle, de la Haute-Saône, du Puy-de-Dôme, possèdent chacun une sucrerie, mais ne travaillent pas, tous ensemble, plus de 150,000 quintaux de betteraves, sur les 18 millions de quintaux employés par la sucrerie indigène. L'administration des contributions suppose que cette masse de racines est le produit d'environ 50,000 hectares et fournit 95,000,000 de kilogrammes de sucre. Le produit moyen par sucrerie est d'environ 235,000 kilogrammes de sucre; mais l'importance de la fabrication varie, suivant les établissements, de 50,000 à 1,100,000 kilogrammes. Parmi les sucreries les plus considérables, on peut citer celles de Seraucourt, Berny Rivière et Villeneuve (Aisne), du Quesnoy-sur-Deule, de Solesmes, Fraismarais, Marly, Bauvin, Wandignies (Nord); de Dury, Pas-de-Calais.

Les distilleries de betteraves, qui ne datent que de quelques années, fournissent également aujourd'hui à l'alimentation du bétail des ressources importantes. Sur 321 distilleries, dont les relevés de l'administration des contributions indirectes constatent l'existence, 296 sont alimentées par la betterave en nature, et opèrent sur environ 12 millions de quintaux de betteraves, produit de 34,000 hectares. Ces établissements livrent à la consommation 268,818 hectolitres d'alcool. Voici comment ces 296 distilleries se répartissent entre les différents départements de la région :

Nord	46	Seine-et-Marne	11
Pas-de-Calais	27	Oise	11
Seine-et-Oise	16	Somme	10
Aisne	14	Seine	1

Sur les 12 millions de betteraves distillées, les établissements de la région en travaillent 9,500,000.

En résumé, les sucreries et distilleries du Nord opèrent sur près de 32,000,000 de quintaux de betteraves, qui, sur le pied d'un rendement de 30 p. o/o, peuvent fournir près de 10 millions de quintaux métriques de pulpe, qu'on peut évaluer à 3 millions de quintaux de foin. Il faut ajouter les drèches des distilleries de graines farineuses. Le travail de ces usines, quoique beaucoup ralenti depuis le décret qui proscrivait en grande partie cette distillation, a employé encore, en 1856, 27 millions de kilogrammes de riz et de seigle, et 3 millions de kilogrammes d'orge. Avant le décret, on évaluait, dans le Nord et le Pas-de-Calais, à 12 millions d'hectolitres la drèche des genièvreries et des distilleries de grains.

Tourteau. — Le tourteau de lin, plus estimé que celui d'œillette par quelques engraisseurs, n'est placé par d'autres qu'au même niveau. Le tourteau d'œillette est, du reste, plus employé, sans doute à cause de son prix toujours inférieur; le tourteau de colza est plutôt réservé pour les vaches laitières ou la fumure que pour l'engraissement. Une certaine quantité de tourteaux de sésame, d'arachide décortiquée, de Touloucouna, sortent des huileries de Lille, mais ne paraissent pas employées en quantité considérable, soit pour l'engraissement du sol, soit pour l'alimentation des animaux; presque tout est expédié pour l'Angleterre, qui tire également beaucoup de tourteaux de lin.

Le prix des tourteaux s'est tenu très-élevé depuis quelques années; on peut admettre les moyennes suivantes : lin 23 francs, œillette 16 francs, colza 15 francs, sésame 12 francs.

La falsification des tourteaux paraît malheureusement se développer à mesure que le prix s'élève. Ce ne sont pas seulement les tourteaux les moins chers qui servent à sophistiquer ceux d'un plus grand prix, mais on a vu jusqu'à de la sciure de bois employée pour ces mélanges frauduleux.

La *drèche* de bière entre encore pour une portion assez importante dans les matériaux d'engraissement; sa valeur a été également diminuée par suite de son mélange avec des menues pailles. Cette drèche se vend de 1 fr. 50 cent. à 2 francs les 100 kilogrammes.

Les *féveroles* jouent avec les tourteaux le rôle le plus important dans l'engraissement : elles se donnent en cosses, ou à l'état de grains; dans ce dernier cas, la féverole est trempée, concassée, moulue ou cuite; sa valeur est de 18 à 20 francs les 100 kilogrammes. Les autres farineux ou leurs issues sont peu employés; cependant les animaux de concours reçoivent souvent du pain de farine de froment, orge ou seigle, à la fin de l'engraissement.

La division des matières est généralement appliquée; les pailles, le foin, l'hivernage, sont hachés ordinairement à la longueur de 2 à 3 centimètres pour être mélangés avec du tourteau ou des pulpes.

Différents hache-paille français, anglais ou belges, sont en usage; des ouvriers spéciaux vont aussi dans les fermes portant le simple hache-paille à main et coupant les pailles et fourrages à 1 franc environ les 100 kilogrammes. Le hache-paille de Jacquet Robillard, d'Arras, muni d'un cylindre nettoyeur, est un des plus employés. Nous donnons dans la figure 106

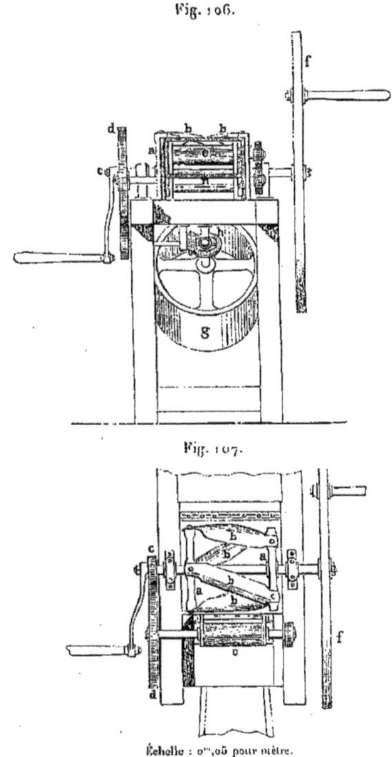

Fig. 106.

Fig. 107.

Échelle : 0^m,05 pour mètre.

l'instrument vu en arrière, afin qu'on puisse apprécier le mécanisme h qui fait mouvoir le cylindre cribleur g; il porte deux manivelles, dont l'une, plus puissante, est fixée sur un volant f et l'autre sur l'axe c même de ce volant, qui est en même temps celui du cylindre auquel sont fixés les couteaux b, b. Sur cet axe est un pignon qui donne le mouvement aux cylindres alimentaires, au moyen de la roue d'engrenage d; le mécanisme est plus facile à saisir dans la fig. 107. Cette même roue communique par un pignon et une roue d'angle le mouvement au cylindre cribleur. La paille passe dans le cadre en fer n et est entraînée par deux cylindres cannelés e. La figure 107 présente l'instrument vu en dessus; l'agencement des couteaux et leur marche est facile à comprendre. Le hache-paille belge de Leclerc, fig. 108, primé au concours universel de 1856, se rapproche de celui-ci : la manivelle, fixée sur l'un des rayons du volant, imprime directement le mouvement au cylindre à couteaux c, dont

Fig. 108.

Echelle : 0ᵐ,05 pour mètre.

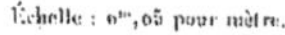

Fig. 109.

Echelle : 0ᵐ,05 pour mètre.

l'axe, armé d'un pignon N, entraîne à son tour, par l'intermédiaire des roues B, les cylindres cannelés chargés d'attirer la paille. Ce pignon s'engrène à volonté sur l'une ou l'autre des roues B, qui, étant de diamètres différents, permettent de donner deux longueurs à la paille hachée. Le poids D, à l'extrémité d'un petit levier, presse la paille. Le cribleur de paille, moins énergique, consiste en un simple plan incliné mû par un agitateur. Cet instrument coûte 115 francs en Belgique.

Les hache-paille à couteaux verticaux, placés sur un disque formant volant, tel que celui de M. Radidier, fig. 109, également primé au concours universel agricole, paraissent préférés aujourd'hui; les seuls avantages du hache-paille à cylindre consistent dans l'appareil cribleur, difficile à adapter aux hache-paille à couteaux verticaux, et dans la possibilité de faire alimenter l'instrument par l'ouvrier même qui tient la manivelle.

Les broyeurs de tourteau sont assez répandus; ils consistent en une ou deux paires de cylindres en fer ou fonte, armés de dents pyramidales ou crochues et s'engrenant l'une dans l'autre, ces cylindres attirent, en le broyant, le tourteau placé dans une trémie supérieure.

Les concasseurs de grains sont beaucoup plus rares; nous n'avons rien trouvé de supérieur aux concasseurs de Biddel, fabriqués par Ransome.

La macération, la fermentation, la cuisson des aliments, sont employées par quelques engraisseurs, principalement dans les vacheries de l'arrondissement de Lille.

M. de Crombecque est un des premiers, dans la zone flamande artésienne, qui ait appliqué, sur une large échelle, l'emploi des aliments hachés et fermentés. Si la fermentation ne crée pas de nouveaux principes nutritifs, il est possible qu'elle développe les principes préexistants dans les matières et qu'elle en facilite l'assimilation; le mélange permet, d'ailleurs, de faire manger aux animaux des aliments qu'ils auraient repoussés sans cette préparation, et de leur faire absorber une plus grande masse de substances nutritives, avantage important dans l'engraissement.

M. de Crombecque a organisé tout un atelier pour la manutention de la nourriture de ses animaux. Il y consacre le rez-de-chaussée et les deux autres étages d'un petit bâtiment; à l'étage le plus élevé, un hache-paille coupe les pailles et le foin, qui tombent dans un cylindre de tôle métallique à trous d'un millimètre carré, où ils se débarrassent de la poussière. Au premier étage où est placé ce blutoir, on fait immédiatement le mélange du coupage avec des tourteaux de lin, de colza et d'œillette, moulus et unis ensemble dans la proportion d'un tiers pour chaque espèce. A cet effet, le coupage mis en petits tas est aspergé d'eau tiède, brassé, réuni en un tas plus gros, qu'on brasse encore après l'avoir saupoudré de tourteau; le tout tombe par une trappe au rez-de-chaussée, dans des cuves à fermentation en briques cimentées de 2 mètres de long sur 1^m,20 de large et 1 mètre de profondeur. Le mélange, tassé puis pressé sous un couvercle, reste quarante-huit heures en fermentation.

On modifie quelquefois ce procédé; on fait un bouillon avec un tiers de farine de graine de lin et deux tiers d'autres farines (de féveroles principalement) bouillies dans environ 10 litres d'eau par kilogramme de farine. L'eau étant portée à l'ébullition, on y jette la farine peu à peu en ayant soin de remuer; on retire le bouillon au bout de quinze à vingt minutes, et on arrose le coupage mêlé de pulpe et préalablement tassé dans les cuves. La ration d'un bœuf de travail est d'environ 1 kilogramme de farine et tourteau, 3 kilogrammes de coupage, 18 à 20 kilogrammes de pulpe; à l'engrais il reçoit une ration journalière dans laquelle le tourteau s'élève, du 1ᵉʳ au 3ᵉ mois, de 1 à 2 kilogrammes.

Cette méthode a beaucoup d'analogie avec les procédés anglais de Warne, Marshall et autres cultivateurs anglais; préconisée beaucoup en Angleterre par quelques écrivains, elle est repoussée par d'autres, qui lui reprochent l'excédant de travail et de dépense qu'elle occasionne, sans apporter toujours une compensation suffisante dans le résultat.

On ne doit pas oublier, toutefois, que depuis longtemps en Flandre on connaît l'usage du *brassin*, qui a la plus grande analogie avec cette espèce de bouillon : il se compose en effet à peu près des mêmes éléments : paille d'orge hachée, menues pailles de froment, siliques de colza; le tout bouilli dans l'eau et additionné de farine d'orge, de féveroles, de pois, etc. On allonge encore ce bouillon avec des résidus de distillerie. Nous avons vu administrer à une vache à l'engrais une soupe ainsi composée pour une ration journalière : pommes de terre, 5 kil.; betteraves, 3 kil.; fèves cassées, 1ᵏ,5; foin haché, 0ᵏ,50; le tout cuit dans 1 hectolitre d'eau environ.

Nous passons au régime même de l'engraissement. Nous parlerons du bœuf d'abord, de la vache ensuite. L'engraissement du bœuf, comme nous l'avons dit, se lie au système d'organisation du travail auquel l'animal est soumis dans l'exploitation. Suivant les divers systèmes indiqués au chapitre du travail, le bœuf arrive en effet plus ou moins préparé, et l'engraissement se modifie quant au régime et à sa durée.

Les bœufs de réforme d'une sucrerie avec exploitation rurale, qu'ils aient été achetés ou élevés dans l'exploitation, si le régime est convenable, arrivent à la réforme et à l'engrais, par une diminution graduelle de travail et une augmentation de ration : trois à quatre mois suffisent pour en faire des animaux de boucherie.

Dans le système d'attelages temporaires achetés au moment de la fabrication et revendus à la fin de la campagne, il est rare qu'on puisse préparer suffisamment tous les animaux. Une partie, mise à l'engrais en novembre et décembre, peut être vendue en mars et avril; mais les dernières réformes, attachées à la crèche en janvier ou février, s'engraissent dans des conditions moins avantageuses; elles sont surprises par le printemps, saison peu favorable à l'engrais de pouture, et quelquefois le fabricant préfère vendre ces derniers animaux maigres aux herbagers, qui les payent bien d'ailleurs vers cette époque.

D'autres fabricants, au contraire, achètent, pour employer leurs pulpes, des bêtes maigres, bœufs ou vaches, ou font marché avec des bouchers, qui placent dans leurs étables des animaux auxquels le fabricant fournit de la pulpe moyennant un prix déterminé. Dans ce dernier système le fabricant trouve un débouché de sa pulpe sans être soumis aux embarras d'une opération, parfois chanceuse; le boucher, d'un autre côté, qui est en même temps marchand, profite beaucoup mieux des occasions favorables pour garnir l'étable, se défaire des pouturiers au moment opportun, vendant plus tôt, si la viande est chère ou si l'animal ne profite pas; dans le cas contraire, attendant une occasion favorable, poussant enfin l'engraissement, si le gras a de la valeur. Ordinairement le prix de pension est, par bœuf, de 60 à 75 centimes par jour; le propriétaire fournit de 30 ou 40 kilogrammes de pulpe avec ou sans paille hachée. Le service est à ses frais; le tourteau est donné par le boucher, qui supporte d'ailleurs tous les risques. Si le chef de l'exploitation doit fournir lui-même des fourrages, des féverolles, du tourteau, le prix de pension s'accroît proportionnellement; il est rare que la pulpe soit ainsi vendue plus de 12 à 15 francs les 1,000 kilogrammes; mais, il reste dans l'étable une masse de fumier qui n'est pas sans valeur. Quelques bouchers font engraisser ainsi jusqu'à des animaux de concours, présentés à Lille, soit sous leur nom, soit sous celui des cultivateurs, sans qu'il soit toujours possible de bien constater la propriété de l'animal.

Dans les différentes conditions qu'on vient d'énumérer, l'engraissement du bœuf se rapproche toujours plus ou moins du régime et des rations suivantes :

1er EXEMPLE :

Engraissement de 4 mois; bœuf porté de 700 à 850 kilogrammes,
par M. Fiévet de Masny.

	1er mois.	2e mois.	3e mois.	4e mois.
Pulpe.	40^k	35^k	35^k	35^k
Drèche de bière.	5	7	5	5
Tourteau.	2	3	4	5
Farine de féveroles en bouillie.	"	2	2	3
Hivernage : Foin haché, plus 3 kilogrammes de paille litière.	6	6	6	6

2e EXEMPLE :

	1er mois.	2e mois.	3e mois.	4e mois.
Pulpe de betterave.	20^k	25^k	20^k	15^k
Drèche de brasserie.	6	7	7	15
Tourteau.	2	4	5	7
Foin.	7	7	5	5
Paille hachée.	2	2	2	"
Paille litière.	3	3	3	3

Avec ce régime, un bœuf du Hainaut, en état ordinaire, a été porté par
M. Gouvion de Roy de 750 à 900 kilogrammes. La paille hachée était
mêlée avec le tourteau et la drèche.

Régime d'étable : nourriture donnée en trois fois :

1er repas.	2e repas.	3e repas.
4 heures du matin.	10 heures 1/2.	4 heures du soir
Foin. . . . . 2^k,5	Pulpe. . . . . . 5 à 8^k	Pulpe. . . . . . . 7^k
5 heures.	Tourteau. . . . 3	Drèche. . . . . . 2 à 5
Pulpe. . . . . . . 5 à 8^k	Racines. 6	Boisson avec tourteau.
Drèche. . . . . 2 à 5	Drèche. . . . 2	Foin. . . . . 2^k,5
Boisson avec tourteau.	Boisson avec tourteau.	

Étrillage après le premier repas, et curage à moins que la paille ne
reste sous les animaux. Entre les repas, repos et isolement complet. Chaleur convenable dans l'étable.

Voici quelques engraissements faits en vue des concours :

1ᵉʳ EXEMPLE :

Bœuf porté de 750 à 900 kilogrammes en 6 mois.

	1ᵉʳ mois.	2ᵉ mois.	3ᵉ au 5ᵉ mois.	6ᵉ mois.
Pulpe	20^k	20^k	14^k	14^k
Foin	4	4	3	3
Tourteau de lin	2	2	2	3
Orge cuite	"	"	3	3
Farine de seigle ou de féveroles	"	"	3	3
Son	"	"	2	2
Paille litière	5	5	5	5

Boisson avec farine et son délayés ; aliments administrés en 4 repas.

2ᵉ EXEMPLE :

Bœuf de trait comtois porté de 650 à 830ᵏ ; engraissement de concours, 60 p. o/o de rendement. Déjà préparé par un travail moins pénible et un peu de tourteau.

	1ᵉʳ mois.	2ᵉ mois.	3ᵉ mois.	4ᵉ mois.	5ᵉ mois.
Pulpe	30^k	30^k	30^k	25^k	20^k
Hivernage	6	6	6	6	6
Tourteau (œillette)	4	3	3	4	6
Fèves (farine)	"	"	"	2	4
Paille litière	4	4	4	4	4

On voit que, dans les engraissements de concours, on commence par dilater les viscères par l'usage des racines, du foin et de la paille hachée ; les aliments secs arrivent, d'ailleurs, comme correctif de l'excès d'humidité des pulpes et résidus ; on augmente successivement la dose des tourteaux et des farineux à la fin de l'engraissement ; l'orge, le seigle, le son, varient le régime et tempèrent les propriétés échauffantes des féveroles et tourteaux. Quelques engraisseurs tiennent à conserver de la paille et du foin en suffisante quantité pour diviser les farineux et lester l'estomac.

Engraissement des vaches. — On engraisse dans le Nord beaucoup plus de vaches que de bœufs. En général, la vache d'engrais est une réforme

de l'étable même; mais, dans l'engraissement en grand, comme celui des
sucreries et des distilleries, les vaches sont achetées dans ce but. Les
vaches sont préférées aux bœufs par quelques engraisseurs, parce qu'on
peut se les procurer plus facilement en tout temps et à meilleur marché,
qu'elles sont d'une vente plus courante, et donnent un profit sans être
l'objet d'un engraissement complet; elles ont l'inconvénient déjà signalé
de tarir quelquefois avec difficulté, d'être sujettes à des chaleurs utérines
qui les retardent; de plus, leur prix de vente est toujours relativement inférieur à celui du bœuf.

Sur les marchés du Nord il arrive des vaches engraissées à tous les
degrés, depuis la vache de concours, donnant 62 p. o/o de viande et
12 p. o/o de suif du poids vif, jusqu'à la vache à peine en chair, descendant à 45 p. o/o de viande, et 5 à 6 p. o/o de suif. Dans les principales villes du Nord, le rendement moyen des vaches à l'abattoir est
de 53 p. o/o; les bons engraisseurs prennent comme base 55 p. o/o,
après un engraissement ordinaire; c'est celui qui amène une vache de
400 à 500 kilogrammes poids vif, ou de 200 à 275 kilogrammes poids
net[1]. Ce degré d'engraissement est ordinairement le plus avantageux; il
peut s'obtenir en nourrissant l'animal environ cent cinquante jours. Cependant, lorsque l'engraisseur peut, en amenant la vache à un état de graisse
plus complet, obtenir le prix du bœuf de première qualité, il y a encore
avantage à pousser l'engraissement plus loin. C'est ce que font quelques
nourrisseurs des environs de Lille; c'est ce que pratiquaient les nourrisseurs de Paris avant que la taxe eût placé la viande de vache dans un
degré d'infériorité. Cet engraissement peut amener l'animal à un rendement de 58 p. o/o; au delà de ces proportions l'engraissement devient
tout à fait exceptionnel, il n'a lieu que pour les concours. On peut donc
admettre trois degrés d'engraissement : la *mise en chair*, l'engraissement
ordinaire, le haut engraissement ou engraissement de concours.

Nous citerons comme exemple d'engraissement ordinaire celui que nous
avons étudié dans les étables de M. de Mesmay.

---

[1] Ainsi, un animal qui ne rendrait, au commencement de l'engraissement, que moitié de viande
nette, augmente sa viande nette dans une proportion plus grande : sur 100 kilogrammes d'accroissement du poids brut, il y a 75 kilogrammes de viande.

Ce cultivateur, dont nous avons décrit les étables, engraisse plus de 200 vaches. Dans le principe, il opérait d'abord sur les petites vaches marécoises de ses environs; aujourd'hui il préfère les vaches belges, qu'il est facile d'acheter sur les forts marchés hebdomadaires de Tournay. Les marchés belges présentent, d'ailleurs, à l'acheteur une sécurité qu'on désirerait retrouver sur nos marchés français : les bêtes amenées sont, sous le rapport de la santé, soumises à une inspection rigoureuse, dont les dangers de la péripneumonie épizootique font une nécessité. En France, la multiplication des marchés, que des intérêts de localité accroissent tous les jours, rend la police de salubrité très-difficile à exercer; il vaudrait mieux sans doute. comme en Belgique, un plus petit nombre de grands marchés, bien inspectés, où l'engraisseur aurait à la fois l'espérance de trouver toujours des animaux de choix, et la certitude de ne pas rencontrer la contagion. L'âge moyen des vaches engraissées est de sept ans, leur poids de 470 kil., qu'on peut porter à 520 dans un engraissement de cent dix jours. M. de Mesmay n'a pas de limites déterminées d'engraissement; il vend quand le prix offert lui présente de l'avantage. La nourriture de chaque bête se compose, par jour, de 25 kilogrammes de pulpe, 3 kilogrammes de tourteaux. 2 kilogrammes de foin et 3 à 5 kilogrammes de paille. Cette nourriture est donnée en deux fois : à cinq heures du matin et à deux heures de l'après-midi. De la paille est jetée dans le râtelier pour la nuit.

Voici les détails du régime pour chaque repas : on donne à boire d'abord de l'eau salée (10 litres environ, tenant en dissolution 2 à 3 grammes de sel par litre), la pulpe vient ensuite, puis le tourteau.

Pour la commodité du service, le vacher, portant, à l'aide du joug de cou, figure 27, deux seaux, passe entre deux animaux et verse un seau de chaque côté de la séparation *a*, fig. 92 ci-dessus, dans l'auge touchant à cette séparation même. Le tourteau est donné à l'état sec, concassé de la grosseur d'une noisette. Pour la rapidité du service, une grande boîte prismatique, de 1 mètre de long, $0^m,40$ de large, et $0^m,40$ de hauteur. remplie de tourteau, circule sur une brouette dans les étables; le vacher y puise à l'aide d'une mesure, qui contient exactement $1^k,5$ de tourteau, ration de chaque bête; une petite pellette sert à remplir cette mesure, qui a $0^m,10$ de haut et $0^m,30$ de côté intérieur.

Entre les repas on enlève le fumier et on arrose le sol avec de l'eau de chaux avant de refaire la litière; les bêtes qui donnent encore du lait sont traites. On prétend, du reste, que l'usage de l'eau salée amène ordinairement le tarissement.

Le matin, les vaches sont étrillées à la carde; M. de Mesmay se félicite de l'emploi de cette méthode, qui n'est pas cependant générale. L'ouvrier se sert de deux cardes : l'une, *a*, fig. 110, saisie à la manière d'une étrille par un manche fixé dans son milieu, est promenée sur le corps de l'animal; la seconde, *b*, semblable à une carde à matelas, est tenue par l'autre main et sert à débourrer la première carde, qu'on passe sur celle-ci, comme on le fait de l'étrille sur la brosse dans le pansage du cheval.

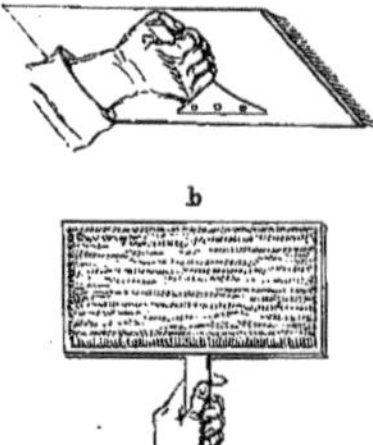

M. G. Hamoir prétend avoir trouvé de l'avantage à faire tondre des animaux à l'engrais; cette pratique n'a cependant été appliquée jusqu'ici qu'à titre d'essai.

D'après le régime d'engraissement suivi par M. de Mesmay, la ration moyenne d'une vache qui pèse 400 kilogrammes au commencement de l'engraissement, et 500 kilogrammes à la fin, est de :

25ᵏ de pulpe, représentant..........................	8ᵏ de foin.
3 de tourteau..................................	8
2 de foin....................................	2
3 de paille litière.............................	"
En foin......................	18

La ration forme donc, en foin, environ 4 p. 0/0 du poids moyen. On trouvera plus loin, à la section des données économiques, le prix de revient de cet engraissement et de ceux qui précèdent.

Comme haut engraissement, nous citerons celui de vaches de M. Masquelier, l'un de nos lauréats les plus heureux des concours de boucherie. Ce nourrisseur donne par jour, pour une vache de 600 kilogrammes :

Drèche de distillerie de grain . . . . 5o à 6o lit.

Foin . . . . 4 kil.

Fèves et tourteau, 3 kil. en débutant et augmentant jusqu'à   6 à 8

Le résidu étant compté à 4o centimes l'hectolitre, les fèves à 18 francs, le foin à 6 francs, la ration revient de 1 fr. 25 cent. à 1 fr. 90 cent.; elle équivaut de 5 à 7 de foin par 100 kilogrammes du poids vivant. Le même engraissement, en se prolongeant, devient engraissement de concours. Après quatre à cinq mois du régime indiqué, les animaux peuvent rendre 55 à 6o p. o/o de viande.

Voici un autre engraissement fait pour le concours de Lille, par M. Cousin-Pollet, d'une vache flamande, portée de 700 à 850 kilogrammes.

	1er mois.	2e mois.	3e et 4e mois.
Drèche de distillerie de grain	100¹	100¹	100¹
Foin	3ᵏ	3ᵏ	3ᵏ
Tourteau	3	3	3
Fèves	"	"	3
Graine de lin bouillie	1,5o	1,5o	1,5o

Dans la Picardie, la petite culture fournit à la consommation une assez grande quantité de vaches de réforme qui, si elles ne figurent pas au premier rang des bêtes de boucherie, ont l'avantage d'un engraissement à bon marché. Une famille, par exemple, ayant à ferme 15o ares de terre, en met 5o en blé, 25 en warats, 25 en avoine, 25 en trèfle et autant en racines; vers la fin de la moisson on achète une vache ayant encore du lait, elle va au pâturage commun et reçoit en rentrant une ration de regain de trèfle, de vesce tardive ou de feuilles de betteraves. Le lait caillé nourrit en partie la famille, la crème donne la provision de beurre; vers le mois de décembre, la vache est coupée de lait, on l'engraisse, et le bénéfice fait sur la vente paye le fermage; le blé reste pour le labour et les frais; et la paille convertie en fumier sert à amender la sole de l'année suivante. Le travail et les soins assidus de la famille font presque toujours réussir l'engraissement. La vache reçoit une soupe dans laquelle on met une poignée de son et d'avoine, du sel quelquefois, assaisonnant 1o ou

1 2 kilogrammes de légumes; plus, en huit ou dix fois, on donne 1 o kilo-grammes de regain et warats. Au bout de 1 o o à 1 2 o jours de ce régime, la bête est grasse et paye convenablement la dépense et les soins. C'est par ces soins et ce travail, actifs et bien entendus parce qu'ils sont intéressés, que la petite culture trouve en France le secret de créer des bénéfices là où la grande culture échoue, et fait concurrence à cette dernière, concur-rence qu'on ne doit pas regretter, car elle produit plus, et elle augmente la classe des propriétaires ou fermiers en diminuant celle des prolétaires.

Pour la partie de la Somme et de l'Oise qui touche à la Normandie, il s'engraisse encore beaucoup de vaches; quelquefois, comme dans le Vimeux, le régime se compose presque exclusivement de racines et de paille : on débute par les navets, puis viennent les betteraves, les carottes et les rutabagas. Nous préférons cependant la ration suivante, que M. Danzel d'Aumont nous indique, sous le nom de méthode normande : légumes, 3o kilogrammes; trèfle ou regain de luzerne, 1 o kilogrammes; mouture, 1 kilogramme. A mesure que l'engraissement avance, on diminue le four-rage, qu'on remplace par la mouture et le tourteau, de manière que, dans le dernier mois, on donne 15 kilogrammes de racines, 5 kilogrammes de regain, 2 kilogrammes de tourteau, 4 kilogrammes de mouture.

§ 3.

ENGRAISSEMENT MIXTE ET ENGRAISSEMENT PRÉCOCE.

C'est ordinairement en se prolongeant que l'engraissement doit em-prunter successivement ses ressources au pâturage et à l'étable. L'engrais-sement de concours, qui ne peut atteindre le fin gras que par une accumu-lation prolongée de la graisse dans les tissus, et l'engraissement précoce, qui commence, en quelque sorte, avec la vie du sujet, sont précisément dans ce cas. L'engraissement mixte se pratique cependant en dehors de ces cir-constances; souvent on achève à l'étable des animaux préparés au pâtu-rage. Un animal qu'on veut engraisser est laissé quelques mois dans une pâture pour se reposer, se *refaire* et prendre un peu de chair; c'est là une excellente préparation pour l'engraissement d'hiver. Une vache est achetée à l'automne; on achève de la tarir à la pâture; puis, en novembre, elle rentre à l'étable pour être livrée en février au boucher. Le régime à l'étable est le même que celui indiqué plus haut, seulement l'animal bien préparé prend mieux la graisse. Mais ce n'est qu'exceptionnellement qu'on rentre à la pâture l'animal, mis l'hiver au régime d'engraissement; il y a presque toujours en effet, dans cette transition, une déperdition de poids, à moins que l'animal ne soit soutenu par des tourteaux ou des farines, donnés en supplément à l'étable. Cette transition est l'écueil des engraissements de concours, inconvénient qui n'a qu'une faible importance, du reste, si on réfléchit au petit nombre d'engraissements exceptionnels de cette espèce. Il faut le dire, d'ailleurs, en dehors de la précocité, les engraissements prolongés sont une chose fâcheuse, une perte réelle de matières alimentaires. Peut-être serait-il sage de limiter jusqu'à un certain point, pour les bêtes d'âge, la durée de l'engraissement. Tel animal arrive au concours après deux années d'un régime dans lequel s'est absorbée une masse d'aliments capable de fournir, par le procédé d'engraissement ordinaire, trois fois plus de viande. En laissant de côté même ces cas exceptionnels, presque toujours le prix de revient de la bête de concours dépasse le prix de vente.

Pour l'engraissement précoce, la question change de face. Il peut arriver en effet qu'un animal, fortement nourri dès le jeune âge, puisse, à deux ou trois ans, fournir une quantité de viande dont le prix de revient serait inférieur à celui de la viande obtenue d'un animal engraissé tardivement. De là, l'utilité, dans certaines conditions, de l'introduction des races ou des types qui engraissent de bonne heure.

La race flamande est, parmi nos races françaises, l'une de celles qui possèdent cet avantage au plus haut degré, et, de temps immémorial, l'engraissement précoce est pratiqué dans le Nord. Dans beaucoup de ménages ruraux, on tue à six mois de jeunes veaux ou vêles bien nourris, qui donnent jusqu'à 150 kilogrammes de viande, qu'on sale pour la nourriture de la ferme.

C'est dans les concours de boucherie qu'on peut apprécier la précocité du bœuf ou de la génisse flamande. Le tableau des animaux flamands primés depuis sept ans au concours de Lille fournira au lecteur les bases de cette appréciation.

On trouvera dans ce tableau plusieurs jeunes bœufs pesant, avant trois ans, de 750 à 850 kilogrammes, ce qui fait un accroissement moyen, depuis la naissance, de 0^k,75 à 0^k,85. Ces mêmes animaux donnent, à l'abattoir, de 65 à 66 p. o/o de viande nette et de 10 à 12 p. o/o de suif du poids vif. Ces résultats sont remarquables, et ne sont pas dépassés au concours même de Poissy. Dans le concours de Lille de 1854, le 1er prix de la race flamande de trente-quatre mois, âge déclaré, pesait 872 kilogrammes; c'est un gain journalier d'environ 0^k,80.

Depuis quelques années, les bœufs flamands présentés au concours de Lille ont évidemment gagné sous le rapport des formes. La planche IV représente un jeune bœuf qui a obtenu le premier prix au concours de Lille en 1854. Ce bœuf était amené par M. Masquelier-Facon, de Saint-André, près Lille; il avait été acheté à l'âge de trois mois.

Le régime auquel les jeunes animaux d'engraissement précoce sont soumis, chez M. Masquelier, n'a rien d'excessif; le jeune animal reçoit du lait pur, 8 à 10 litres par jour jusqu'à deux mois, puis du lait coupé dont la proportion va en diminuant. A partir du troisième mois jusqu'à un an, il en boit toujours une certaine quantité; on y mêle un peu de tourteau et de la farine de féveroles du moment où le jeune animal va à la pâture; rentré en novembre à l'étable (nous le supposons alors âgé de huit mois), il n'y séjourne pas continuellement et prend un peu d'exercice dans le verger; sa ration d'hiver se compose d'un peu de foin, 3 kil.; féveroles et tourteau, 2 kil.; drèche, 25 à 30 litres. Il revient en avril à la pâture, qui fournit à peu près exclusivement à sa nourriture, la deuxième année; accidentellement il reçoit un peu de tourteau. Le second hivernage se passe comme le premier; on augmente seulement un peu la dose de farineux. S'il doit paraître au concours, il est mis au régime d'engrais; il peut arriver alors à vingt-quatre ou vingt-cinq mois avec un poids de 550 à 600 kilogrammes, mais on préfère ordinairement pour la boucherie une viande plus faite. L'élevage se prolonge encore une année; on l'amène doucement au régime d'engraissement. Pendant le pâturage, il reçoit 1 kilogramme de tourteau à partir de novembre. Il est mis à l'étable, au régime d'engraissement complet, à l'âge de trente-quatre à trente-six mois; mais il peut atteindre le poids de 850 à 900 kilogrammes vivant, s'il est bien réussi.

Échelle: 0ᵐ035 pour mètre.

RACE FLAMANDE,

(pure)

Bœuf de 4 ans, élevé et engraissé par M. Masquelier Facon,
Cultivateur à Saint-André, près Lille (Nord).
1ᵉʳ Prix de la 2ᵉ Catégorie de l'espèce Bovine, bêtes grasses,
au Concours de Lille en 1854.

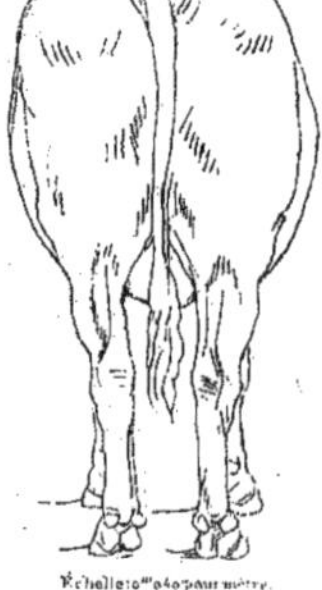

Poids et Mensuration.

Poids vif...800ᵏ

Taille... { au garrot...1,55

{ à la croupe...1,58

Longueur de la nuque au niveau de la pointe de la fesse...........2,25

Circonférence du tronc...2,45

Rendement.

	Total	Pour % du poids vif.
Viande	488ᵏ	61,33
Suif	109	13,60
Cuir	47	5,91

Échelle: 0ᵐ040 pour mètre.

Échelle: 0ᵐ040 pour mètre.

Lithographié à l'Imprimerie Impériale.

Nous aurions désiré rapprocher du jeune bœuf flamand, représenté
planche IV, un croisement durham-flamand à peu près du même âge,
mais nous n'avons pu trouver, même dans les comptes rendus des concours
de boucherie, un sujet remarquable, dont l'origine fût suffisamment
établie.

Les concours de boucherie de Lille nous ont déjà fourni un assez grand
nombre de faits, dont l'étude pourra aider à la solution des questions
intéressantes que soulève l'amélioration de la race flamande au point de
vue de la production de la viande. La Société d'agriculture, sciences et
arts de Lille, imitant d'ailleurs l'exemple donné à Poissy par le Gouvernement, avait, dès 1847, ouvert un concours pour les bêtes grasses, et
d'excellents comptes rendus de ces concours ont été faits par M. Loiset.

Voici, en résumé, l'histoire du concours de Lille : depuis longtemps la
boucherie de cette ville accordait, vers Pâques, une prime d'honneur au
bœuf qui, à l'abattoir, présentait le plus fort rendement en suif; c'était
un encouragement dans l'intérêt du boucher, pour lequel le suif intérieur
est considéré, en quelque sorte, comme un profit net. La société d'agriculture de Lille, en 1846, régularisa cet usage et institua des primes
pour les bœufs les plus parfaits d'engraissement. En 1850, M. le ministre
de l'agriculture, adoptant cette œuvre, la fit rentrer dans le système général des concours de boucherie, dont le premier, le concours de Poissy,
remonte à 1844. En 1847, le concours de Lyon ouvrit la série des concours régionaux de boucherie, interrompus en 1848; ces solennités
reprennent, en 1849, leur cours, non interrompu depuis; le premier concours de Bordeaux a lieu à cette époque. Le nombre de ces luttes agricoles
s'augmenta, en 1851, par le concours de Nîmes, et, en 1852, par celui
de Nantes.

Nous revenons au concours de Lille. Le premier arrêté de 1850 admet-
tait deux espèces d'animaux : espèces bovine et ovine. L'espèce bovine,
divisée en trois classes : 1° bœufs au-dessous de quatre ans; 2° bœufs au-
dessus de quatre ans; 3° vaches. L'espèce ovine en deux classes : 1° animaux de trente mois; 2° animaux au-dessus de trente mois.

En 1851, la deuxième classe de l'espèce bovine est divisée en trois catégories : 1° bœufs comtois; 2° bœufs flamands; 3° races diverses. L'espèce

porcine est admise au concours et divisée en deux classes : 1° grandes races, 2° petites races. La deuxième classe des moutons est partagée en deux catégories : laines longues et mérinos.

En 1854, la première classe des bœufs (animaux jeunes) est divisée en deux catégories : 1° animaux de deux à quatre ans; 2° animaux au-dessous de quatre ans. Deux classes nouvelles de prix sont ajoutées, l'une pour les bœufs de bande, l'autre pour les veaux. Les porcs sont divisés en races indigènes et races étrangères; l'âge des moutons jeunes est abaissé à vingt-quatre mois. Des primes, formant une somme totale de 5,150 francs, furent d'abord affectées au concours, puis réduites à 4,320 francs jusqu'en 1854, époque à laquelle elles s'élèvent à 10,850 francs; elles sont de 11,500 francs en 1857 [1].

Le tableau suivant indique, année par année, le nombre des animaux présentés au concours de Lille depuis 1850.

ANIMAUX PRÉSENTÉS AU CONCOURS DE LILLE.

	ESPÈCE BOVINE.										ESPÈCE OVINE.		ESPÈCE PORCINE.	
		Bœufs												
ANNÉES.	TOTAL.	de 2 à 3 ans.	de 3 à 4 ans.	4 ans et au-dessus.	au-dessus de 4 ans.			de bande.	Vaches	Veaux.	1re classe.	2e classe.	1re classe.	2e classe.
					Fla-mands	Com-tois.	Di-vers.							
1850....	53	//	//	7	12	23	18	//	46	//	101	140	//	//
1851....	65	//	//	24	25	32	8	//	56	//	130	130	10	11
1852....	55	//	//	23	14	10	3	//	35	//	100	180	4	2
1853....	49	//	//	28	19	9	21	//	32	//	60	40	10	5
1854....	103	15	12	27	31	40	32	20	41	22	50	70	8	9
1855....	53	12	8	20	21	12	12	8	20	22	20	90	4	20
1856....	68	10	15	25	22	31	9	6	35	11	20	50	7	17
1857....	83	26	9	48	17	29	37	29	30	21	40	80	10	10

[1] Voici comment les prix sont répartis en 1857. *Espèce bovine,* 1re CLASSE : 1re catégorie, bœufs de 3 ans au plus, 3 prix, 700, 600 et 500 francs; 2e catégorie, bœufs de 4 ans au plus, 3 prix, 700, 600 et 500 francs. 2e CLASSE, prix de race : 1re catégorie, bœufs flamands, 3 prix, 400, 300 et 200 francs; 2e catégorie, bœufs comtois, 2 prix, 400 et 300 francs; 3e catégorie, races diverses, 3 prix, 400, 300 et 200 francs. 3e CLASSE, vaches, 10 prix, de 100 à 300 francs. 4e CLASSE, bandes de bœufs de 4 animaux au moins n'ayant pas concouru dans une autre catégorie, prix unique, 500 francs. 5e CLASSE, veaux, 2 prix, 150 et 100 francs. *Espèce ovine,*

Il peut être intéressant de connaître le nombre des croisements durham, presque tous flamands ou hollandais, qui ont paru au concours depuis son origine. Voici ces nombres : 1850, dix, dont six bœufs et quatre vaches; 1851, quatorze, six bœufs et huit vaches; 1852, cinq, trois bœufs et deux vaches; 1853, neuf, huit bœufs et une vache; 1854, douze, six bœufs et six vaches; 1855, huit, cinq bœufs et trois vaches; 1856, douze, huit bœufs et quatre vaches; 1857, quatorze, six bœufs et huit vaches.

Malheureusement, la généalogie de ces animaux n'est établie que d'une manière très-irrégulière, et leur degré de croisement a pu être rarement constaté; il a manqué, en outre, à la plupart, d'avoir été préparés de longue main par ces habiles éleveurs que nous remarquons dans d'autres concours. Les succès du sang durham, à Lille, ont donc été peu nombreux; cependant l'arène est toujours ouverte, et de récentes importations de reproducteurs, faites depuis quelque temps dans le département du Nord, annoncent de nouveaux efforts pour la solution du problème. Il est à craindre, toutefois, que ces efforts s'attaquent moins à la race flamande qu'à la race hollando-belge, dont les affinités avec le durham sont évidemment plus prononcées.

1ʳᵉ CLASSE, 2 ans au plus : 3 prix, 400, 300 et 200 francs. 2ᵉ CLASSE, prix de races : 1ʳᵉ catégorie, moutons à laine longue, 3 prix, 300 à 100 francs; 2ᵉ catégorie, mérinos ou métis-mérinos, 300 francs. *Espèce porcine,* 1ʳᵉ CLASSE, races françaises : 100 et 75 francs. 2ᵉ CLASSE, races étrangères : 100, 75 et 50 francs. Les premiers prix sont accompagnés d'une médaille d'or; les seconds prix, d'une médaille d'argent; les autres, d'une médaille de bronze.

Les bœufs jeunes non primés peuvent concourir pour les prix de race; ceux de la 1ʳᵉ catégorie des jeunes non primés peuvent concourir dans la 2ᵉ; les moutons jeunes peuvent concourir pour les prix de races. A partir de 1858, il ne pourra être obtenu qu'un seul prix dans chaque catégorie, mais on pourra y présenter tel nombre d'animaux qu'on voudra. Le concours a eu lieu, en 1857, le mardi précédant la semaine sainte (31 mars).

Tous les animaux devront être nés et élevés en France. Les bœufs et vaches devront appartenir aux exposants depuis six mois au moins, les moutons et porcs, depuis trois mois. Tout concurrent devra faire une déclaration indiquant l'origine, la race et l'âge des animaux présentés; le nom et la résidence de l'engraisseur; si celui-ci a fait naître ou seulement engraissé les animaux; enfin, la durée de possession. Il sera produit, à l'appui de la déclaration, un certificat en constatant l'exactitude, et il sera fourni tous les renseignements que le jury pourra exiger sur le mode d'engraissement, le rendement à l'étal, etc. La déclaration devra être faite à Lille le dimanche, avant-veille du concours, et les animaux devront être rendus la veille, le lundi au matin, sur le lieu de l'exhibition.

ANIMAUX DOMESTIQUES DE LA FRANCE.

TABLEAU DES PROPRIÉTAIRES D'ANIMAUX FLAMANDS PRIMÉS,
AU CONCOURS DE BOUCHERIE DE LILLE, DE 1850 À 1856.

NOTA. Dans ce tableau, les bœufs sont indiqués par la lettre B ; les vaches, par la lettre V ; Fl. signifie flamand pur ; D.-fl., durham-flamand ; Fl.-m., flamand-maroillais.

ESPÈCE.	CLASSE.	CATÉGORIE.	RACE.	PRIX.	NOM DU PROPRIÉTAIRE.	ÂGE DE L'ANIMAL en mois.	POIDS.	de la viande.	du suif.	du cuir.	OBSERVATIONS.
								PROPORTIONS au poids vif			
1850.											
B.	1re	1re	Fl.	1er	Loridan, à Bailleul (Nord)...	36	827ᵏ	60,80	14	11	
B.	»	»	Fl.	2^e	Durivaux, à Sainghin (Nord).	36	800	60	28	9	
B.	1re	2^e	Fl.-m.	2^e	Gouvion-de-Roy, à Denain (Nord).	84	1,086	64	20	7	
V.	2^e	»	Fl.	1er	Vergriette, à Killem (Nord)..	»	»	»	»	»	
V.	»	»	Fl.	2^e	Masquelier, à Sainghin (Nord).	60	780	61	21	8	
V.	»	»	D.-fl.	3^e	Pingrenon, à Marœuil (Pas-de-Calais).	60	874	58	20	8	
V.	»	»	Fl.	5^e	Robine, à Quœdypre (Nord).	48	790	60	21	9	
1851.											
B.	1re	1re	Fl.	1er	Cornille, à Lille (Nord).....	36	»	»	»	»	
B.	»	»	Fl.	2^e	Wanondendicke, à Coudeker-que (Nord).	42	841ᵏ	61	20	9	
B.	»	2^e	Fl.	1er	Monœkaye, à Quœdypre (Nord).	48	990	»	»	»	
B.	»	»	Fl.	2^e	Gouvion-de-Roy, à Denain (Nord).	72	1,080	62,4	17,9	»	
B.	»	»	D.-fl.	3^e	Pingrenon, à Marœuil (Pas-de-Calais).	30	630	60	8	6	
V.	2^e	»	Fl.	1er	Coudeville, à Hoymille (Nord).	»	»	»	»	»	
V.	»	»	Fl.	2^e	Beaussard, à Aire (Pas-de-Calais).	»	»	»	»	»	
V.	»	»	Fl.	3^e	Monœkaye, à Quœdypre (Nord).	48	794	59	15	»	
V.	»	»	Fl.	5^e	Wanondendicke, à Coudeker-que (Nord).	50	950	58	28	»	
1852.											
B.	1re	2^e	Fl.	1er	Dousselière, à Sorx (Nord)..	48	982ᵏ	63,13	11	»	Prix des jeunes remportés par des hollandais et des comtois à Masquelier, de Saint-André, et Masquelier, de Sainghin.
B.	»	»	Fl.	2^e	Desmoutiers, à Faulmont (Nord).	48	1,120	58	15	»	
B.	»	»	D.-fl.	3^e	Froville, à Onnding (Nord)..	86	871	61	12	»	
V.	2^e	»	Fl.	2^e	Morel, à La-Petite-Synthe (Nord).	60	»	»	»	»	
V.	»	»	Fl.	3^e	Vantielke, à Leffreinkoucke (Nord).	48	»	»	»	»	
V.	»	»	Fl.	4^e	Daudruyt, à Dunkerque (N.).	48	»	»	»	»	

ESPÈCE.	CLASSE.	CATÉGORIE.	RACE.	PRIX.	NOM DU PROPRIÉTAIRE.	ÂGE DE L'ANIMAL en mois.	POIDS.	PROPORTIONS au poids vif			OBSERVATIONS.
								de la viande.	du suif.	du cuir.	
1853.											
B.	1re	2e	Fl.	1er	Vandaële, à Warhem (Nord).	48					Jeunes : 1er prix, durham-hollandais, à Durivaux ; 2e prix, hollandais de Masquelier, de Sainghin.
B.			Fl.	2e	Delhaëne, à Wormhoudt (Nord)	49					
V.	2e		Fl.	1er	Monœclaye, à Quaedypre (N.).	72					
V.			Fl.	2e	Vandenbilcke, à Killem (Nord)	48					
V.			Fl.	3e	Carpentier, à Aire (Pas-de-Calais).	60					
V.			Fl.	8e	Masquelier, à Sainghin (Nord).	60	922k	57,8	27	8.45	
1854.											
B.	1re	1re	D.-fl.	1er	Durivaux, à Sainghin (Nord).	30					
B.			Fl.	2e	Favier-Delhoit, à Leers (Nord).	30					
B.		2e	Fl.	1er	Masquelier, à Saint-André (N.)	36	769k	61,33	22	9	
B.			Fl.	2e	Wanondendicke, à Coudekerque (Nord).	48	750	62,75	23	7,75	
B.	2e	3e	Fl.	1er	Idem.	48	660	61,33	20	8.5	
B.			Fl.	2e	Vandewaële, à Dunkerque (N.)	48					
V.	3e		Fl.	1er	Lelieur, à Coudekerque (Nord).						
V.			Fl.	2e	Fauqueur, à Staple (Nord)..						
V.			Fl.	3e	Maeckelbergue, à Staple (N.).						
V.			Fl.	4e	Hans, à Dunkerque (Nord)..						
V.			D.-fl.	5e	Bernard, à Roost-Warendin (Nord).						
1855.											
B.	1re	1re	Fl.	1er	Masquelier, à Saint-André (N.)	35	757k	61.8	20,3	8,4	
B.			Fl.	2e	Idem.	27	639	60,7	19.4	10	
B.		2e	Fl.	1er	Idem.	34	872	64	28	7	
B.			Fl.	2e	Beaussard, à Lille (Nord)...	42	925	60	17	10	
B.	2e	1re	Fl.	1er	Wanondendicke, à Coudekerque (Nord).	49					
B.			Fl.	2e	Verhile, à Bergues (Nord)...	54					
V.	3e		Fl.	1er	Maeckelbergue, à Killem (N.).						
V.			Fl.	2e	Hans, à Dunkerque (Nord)..						
V.			Fl.	3e	Christiaëns, à Coudekerque..						
V.			Fl.	4e	Lelieur, à Coudekerque (Nord).						
1856.											
B.	1re	1re	D.-fl.	1er	Delater, à Rexpoëde (Nord)..	24	600k	61,5	18	10	Le 2e prix des jeunes, un hollandais à Masquelier, et le 1er prix, bœufs de 4 ans, un hollandais à Masquelier.
B.		2e	Fl.	2e	Masquelier, à Saint-André (N.)	36	841	59,3	18	54	
B.	2e	1re	Fl.	1er	Caillau, à Like (Pas-de-Calais).	49					
B.			Fl.	2e	Dillies, à Lomprel (Nord)...	49					
B.			Fl.	3e	Vandenbilcke, à Killem (Nord)	48					
B.			Fl.-m.	3e	D'Houssy, à Artres (Nord)...	30					
V.			Fl.	1er	Douville, à Fransu (Somme).	39					
V.			Fl.	2e	Monœclaye, à Quaedypre (N.).	60					
V.			Fl.	3e	Carpentier, à Aire (Pas-de-Calais).	48					

Nous regrettons de ne pouvoir compléter ce tableau par les résultats du concours de Lille de 1857, concours qui se tient au moment ou nous achevons l'impression de ce travail; cependant, si les rendements ne nous sont pas encore connus, les noms des lauréats propriétaires d'animaux flamands sont proclamés, et nous les consignons ici.

Bœufs au-dessous de 3 ans.	Fl.	1er.	Masquelier-Facon, à Saint-André (Nord)... 34 mois.
Idem...	Fl.	2e.	Deroo, à Merville (Nord)............... 33
Idem......	Fl.	3e.	Masquelier-Facon................. 35
Bœufs de 3 à 4 ans......	Fl.	1er.	Vanondendicke, à Coudekerque (Nord).... 47
Idem...	Fl.	2e.	Dousselaère, à Soex (Nord)........... 47
Idem...	D.-fl.	3e.	Debavelaère, à Coudekerque (Nord)...... 37
Bœufs flamands.........	Fl.	1er.	Hans-Morel, à Dunkerque (Nord)........ 48
Idem...	Fl.	2e.	Beaussart, à Aire (Pas-de-Calais)........ 49
Idem...	Fl.	3e.	Mabien, à Capelle (Nord)............. 47
Bœufs, races diverses.....	Fl.	2e.	Dewries, à Rubrouck................. 46
Vaches, races diverses....	Fl.	1er.	Vanondendicke, à Coudekerque (Nord).... 60
Idem...	Fl.	2e.	Monoxlaye, à Quædypre (Nord)........ 39
Idem...	Fl.	4e.	Colombier, à Aire (Pas-de-Calais)........ 60
Idem.	Fl.	5e.	Danoot, à Killem (Nord)............. 55
Idem...	Pl.	6e et 7e.	Carpentier, à Aire (Pas-de-Calais)........ 60

SECTION II.

RAYON DE PARIS.

L'engraissement de l'espèce bovine (les veaux exceptés) n'est qu'accidentel dans le rayon de Paris, ce qui s'explique par l'absence presque complète d'herbages dans cette zone, et par les prix élevés des fourrages. À l'extrémité de ce rayon, cependant, l'Oise fait quelques engraissements de pointure dans les sucreries, et la petite culture met parfois en état pour la vente quelques vaches de réforme.

Le seul engraissement herbager un peu étendu qu'on puisse signaler à une distance rapprochée de Paris, est celui de M. Corbin, ancien préfet, qui, depuis quelques années, s'occupe avec beaucoup d'intelligence et de succès à mettre en valeur le vaste domaine de Mortefontaine, près Senlis. Plus de 250 hectares de prairies marécageuses seront bientôt convertis en bons herbages, où déjà s'engraissent de belles bandes de bœufs, comtois pour la plupart. Nous ignorons si la pâture est la destination dernière de ces herbages; mais, bien aménagée, elle a, quant à présent, pour effet utile d'affermir un sol léger, tourbeux même quelquefois, et de favoriser l'engazonnement.

L'engraissement à l'étable se pratique à peu près par les procédés du Nord dans les sucreries de l'Oise et de l'Aisne, qui bordent le rayon de Paris. Nous citerons les belles exploitations de M. Bertin, à Roye; celle de M. Crespel, qui en est voisine, et que dirige M. Servatius; celles de Ravenel, Estrées-Saint-Denis; les grandes usines de Bresle, que nous avons déjà eu occasion de nommer. Les sucreries, déjà nombreuses dans le département de l'Aisne, sont autant de centres d'engraissement stabulaire, mais plus spécialement consacrés au mouton qu'à l'espèce bovine; il en est de même des distilleries de betteraves, disséminées dans Seine-et-Oise et Seine-et-Marne. A côté de ces grandes exploitations, la petite culture fait également ces engraissements économiques dont nous avons parlé plus haut.

SECTION III.

DONNÉES ÉCONOMIQUES. BOUCHERIE ET CONSOMMATION DANS LE NORD.

----

§ 1.

DONNÉES ÉCONOMIQUES.

Les conditions dans lesquelles se fait l'engraissement de l'espèce bovine et les éléments qui concourent à cette opération sont tellement variés et si fréquemment modifiés par les circonstances, qu'il est fort difficile d'établir un prix de revient rigoureux de la viande produite dans les différents systèmes que nous avons indiqués. Depuis quelques années, d'ailleurs, cette production est dans un état de crise qui place la spéculation un peu en dehors de ses conditions normales. La valeur du bétail maigre a presque doublé depuis 1849, époque d'avilissement des prix; *le gras* a lui-même augmenté dans des proportions considérables.

Avant d'indiquer le prix de revient des bêtes grasses, il nous reste à dire un mot des bases d'évaluation les plus généralement adoptées, soit par les engraisseurs, soit par les bouchers.

La plupart des herbagers qui achètent un animal pour l'engraisser, afin de simplifier leurs calculs, cherchent à déterminer le poids de viande nette qu'il pourra rendre après un engraissement ordinaire. S'il doit fournir 350 kilogrammes, c'est un bœuf de 350 kilogrammes. Si le cours prévu est, à cette époque, de 1 fr. 20 cent. le kilogramme net [1], l'animal vaudra donc 350 × 1,20 = 420 francs. Mais, sur ce prix, doivent être prélevés les frais, intérêts, risques, etc., nourriture, profits. On sait approximativement à combien s'élèvent ces frais par bœuf : en admettant qu'ils montent à 130 francs, le reste sera le prix que la bête maigre peut être payée; dans l'espèce ce serait 290 francs, ce qui donne par kilogramme 80 centimes environ. Assez généralement, le bœuf maigre s'achète de 70 à 80 centimes le kilogramme du poids qu'il rendra gras.

Quelques engraisseurs prennent le poids vif pour base de leurs évaluations; ainsi un animal devant donner de viande nette 350 kilogrammes, soit 55 p. o/o, pèsera $\frac{350 \times 100}{55}$, ou 636 kilogrammes; en supposant qu'il ait gagné 136 kilogrammes dans l'engraissement, le poids vif réel, au moment de l'achat, était de 500 kilogrammes. S'il a été acheté 280 francs, le kilogramme de poids vif a été payé 0f,56, et, à la fin de l'engraissement, l'animal pesant 636 kilogrammes, si on divise par ce chiffre les 407 fr. qu'il a coûté, le prix du kilogramme est de 0f,633 environ. Les bons bœufs se vendent, depuis quelques années, 0f,65 le kilogramme poids vif. Cette dernière méthode de calcul, quoique peu pratiquée, a l'avantage de s'appuyer sur des poids réels et non sur des éventualités; mais, par ce motif même, elle est peu goûtée par le commerce, qui préfère laisser davantage aux chances et à l'appréciation du connaisseur. La boucherie, d'ailleurs, complique ce calcul par l'évaluation des abats, cuir, suif, issues, nommés quelquefois le cinquième quartier, parce qu'ils peuvent, en réalité, en atteindre la valeur.

Mais ce n'est pas ici le lieu d'entrer dans l'examen de ces calculs, assez complexes, que les intérêts mercantiles cherchent souvent à compliquer encore; nous abordons le prix de revient de l'élevage dans les trois systèmes, du pâturage, de l'étable, et des deux procédés réunis.

---

[1] Dans le Nord, le poids net se compose des quatre quartiers, tête et pieds bas et rognons de graisse en dehors.

A. Engraissement au pâturage.

Nous ne séparerons pas ici les deux centres herbagers du Nord, les éléments de calculs y étant à peu près identiques.

Dans des conditions moyennes on peut adopter les chiffres suivants :

Achat d'un bœuf à 80 centimes le kilog. (rendement à l'abattage), soit 350 kilogrammes......................	280^f
Commission et conduite...........................	24
Rente de 65 ares d'herbage, à 1 franc l'are.............	65
Impôt à 25 francs l'hectare.........................	12
Soins de l'herbage et de l'animal....................	10
Intérêts et risques, 10 p. o/o de 300 francs............	30
	421

421 francs, divisés par 350, donnent, pour prix de revient du kilogramme acheté et livré dans l'herbage, 1 fr. 20 cent.; si le propriétaire le fait conduire lui-même au marché, on doit ajouter les frais de transport et de conduite.

Il faut, d'après ce calcul, à l'engraisseur, une différence de 40 centimes par kilogramme, pour se couvrir de ses frais et risques.

L'engraissement de la vache à la pâture se calcule à peu près de la même manière; mais le prix d'achat est relativement moins élevé. On peut faire le compte ainsi :

Valeur de la vache (0^f 70^c du kilog.), soit 250 kilog. rendement à l'abatage..................	175^f 00^c
Rente et impôt de 40 ares.......................	48 00
Soins de l'herbage et de l'animal..................	8 00
Intérêts et risques, 10 p. o/o de 175 francs..........	17 50
Prix de revient......................	248 50

Soit, environ 1 franc le kilogramme.

B. Engraissement à l'étable.

Engraissement des bœufs.

Nous avons dit que le fabricant de sucre, qui est à peu près le seul engraisseur de bœufs à l'étable dans la région, garnissait ses étables soit d'animaux achetés pour l'engraissement, soit des réformes de ses attelages; dans les deux cas les bases du calcul de l'engraissement sont les mêmes; il est important seulement que l'étable de travail ne vende pas à l'étable d'engrais l'animal plus qu'il ne vaut, ce qui arrive quelquefois, les fabricants de sucre se rendant difficilement compte de la dépréciation qui résulte, pour un animal d'engrais, de l'épuisement causé par un travail excessif.

Voici comment se traduisent en chiffres les prix de revient de quelques engraissements, dont nous avons donné plus haut les rations.

Bœuf maroillais, amené, pendant un engraissement de cent vingt-deux jours, de 750 kilogrammes à 900 kilogrammes de poids vif, ou 490 kilogrammes de poids net (page 180).

Prix du bœuf : 490 kilog. à 80 centimes le kilog.	392ᶠ 00ᶜ
Nourriture et litière : 122 jours à 1ᶠ 70ᶜ	207 40
Frais généraux et soins	30 00
Intérêts et risques	30 00
	659 40
A déduire : fumier, 7,000 kilog. à 6 francs.	42 00
Reste	617 40

617 francs, divisés par 490 kilogrammes de viande nette, donnent par kilogramme, pour prix de revient, 1 fr. 24 cent. Le bœuf est vendu à peu près ce prix. L'engraisseur a donc vendu sa pulpe environ 15 francs les 1,000 kilogrammes.

Les conditions des autres engraissements s'éloignent peu de celui-ci. Un bœuf de 350 kilogrammes de viande, ou 650 kilogrammes poids vif, reçoit ordinairement, pendant cent à cent cinquante jours, une ration de 1 fr. 30 cent. à 1 fr. 35 cent., soit environ 0 fr. 20 par 100 kilogrammes de poids vivant.

M. de Crombecque estime la ration, par sa méthode d'emploi des fourrages fermentés, à 1 fr. 30 cent., pour des animaux de 600 kilogrammes poids vif. M. Didier, de Cuiry-Housse près Soissons, donne le détail d'un engraissement à la pulpe de distillerie et au tourteau, qui ferait ressortir le prix de la ration à 1 fr. 30 cent. pour un bœuf de 750 kilogrammes poids vif.

Engraissement des vaches.

M. de Mesmay calcule ainsi les résultats de l'engraissement des vaches :

Achat : vache, 470 kilog. à 50 centimes. 235ᶠ

Nourriture pendant 150 jours :

2,500ᵏ de pulpe, à 10 francs les 1,000 kilog.   25
  300 de tourteau d'œillette, à 16 francs.   48
  300 de foin, à 6 francs.   18
   10 de sel.   4
1,000 de paille.   30
Frais généraux et soins.   15
Intérêts et risques.   10
                                         ——
                                         385
A déduire : fumier.   30
                                         ——
    Reste.   355

La vache grasse pèse, après cent dix jours, 520 kilogrammes; soit, par kilogramme du poids vivant, 68 centimes, ou 1 fr. 23 cent. poids net. Le prix de vente atteint à peine le prix de revient, aussi, depuis le prix excessif du maigre, les engraisseurs cherchent-ils à se procurer des engrais par l'achat direct des boues des villes, du guano, etc.

Voici le prix de revient d'une vache flamande déjà en bon état, engraissée pour le concours par M. Cousin-Pollet, et portée de 700 à 850 kilogrammes poids vif :

Valeur de l'animal.......................... 350ᶠ 00ᶜ

Nourriture pendant 120 jours.

126ᵏ de drèche, à 50 centimes........... 63ᶠ 00ᶜ
375ᵏ de foin, à 6 francs................ 22 50
375 de tourteau, à 22 francs............ 82 50
234 de fèves, à 18 francs.............. 42 12
162 de graine de lin, à 22 francs........ 36 79
—————— 246 91
Frais généraux et soins...................... 30 00
Intérêts et risques........................... 25 00

651 91
Le fumier compté pour la litière.................. "

Reste........................ 651 91

Prix de revient par kilogramme du poids vivant 0ᶠ,65, et du poids net estimé 467 kilogrammes, 1 fr. 20 cent. Cette vache, d'après le calcul de l'abatage, a rapporté, brut, 700 francs, savoir :

474ᵏ de viande, à 1 fr. 24 cent................... 587ᶠ 76ᶜ
144 de suif, à 1 franc......................... 144 00
22 de cuir, à 55 centimes..................... 12 10
issues................................. 11 40

755 26

C. Engraissement mixte.

———

Engraissement de bœufs précoces.

Nous laisserons de côté certains engraissements exceptionnels, faits exclusivement en vue du concours, dans lesquels l'emploi exagéré des

farineux porte quelquefois le prix du jeune bœuf de trois ans à plus de
2 francs le kilogramme de viande.

Prix du veau.. . . . .   15ᶠ

1ʳᵉ ANNÉE.

Allaitement : 2 mois au lait pur, 400 litres; lait coupé pen-
    dant 300 jours, 600 litres; total, 1,000 litres, à 8 cen-
    times 80ᶠ
Pâture.   25
Supplément de tourteau ou farine, 1,00 kilog.   22
Hivernage, 500 kilog. de foin, 100 de tourteau. . . .   53

2ᵉ ANNÉE.

Pâture   45
Hivernage, 1,200 kilog. de foin, 150 kilog. de tourteau.   80

3ᵉ ANNÉE.

Pâture et tourteau.   95
Hivernage et engraissement.   100
                                                 —————   500
Frais généraux et soins, 20 francs par an   60
Intérêts et risques.   60
                                                 —————   635
A déduire : fumier d'hivernage.   50
                                                 —————
RESTE.   585

Avec ce système le jeune bœuf doit progresser de 0,70 par jour; son
poids total serait donc de 780 kilogrammes, plus 40 kilogrammes poids
du veau, total 820 kilogrammes; il doit rendre 58 p. o/o de viande ou
475 kilogrammes de viande, qui ne peuvent être vendus moins de 1 fr.
30 cent., pour que l'éleveur rentre seulement dans ses avances. D'après
ces calculs, l'engraissement précoce du bœuf dans le Nord ne résoudrait
pas encore complétement la question de la viande à bon marché. Aussi est-
ce dans l'engraissement du bœuf et surtout de la vache de réforme que la
production paraît toujours chercher cette solution. En effet, indemnisés

par le travail de l'un, par le lait de l'autre, le cultivateur et le laitier peuvent vendre les animaux moins cher à l'engraisseur, et celui-ci livre à son tour la viande à la consommation, à plus bas prix que ne semble pouvoir le faire l'éleveur de bêtes précoces, qui doit, en outre, agir sur des animaux de choix, employer le lait et les farineux à plus hautes doses, et supporter, pendant 3 ou 4 ans, l'avance de son capital et des intérêts cumulés.

§ 2.

BOUCHERIE ET CONSOMMATION DU NORD.

Nous devons suivre la bête grasse jusqu'à l'étal, dernier contrôle de l'opération de l'engraisseur, mais nous jetterons d'abord un coup d'œil sur les transactions auxquelles elle donne lieu dans son trajet de l'étable à l'abattoir, en bornant toutefois nos investigations aux groupes flamand, artésien et picard.

La boucherie des départements du Nord, du Pas-de-Calais et de la Somme s'approvisionne, soit directement chez les engraisseurs, soit sur les foires et les marchés; en outre, un assez grand nombre de bouchers sont eux-mêmes engraisseurs. Les marchés hebdomadaires ou les marchés mensuels, connus sous le nom de *francs-marchés*, sont les centres d'approvisionnement régulier, les foires viennent comme accessoires. Quelques grands centres de population, comme Lille, Douai, Cambrai, Valenciennes [1], Amiens, Arras, Saint-Omer, ont des marchés aux bestiaux hebdomadaires, mais les *francs-marchés* sont nombreux dans les arrondissements de Dunkerque et d'Hazebrouck; on peut citer ceux de Bourbourg et Merville, et les foires multipliées de Bergues, Hazebrouck et Cassel. Les autres arrondissements du Nord, de la Somme et du Pas-de-Calais comptent à peu près un franc-marché par canton. Le marché hebdomadaire d'Amiens est assez bien approvisionné; il ne s'y présente que peu de bœufs, mais il s'y vend annuellement 5 à 6,000 vaches, 6 à 7,000 veaux et 9 à 10,000 moutons; le poids vif moyen est pour les vaches de 500 kilo-

---

[1] A Valenciennes, il y a seulement trois marchés par mois.

grammes, les veaux de 78 kilogrammes, les moutons de 43 kilogrammes; il s'est établi à Amiens comme à Lille une boucherie sociétaire par actions, qui a rendu quelques services aux consommateurs des classes pauvres principalement, en abaissant à leur profit le prix de la basse boucherie. Par suite d'un usage peu équitable, qui existe encore cependant dans quelques grandes villes, la viande était vendue à un prix unique, de manière que les plus riches consommateurs, auxquels la boucherie réserve, comme à ses meilleurs clients, les morceaux de choix, ne payaient pas plus cher que les pratiques pauvres. Aujourd'hui Amiens et les principales villes de la Somme ont adopté la taxe, à l'exemple de Paris; on prend pour base principale de cette taxe le prix d'achat des bestiaux, et le rendement en viande nette; le débit de cette viande à l'étal doit reproduire le prix d'achat augmenté des frais d'octroi et d'abattoir; on abandonne au boucher les abats estimés 15 à 20 centimes par kilogramme de viande nette vendue à l'étal. On est obligé de reconnaître que les bons animaux de boucherie paraissent rarement et en petit nombre sur les marchés des départements du Nord : depuis le renchérissement de la viande, les bœufs sont presque tous vendus à la pâture ou à l'étable, et les bouchers du Nord, de la Somme, du Pas-de-Calais et de l'Oise viennent acheter jusque sur les marchés de Sceaux et de Poissy. Si, conformément au vœu exprimé par ces départements, un marché était établi au nord de Paris, nul doute qu'il ne fût assidûment fréquenté par les bouchers des départements que nous venons de citer.

Les départements du Nord ne produisent pas en effet de viande pour leur consommation; la Belgique et la Hollande leur fournissent ce qui leur manque. La plus grande partie des 40 ou 50,000 têtes d'espèce bovine qui entrent par la frontière reste dans ces départements. Les marchés d'approvisionnement de Paris reçoivent de la Flandre et de la Picardie 100,000 moutons environ, mais la boucherie de ces contrées enlève, sur ces marchés, une quantité d'autres viandes plus considérable.

L'importance du marché aux bestiaux de Lille, sa position au centre du groupe flamand, le concours régional de boucherie qui s'y tient chaque année, et qui fournit à la commission d'abatage de précieux renseignements, sont autant de causes qui nous engagent à insister sur les condi-

26.

tions de la boucherie dans ce chef-lieu du département du Nord; cette ville se rapproche d'ailleurs par beaucoup d'analogies des autres villes, soit du Nord, soit du Pas-de-Calais et de la Somme.

L'emplacement du marché aux bestiaux de Lille, attenant aux abattoirs, est vaste et bien disposé; c'est dans son enceinte que se tient le concours de bestiaux gras, dont la vignette qui est en tête de ce chapitre reproduit l'aspect.

Lille est le marché aux bestiaux le mieux fourni du Nord; il s'y présente annuellement environ 2,000 bœufs, 400 à 500 taureaux, 8,000 à 9,000 vaches, et 10,000 veaux. La position de ce marché lui permettrait de devenir l'un des principaux centres d'approvisionnement; il y existe malheureusement, comme sur un certain nombre des marchés des villes, des abus provenant d'exigences de la boucherie, et qui éloignent, jusqu'à un certain point, les engraisseurs. Le comice de Lille, l'une des associations qui comprend le mieux les intérêts de la production agricole, a, sur la proposition de M. de Crombecq et le rapport de M. de Mesmay, réclamé contre ces abus, que le rapporteur résume de la manière suivante :

« Supposons, dit-il, qu'il s'agisse d'une vache amenée sur le marché, d'abord, le prix est stipulé en *écus* ou en *louis* de 3 ou 24 livres *tournois*, de manière que l'engraisseur, qui a vendu une vache 100 écus, ne reçoit pas 300 francs, mais seulement 296 fr. 25 cent. Autre usage : l'acheteur retient, comme *déjeuner*, 80 centimes; de sorte que les 296 fr. 25 cent. se transforment en 295 fr. 45 cent. Mais ce n'est pas tout, le vendeur a consigné à l'octroi une somme de 26 francs pour le droit présumé que devra la vache introduite; cette somme est remboursée à la sortie si la vache n'est pas consommée dans Lille; si au contraire elle y est consommée, un décompte a lieu et le droit n'étant dû qu'en raison du poids et sur le pied de 3ᶜ,65 par kilogramme vivant, il est compté au boucher une somme égale à la différence entre 26 francs et le droit réellement dû; cette différence s'élève en moyenne à 7 francs, car le poids moyen des vaches consommées dans Lille est à peine de 520 kilogrammes. Par les usages admis, tout ce que le vendeur a payé à la porte est perdu pour lui, et le boucher bénéficie par ce fait d'une somme de 7 francs, qui, ajoutée

aux 4 fr. 55 cent. perdus précédemment par le vendeur, élève à 11 fr.
55 cent. les prélèvements faits par la boucherie au préjudice de l'engraisseur. »

« Pour justifier ces prélèvements, les bouchers objectent : 1° qu'ils ont
à payer un droit d'abatage de 3 fr. 50 cent., mais nulle part les droits
d'abattoir ne sont payés par les marchands de bestiaux; 2° que les manu-
facturiers de Lille font subir à leurs ouvriers l'escompte de la livre tournois, dont on a parlé plus haut, qu'ainsi un ouvrier qui a gagné 5 francs
ne reçoit que 4 fr. 90 cent.; mais un abus n'en justifierait pas un autre. »

Il n'existe pas à Lille de commissionnaires en bestiaux ni de caisse analogue à celle de Poissy; l'exercice de la boucherie est libre : la vente n'est
pas soumise à la taxe, il est dressé seulement une mercuriale, remise
chaque semaine à la mairie.

Voici les bases sur lesquelles repose cette mercuriale : on estime le rendement en viande nette, en suif, cuir et issues, on additionne la valeur de
ces abats, on les déduit du prix auquel a été vendu l'animal, et le reste,
divisé par le poids supposé de viande nette, donne le prix auquel le boucher a payé cette viande.

Tous les animaux étant pesés pour la perception du droit, on arrive
facilement du poids vif au poids net; ce poids net se calcule en *quartiers
nus*, c'est-à-dire *rognons dehors*.

Le poids du cuir varie de 5 à 6 p. o/o du poids brut.

Le poids du suif est beaucoup plus difficile à déterminer : un animal
gras peut donner 10 à 15 kilogrammes de suif de plus qu'un autre, sans
que cette différence se manifeste au dehors par des signes bien évidents;
le suif qui s'élève, dans des bêtes de concours, jusqu'à 15 et 16 p. o/o du
poids vif, descend à 3 ou 4 p. o/o. La moyenne à Lille est 8 p. o/o; savoir,
pour les bœufs et vaches 7 p. o/o, pour les génisses 2 à 3 p. o/o, pour les
veaux la proportion du suif est à peine de 2 p. o/o, mais le rapport de la
viande nette est plus considérable; on l'estime à 62 p. o/o.

Les issues se composent, pour les bœufs, taureaux, vaches et génisses,
ainsi qu'il suit : tête et langue, 14 à 16 kilogrammes; pieds, 8 à 9 kil.;
rognons nus, 1k,50; poumons, cœur, foie, rate, 10 à 17 kil.; estomacs,
intestins, 25 à 50 kil.; sang, de 20 à 50 kil. Pour le veau, il faut ajouter

le ris. La valeur totale des issues est : bœuf, vache et génisse, 11^k,40 ; veau, 5^k,75.

D'après ces données, on pourrait admettre, comme rendement des bêtes flamandes abattues à Lille, les moyennes suivantes :

DÉSIGNATION DE L'ANIMAL.	POIDS VIF.	QUATRE QUARTIERS.	SUIF.	CUIR.	ISSUES ROUGES et blanches.
Bœuf.	638^k	55 p. o/o. 350^k	51^k,04	45^k	80^k
Taureau.	601	51 p. o/o. 330	42	50	80
Vache.	512	51 p. o/o. 201	49	30	60
Génisse.	290	51 p. o/o. 148	20	25	40
Veau.	100	62 p. o/o. 62	2	10	16

Les prix du suif et des cuirs sont établis par marchés, passés deux fois l'an, entre les bouchers et les marchands. Le prix du suif est, depuis plusieurs années, de 1 fr. le kil. environ, et celui du cuir de 80 cent.; le cuir de bœuf et de vache 60 cent., de taureau 75 cent., de veau 1 fr. 30 cent.

Le renchérissement de la viande a surtout affecté la région du Nord. Les prix moyens du kilogramme de bœuf, dans les villes de Lille, Arras et Amiens, dans ces dix dernières années, peut donner la mesure de cette augmentation; nous reproduisons ces prix d'après les documents récemment publiés par S. E. M. le ministre de l'agriculture, en y réunissant la Seine comme point de comparaison. Il faut remarquer, toutefois, que les prix de la Seine sont ceux du marché des Prouvaires, dont les viandes, sous le rapport du prix et de la qualité sont inférieures à celles des boucheries d'environ 15 p. o/o :

LOCALITÉS.	1846.	1847.	1848.	1849.	1850.	1851.	1852.	1853.	1854.	1855.	MOYENNE.
Lille.	1^f 37	1^f 29	1^f 28	1^f 05	1^f 05	1^f 09	1^f 21	1^f 32	1^f 37	1^f 47	1^f 25
Arras.	1 17	1 20	1 20	1 20	1 10	1 00	1 01	1 05	1 25	1 40	1 14
Amiens.	1 20	1 30	1 30	1 30	1 30	1 11	1 15	1 26	1 45	1 54	1 29
Paris. { M^{ché} des Prouvaires.	1 09	1 06	1 06	1 00	0 96	0 97	0 98	1 03	1 16	1 22	1 15
{ Sceaux et Poissy.	1 06	1 09	0 99	0 91	0 87	0 84	0 86	1 04	1 24	1 31	1 02

Pour Paris, l'année 1856 paraît devoir rester au-dessous de 1855.

Sur les marchés de Sceaux et de Poissy le prix moyen du bœuf a été de 1 fr. 28 cent. en 1856, au lieu de 1 fr. 31 cent. en 1855, écart faible du reste, et qui pourrait être compensé par celui de la qualité.

Les mercuriales de Lille constatent quelque différence entre les viandes de bœuf et de vache, mais plutôt sous le rapport de la qualité que de l'espèce; ainsi à Lille, la vache de 1re qualité est quelquefois cotée plus haut que le bœuf de même rang, mais on doit ajouter que la 2e qualité de vache est placée au-dessous de la 2e qualité de bœuf, et qu'on admet, pour les vaches, une 3e qualité qui n'existe pas pour les bœufs.

Ceci s'explique par le nombre infiniment plus considérable de vaches amenées; il est évident que dans ce nombre il se trouve une plus grande diversité de qualités, mais en réalité, la différence des viandes de bœuf et de vache paraît tenir plutôt aux individualités qu'aux sexes. En adoptant l'infériorité de la viande de vache consacrée par la taxe de Paris, les villes du Nord qui sont entrées dans cette voie ne nous paraissent pas rigoureusement dans le vrai, de plus, elles blessent l'intérêt non-seulement des éleveurs ou engraisseurs de la région, mais ceux du consommateur lui-même. En effet, cette dépréciation de la viande de vache n'amènera pas plus de bœufs sur les marchés, mais elle découragera l'industrie laitière et l'engraissement des vaches; elle aura surtout pour effet d'amoindrir la qualité de la viande de cette espèce, car le laitier vendra plus vieille et plus épuisée à l'engraisseur la vache que celui-ci devra payer moins cher, et engraisser d'une manière dispendieuse, puisque sa valeur est dépréciée sur le marché. Aussi de nombreuses réclamations se sont elles élevées de toutes parts dans le Nord contre cette inégalité de la taxe, qui, il faut bien le dire, ouvre une voie à la fraude et ne profite qu'au boucher, qui vend une viande pour l'autre, sans qu'il soit possible à l'étal d'en discerner l'origine.

Il nous manque des documents pour comparer la qualité des viandes consommées dans le Nord avec celles de Paris, et la viande de l'espèce bovine flamande en particulier. En général la boucherie paraît préférer pour l'étal la bête flamande à la bête hollandaise, mais on comprend que l'influence des races est presque toujours trop modifiée par le mode

de nourriture, l'état d'engraissement, la nature individuelle même de
l'animal, pour qu'on puisse lui assigner une valeur certaine et absolue;
les caractères auxquels on peut reconnaître la qualité nutritive même des
viandes sont encore trop conjecturaux pour fournir des données d'appréciation suffisamment positives. M. Loiset a recueilli quelques chiffres sur
la proportion d'os à la viande dans les bêtes de boucherie du Nord, mais
ici encore l'état de graisse, l'âge, le régime antérieur de l'animal créent
des différences dans lesquelles les influences de race passent inaperçues.
De diverses expériences faites dans les hospices de Lille, il résulte que la
proportion des os à la viande serait dans l'ensemble de l'animal, pour le
bœuf ou la vache de boucherie, à Lille, de 10 à 12 p. o/o, savoir : 10 p. o/o
dans les quartiers de devant, 10 dans les quartiers de derrière, la tête
non comprise.

Le nombre des animaux d'espèce bovine consommés à Lille est, de
1846 à 1850, en moyenne : bœufs, 1,034 ; taureaux, 370 ; vaches, 3,684 ;
génisses, 77 ; veaux, 9,000 ; total en poids : 3,150,000 kilogrammes.

L'abatage des animaux de l'espèce bovine se fait à peu près comme à
Paris. Le bœuf, fixé par les cornes à un anneau scellé dans le sol, est
assommé, puis saigné immédiatement; il est dépouillé de sa peau sans
être insufflé; les veaux et les moutons sont seuls soumis à cette opération.
Lorsque la peau a été détachée jusque près la ligne du dos, le corps est
ouvert, la poitrine et les *quasis* (arcades pubiennes) sont fendus avec le
couperet; un fort tinet est ensuite passé entre les tendons des jarrets et
accroché à un treuil, au moyen duquel le bœuf est enlevé successivement
à la hauteur nécessaire pour effectuer la vidange des viscères, en même
temps la peau est complétement détachée en commençant par la tête, dont
les cornes sont enlevées avec le cuir; celles-ci font partie du poids du cuir,
dans lequel rentre également le bout de la queue, coupée à 4 centimètres
environ de son origine. Ce cuir s'augmente encore de la peau des pieds.

La tête est ensuite tranchée à l'articulation de la première vertèbre, et les
pieds au point de réunion des os du canon avec ceux du genou ou du jarret.

Les intestins sont dégraissés complétement et tout le suif pesé, sans qu'il
en soit rien distrait; on y réunit la graisse des rognons et des coussinets
graisseux qui les environnent (les rognons de chair sont pesés séparément).

Le milieu et les piliers du diaphragme sont enlevés et se pèsent sous le nom de faux-filet, avec le cœur, le foie, les poumons, le conduit œsophagien et la trachée (le faux-filet et le conduit œsophagien pèsent ensemble environ $2^k,5o$).

L'habillage de Lille diffère de celui de Paris en deux points essentiels : 1° on enlève la tête, dont à Paris une portion, qu'on peut estimer pour le bœuf à 10 kilogrammes au moins, reste adhérente à la viande nette; 2° on réunit au suif la graisse des rognons, qui se compte à Paris dans la viande nette. Ces différences ont quelque importance quand il s'agit de comparer des rendements. Supposons en effet un bœuf de 638 kilogrammes de poids vif, rendant de viande 350 kilogrammes, de suif 50 kilogrammes, et de rognons de graisse 24 kilogrammes; voici comment ressortiraient les proportions du suif et de la viande nette au poids vif, dans les deux systèmes d'habillage :

Paris. — Viande : 4 quartiers, 350 kilogrammes; portion de la tête, 10 kilogrammes; rognons de graisse. 14 kilogrammes; total, 374 kilogrammes; proportion, 55 p. o/o.

Suif, 50 kilogrammes; 7, 8 p. o/o du poids vif.

Lille. — Viande, 350 kilogrammes, ou 50, 14 p. o/o du poids vif.

Suif, 64 kilogrammes, ou 10 p. o/o du poids vif.

En résumé, différence de rendement du système de Lille, comparé à celui de Paris, viande, en moins 5 p. o/o, suif, en plus, 2,2 p. o/o. Ces différences augmentent d'autant plus que l'animal est plus gras.

Quoiqu'il existe quelques dissemblances entre le dépeçage du bœuf adopté à Lille, et celui pratiqué par la boucherie de Paris, cependant un examen attentif fait reconnaître la plus grande analogie dans la coupe des morceaux et leur répartition entre les différentes qualités; il en est de même à Douai, Valenciennes, Arras, Amiens, Beauvais, etc. et dans les boucheries de la plupart des villes de la région. Les noms sont quelquefois un peu modifiés, la délimitation des morceaux est moins rigoureuse, mais l'ensemble est à peu près identique. On sait d'ailleurs qu'à Paris même il y a dans les boucheries des variations dans le volume relatif des mêmes morceaux. Nous avons donné, en 1850, un tableau de la coupe de Lille et de celle de Paris; il ne s'est pas opéré, depuis lors, de changement dans les habitudes de la boucherie de Lille; mais celle de Paris est aujourd'hui soumise à une taxe qui a, en quelque sorte, consacré une coupe particulière et classé les morceaux. Le tableau ci-contre résume cette classification pour la moitié d'un bœuf de 400 kilogrammes, en indiquant les prix, comme moyen d'appréciation de la valeur relative.

Les numéros des morceaux correspondent avec les chiffres des figures 111, 112 et 113.

La figure 111 représente l'intérieur et la figure 112 l'extérieur de ce demi-bœuf : les lignes tracées indiquent approximativement la coupe des principaux morceaux de la taxe de Paris. On a détaché le paleron et l'épaule, réunis dans la figure 113. On ne peut considérer ces lignes que comme des indications générales, les plans de coupe étant, pour le quartier de derrière, surtout, plus ou moins obliques à ces limites, qui se déplacent elles-mêmes un peu suivant l'intérêt du boucher.

Fig. 111.

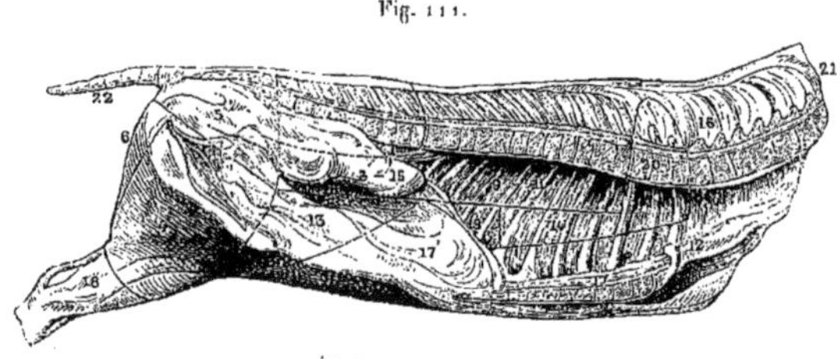

Échelle : 0ᵐ,040 pour mètre.

Fig. 112.

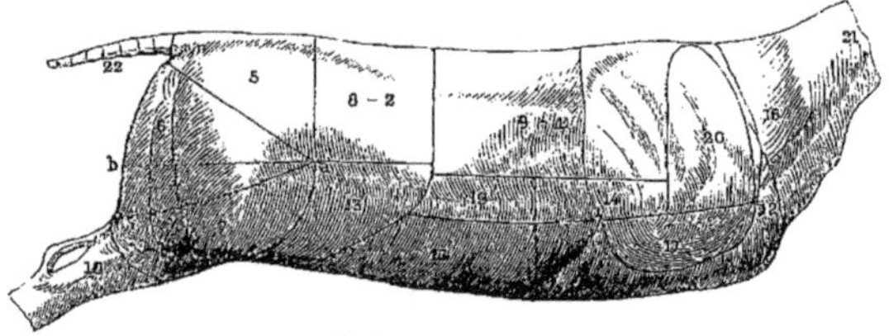

Échelle : 0ᵐ,040 pour mètre.

COUPE DU BOEUF, A PARIS, ET CLASSIFICATION DES MORCEAUX.

CATÉGORIE.	NUMÉRO des morceaux.	NOMS DES MORCEAUX.	POIDS des morceaux.	PRIX DES MORCEAUX en mars 1857.	
				Bœuf.	Vache et taureau.
			kilogr.		
Horstaxe.	1......	Filet. 6 kilogrammes (moitié)...........	3		
	2......	Faux-filet [1]..........................	4		
	3......	Rognons [2]..........................	1 5		
	4......	Tende de tranche.....................	12		
	5......	Culotte (Pointe de)...................	11	Paris.	Paris.
1re.	6......	Gîte à la noix........................	10	1f 92c	1f 43c
	7......	Tranche grasse.......................	10	Lille.	Lille.
	8......	Aloyau..............................	15	1 15	1 00
	9......	Entre-côtes..........................	10		
			68		
	10......	Paleron.............................	30		
	11......	Côtes...............................	10	Paris.	Paris.
2e.	12......	Talon de collier......................	4	1 52	1 00
	13......	Bavette d'aloyau.....................	4	Lille.	Lille.
	14......	Plates-côtes découvertes..............	8	1 08	0 90
	15......	Rognons de graisse...................	7		
			63		
	16......	Collier..............................	15	Paris.	Paris.
3e.	17......	Pis de Bœuf, poitrine et flanchet........	26	1 12	0 60
	18......	Gîtes...............................	6	Lille.	Lille.
	19......	Plates-côtes couvertes................	6	0 90	0 55
			53		
	20......	Surlonges...........................	5		
4e.	21......	Plate-joue...........................	2	0 81	0 39
	22......	Queue..............................	0 5		
			7 5		

[1] Partie levée sur l'aloyau et comprise dans le poids de ce dernier morceau.

[2] Les rognons isolés de la graisse pèsent environ 1k,50 les deux. Le poids de la graisse qui les entoure est, en moyenne, de 6 à 8 kilogrammes.

En établissant des différences de prix basées sur la position des morceaux, il eût peut-être été convenable que la police des marchés eût bien déterminé les limites et les plans de coupe de chacun des morceaux.

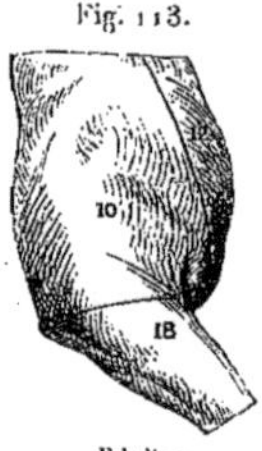

Fig. 113.

Echelle :
0^m,040 pour mètre.

Les proportions des qualités de viande de la taxe ne peuvent non plus être admises comme rigoureuses. L'intérêt de la boucherie a évidemment augmenté celle des premières classes. Il suffit, pour s'en convaincre, de rapprocher ces proportions de celles établies il y a quelques années par notre collègue M. Lefèvre-Sainte-Marie, d'après les indications de M. Purget, alors syndic de la boucherie de Paris, et depuis par M. Loiset et M. Delporte, pour la boucherie de Lille. En représentant par 100 le poids total de la viande, voici les proportions différentes constatées :

	M. LEFÈVRE-SAINTE-MARIE.	M. LOISET.	TAXE DE PARIS.
1re qualité	31	31,5	38
2^e	26,2	20	31
3^e	42,8	48	31
	100	100	100

A quelques différences près que nous allons signaler, on retrouve à Lille, dans le dépeçage du bœuf les mêmes morceaux, variant un peu dans leur délimitation, leur volume relatif et leurs noms, mais se rapprochant beaucoup sous le rapport de leur valeur vénale relative.

L'animal est divisé à l'abattoir même en quatre quartiers. Le quartier de devant comporte toutes les côtes, à l'exception des deux dernières, qui comptent dans l'aloyau (ce qui se fait également à Paris). Les côtes les plus rapprochées de l'aloyau se rangent dans la 1re classe, ce sont les côtes couvertes; celles placées sous l'épaule, et que l'enlèvement du paleron laisse à découvert, sont dans la seconde; on les nomme également côtes découvertes, ou croquart et surlonges; l'épaule détachée du tronc comprend le paleron, l'épaule et le gîte ou trumeau; dans la dernière catégorie se rangent, comme à Paris, les plates-côtes, indiquées sous le nom d'épaisses, minces ou moyennes raccourcissures; la poitrine, le flanchet viennent ensuite, ainsi que le collier, moins volumineux qu'à Paris, où les joues restent adhérentes à cette partie.

Dans le quartier de derrière, on distingue également, d'après la coupe de Lille, l'aloyau, qui se termine inférieurement par le haut de grasset, morceau qui se confond avec ce qu'on nomme la bavette d'aloyau dans la boucherie de Paris. Dans la culotte, on comprend en partie le gîte à la noix. dont l'autre partie se réunit au tende de tranche. La coupe se trouve donc modifiée, de manière que la cuisse et la fesse sont divisées par la ligne $a\,b$, fig. 112, en deux parties, la culotte 5 et le tende de tranche 7.

Les procédés d'abatage, d'habillage et la coupe du veau ne diffèrent pas sensiblement de ceux en usage dans la boucherie de Paris; la figure 114 présente la coupe et les diverses catégories de taxe, détaillées dans le tableau suivant :

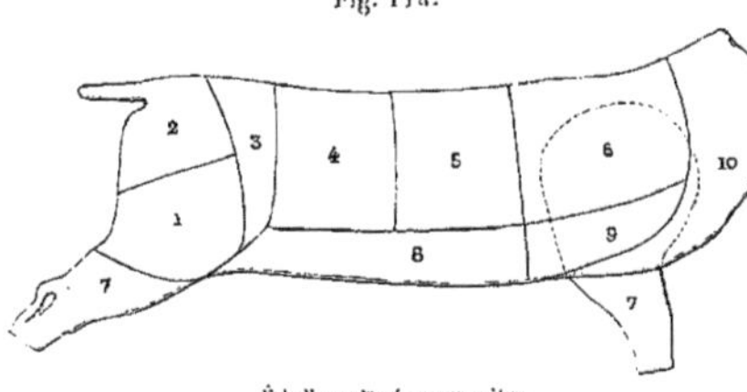

Fig. 114.

Échelle : 0^m,040 pour mètre.

CATÉGORIE.	NUMÉROS renvoyant à la figure.	NOMS DES MORCEAUX.	POIDS.	PRIX. Paris.	PRIX. Lille.
1re	1	Rouelle	10^k,35	2^f 05^c	1^f 45^c
	2	Casi	5 ,25		
	3	Entre-deux	4 ,2		
	4	Rognons et longe	6 ,3		
	5	Carré de côtes couvertes	7 ,3		
2^e	6	Côtelettes découvertes	8 ,4	1 65	1 35
	9	Épaule	4 ,2		
	6	Haut du paleron sur les côtelettes	2 ,1		
	9	Poitrine sous l'épaule	6 ,3		
3^e	10	Collet	3 ,15	1 15	1 25
	7	Jarrets	7 ,35		
	8	Flanchet	1 ,15		

La taxe de Paris met dans la première catégorie le cuissot de veau tout entier ; à Lille on en distrait les jarrets, qui appartiennent, évidemment, à une catégorie beaucoup inférieure; on met également dans la dernière catégorie le flanchet, que la boucherie de Paris fait passer avec les côtes.

La région du nord est une de celles où s'est développé au plus haut degré ce mouvement ascensionnel de la consommation en viande signalée dans le discours de S. E. M. le Ministre au dernier concours de Poissy. A Paris, cette consommation, qui était, en 1846, de 62 millions de kilogrammes, est, en 1856, de 84 millions, et, dans cette période, la consommation moyenne par habitant s'élève de 60 à 70 kilogrammes. A Lille, on observe la même progression : déjà en 1852 on évaluait à 52 kilogrammes la consommation moyenne par tête, qui n'était que de 43 en 1846 ; cette moyenne se rapproche sans doute aujourd'hui de 60 kilogrammes. La viande fournie par l'espèce bovine à la boucherie dans le nord représente seule 75 p. o/o de la masse, tandis que cette proportion n'est que de 43 p. o/o dans la France entière. Ces faits résultent de la statistique de M. Loiset, qui établit, en outre, par chiffres, un fait précieux, c'est que dans le nord l'accroissement de la consommation en viande se trouve être presque toujours en rapport direct avec celui de la population et en rapport inverse avec la mortalité; ce serait un des criterium les plus certains du bien-être matériel des masses.

Nous terminons ici l'histoire de la race flamande et de ses sous-races. Nous avons été entraînés à des développements trop étendus peut-être pour la description d'une seule race, mais la dissémination des individus de cette race sur tous les points de la région du Nord-Est, les spéculations variées dont ils sont l'objet, nous imposaient plus de détails: c'est quelquefois l'histoire de la région elle-même, au point de vue de son espèce bovine, que nous avons dû faire. Au début d'un travail qui doit d'ailleurs embrasser toutes les races de la France, une marge plus large nous était accordée; et, en parlant, par exemple, de l'industrie laitière dans laquelle la race flamande joue le rôle principal dans le rayon de Paris, il nous était impossible de ne pas aborder, à l'occasion d'un centre de consommation aussi important, des généralités sur lesquelles, au reste, il n'y aura plus lieu de revenir. Le documents statisques recueillis par l'administration avaient nécessairement leur place dans notre cadre, et en ont agrandi l'étendue. Nous eussions encore dépassé ces limites, si, dans l'appréciation des efforts faits par les cultivateurs de la région pour l'amélioration de la race étudiée par nous, nous avions signalé tous les hommes qui marchent avec quelque succès dans cette voie; nous avons cité principalement les noms consacrés déjà par les triomphes obtenus dans nos concours. En dehors de ces noms, il est, nous devons le reconnaître, des cultivateurs dont les travaux plus modestes n'ont pas moins servi la cause du progrès.

Nous ignorons quel avenir est réservé à la race flamande, mais les études auxquelles nous nous sommes livrés nous laissent la certitude qu'elle renferme en elle tous les éléments nécessaires pour doter le pays d'un des meilleurs types laitiers de l'Europe; type d'autant plus précieux, que chez lui la production laitière n'exclut pas les aptitudes à l'engraissement : telle vache flamande (et les exemples de ce fait sont nombreux), après avoir donné, pendant 4 à 5 années de lactation, 12,000 litres de lait, fournit à la boucherie 300 à 400 kilogrammes de viande excellente. Or, on peut sans exagération, admettre que, dans l'alimentation ordinaire, à raison de la richesse du lait en principes azotés et en graisse, à raison surtout du mode d'emploi, 6 litres de ce liquide équivalent à 1 kilogramme de viande de boucherie. A 7 ans, une bonne vache aurait donc fourni à la consommation l'équivalent de 900 à 1,000 kilogrammes de viande, et cette production s'est faite, presque toujours, avec une alimentation moins dispendieuse que celle de la bête exclusivement d'engrais. La bête laitière est, il faut le reconnaître, l'instrument avec lequel le fourrage peut, avec le plus d'économie, se transformer en matière alimentaire pour l'homme. Dans notre France, pays de culture morcelée, elle est la base de l'alimentation rurale, la richesse du petit ménage agricole. A ce point de vue, l'amélioration de la race flamande devait fixer au plus haut degré l'attention de tous ceux qui comprennent l'intérêt agricole de la région et la voie que le progrès doit suivre. Aux encouragements donnés par l'administration de l'agriculture sont venus s'ajouter ceux des sociétés et des comices:

d'excellents éleveurs, dont nous avons cité les noms, se sont mis à l'œuvre
pour commencer le perfectionnement du pur type flamand; en applau-
dissant à leurs efforts, nous signalerons cependant un abus : quelques-uns.
dans la seule vue des concours, engraissent les reproducteurs, ne les utili-
sant même pas, afin de ménager leur état. Cet embonpoint exagéré, qu'on
peut pardonner à l'animal précoce, est un défaut dans le type laitier. Cette
continence à laquelle on soumet le reproducteur primé est une infraction
à l'obligation essentielle, imposée par la prime, de propager les types re-
connus les meilleurs. Les éleveurs utiles par excellence sont ceux qui répandent dans le pays les bons reproducteurs; on ne doit pas oublier
qu'une haute récompense leur est réservée. Un autre encouragement non
moins précieux serait celui accordé aux reproducteurs communaux, abandonnés, dans une grande partie de la région, à l'industrie privée, dont
les ressources sont trop souvent insuffisantes et les services mal rémuné-
rés par le public.